普通高等教育规划教材

材料制备与性能测试实验

罗春华　董秋静　张　宏　**等编著**

机械工业出版社

本书包括高分子基础实验、高分子材料制备与性能实验、无机材料制备与性能实验、复合材料制备与性能实验和材料创新性研究实验5个部分，共70个实验。在实验的安排上层层递进，强调材料实验研究的高分子基础；在实验的选取上强调基础性和通用性，同时又注重综合性、设计性、研究性和创新性。本书实验内容丰富、实用性强、理论与实践相结合，将材料制备与性能测试完整联系起来。本书涉及众多材料制备与性能测试方法，其目的在于使学生掌握并通晓材料制备的方法及其性能分析手段。

　　本书可作为高等学校材料化学专业实验教材，也可作为其他材料类专业实验教材，还可供从事材料类相关专业的工程技术人员和研究生阅读参考。

图书在版编目（CIP）数据

材料制备与性能测试实验／罗春华等编著. —北京：机械工业出版社，2019.7

普通高等教育规划教材

ISBN 978-7-111-62969-6

Ⅰ.①材… Ⅱ.①罗… Ⅲ.①材料制备-实验-高等学校-教材 ②工程材料-结构性能-实验-高等学校-教材 Ⅳ.①TB3-33

中国版本图书馆 CIP 数据核字（2019）第 115574 号

机械工业出版社（北京市百万庄大街 22 号　邮政编码 100037）

策划编辑：王玉鑫　　　　责任编辑：王玉鑫
责任校对：张　薇　　　　封面设计：张　静
责任印制：郜　敏

北京玥实印刷有限公司印刷

2019 年 7 月第 1 版第 1 次印刷
184mm×260mm·13.25 印张·294 千字
0 001—1 900 册
标准书号：ISBN 978-7-111-62969-6
定价：36.00 元

电话服务
客服电话：010-88361066
　　　　　010-88379833
　　　　　010-68326294
封底无防伪标均为盗版

网络服务
机 工 官 网：www.cmpbook.com
机 工 官 博：weibo. com/cmp1952
金 书 网：www.golden-book.com
机工教育服务网：www.cmpedu. com

前　言

能源、信息技术和材料是现代社会发展的三大支柱，而材料又是能源和信息技术的物质基础。其中，新材料被视为高新技术革命的基础和先导，也是国家重点发展的高技术领域之一，新材料产业是国家发改委发布的《战略性新兴产业重点产品和服务指导目录》（2016版）中9大产业之一。材料的制备与性能研究是新材料应用的基础，材料制备与性能测试实验作为材料类专业学生的一门专业实验课程，直接关系到学生能否掌握材料制备的基本技能和技术，能否有效地掌握材料研究的科学思维方法以及创新创业能力的培养，本实验课程在材料类专业中占有举足轻重的地位。

本书结合阜阳师范学院材料化学专业和复合材料与工程专业的办学特色和方向，筛选了材料化学专业和复合材料与工程专业共有的高分子基础实验，以及有关高分子材料、无机材料和复合材料制备与性能方面的综合研究性实验，将材料制备、结构表征与性能测试有机联系起来，注重实验的综合性和系统性，并融入了与本校教师的科研方向相关的材料类创新性研究实验。

本书由阜阳师范学院化学与材料工程学院材料类专业教师编写，其中，实验1.1～1.7、1.9～1.11、2.1～2.8、4.7～4.10由董秋静老师编写；实验1.8、3.15、4.3由王永忠老师编写；实验1.12、1.13、2.9～2.11由殷榕灿老师编写；实验1.14、1.15、2.12～2.15、3.11～3.14、4.2、4.4～4.6、4.11～4.13、4.15、5.1～5.4由罗春华老师编写；实验3.4～3.7由王洪涛老师编写；实验3.8由柴兰兰老师编写；实验3.9由刘昭第老师编写；实验3.10、4.14由姜广鹏老师编写；实验4.1由王彩华老师编写；实验3.1～3.3、5.5由张宏老师编写；实验5.6、5.7由凡素华老师编写；实验5.8由李瑞乾老师编写；实验5.9、5.10由陈继堂老师编写。全书由罗春华和张宏统稿。

本书在编写过程中得到了安徽省质量工程项目——材料化学省级特色（品牌）专业、材料类课程教学团队和"基于专业评估的材料化学专业质量监控和保障体系的研究"教学研究项目，以及阜阳师范学院质量工程项目——工程应用型材料化学专业卓越工程师培养计划、"工程教育专业认证背景下材料化学专业卓越工程师培养策略与实践"和"基于学生多层次选择的'打通基础，专业分流，特色培养'的材料类专业人才培养模式的研究"教学研究项目等专项建设经费的资助。本书在编写过程中参考了国内外相关书刊，在此对相关作者深表谢意。由于编者经验和能力有限，书中难免存在疏漏和不妥之处，恳请读者批评指正。

编　者

| 目 录 |

前言

第 1 部分　高分子基础实验 ⋯⋯⋯⋯⋯⋯⋯⋯⋯⋯⋯⋯⋯⋯⋯⋯⋯⋯⋯ 001

实验 1.1　甲基丙烯酸甲酯溶液聚合 ⋯⋯⋯⋯⋯⋯⋯⋯⋯⋯⋯⋯⋯⋯⋯⋯⋯ 001

实验 1.2　苯丙乳液聚合 ⋯⋯⋯⋯⋯⋯⋯⋯⋯⋯⋯⋯⋯⋯⋯⋯⋯⋯⋯⋯⋯⋯ 003

实验 1.3　苯乙烯悬浮聚合 ⋯⋯⋯⋯⋯⋯⋯⋯⋯⋯⋯⋯⋯⋯⋯⋯⋯⋯⋯⋯⋯ 006

实验 1.4　苯乙烯阴离子聚合 ⋯⋯⋯⋯⋯⋯⋯⋯⋯⋯⋯⋯⋯⋯⋯⋯⋯⋯⋯⋯ 008

实验 1.5　界面缩聚制备尼龙 - 66 ⋯⋯⋯⋯⋯⋯⋯⋯⋯⋯⋯⋯⋯⋯⋯⋯⋯⋯ 011

实验 1.6　苯乙烯与马来酸酐的交替共聚 ⋯⋯⋯⋯⋯⋯⋯⋯⋯⋯⋯⋯⋯⋯⋯ 013

实验 1.7　膨胀计法测定苯乙烯聚合反应速率 ⋯⋯⋯⋯⋯⋯⋯⋯⋯⋯⋯⋯⋯ 015

实验 1.8　聚酯反应动力学 ⋯⋯⋯⋯⋯⋯⋯⋯⋯⋯⋯⋯⋯⋯⋯⋯⋯⋯⋯⋯⋯ 019

实验 1.9　使用偏光显微镜观察聚合物结晶形态 ⋯⋯⋯⋯⋯⋯⋯⋯⋯⋯⋯⋯ 022

实验 1.10　聚合物熔体流动速率的测定 ⋯⋯⋯⋯⋯⋯⋯⋯⋯⋯⋯⋯⋯⋯⋯⋯ 024

实验 1.11　聚合物温度形变曲线的测定 ⋯⋯⋯⋯⋯⋯⋯⋯⋯⋯⋯⋯⋯⋯⋯⋯ 027

实验 1.12　聚合物维卡软化点的测定 ⋯⋯⋯⋯⋯⋯⋯⋯⋯⋯⋯⋯⋯⋯⋯⋯⋯ 031

实验 1.13　聚合物应力-应变曲线的测定 ⋯⋯⋯⋯⋯⋯⋯⋯⋯⋯⋯⋯⋯⋯⋯ 032

实验 1.14　凝胶渗透色谱测定聚合物分子量及其分布 ⋯⋯⋯⋯⋯⋯⋯⋯⋯ 034

实验 1.15　黏度法测定聚合物的分子量 ⋯⋯⋯⋯⋯⋯⋯⋯⋯⋯⋯⋯⋯⋯⋯⋯ 038

第 2 部分　高分子材料制备与性能实验 ⋯⋯⋯⋯⋯⋯⋯⋯⋯⋯⋯⋯⋯⋯ 045

实验 2.1　有机玻璃棒的制备 ⋯⋯⋯⋯⋯⋯⋯⋯⋯⋯⋯⋯⋯⋯⋯⋯⋯⋯⋯⋯ 045

实验 2.2　聚乙烯醇的制备 ⋯⋯⋯⋯⋯⋯⋯⋯⋯⋯⋯⋯⋯⋯⋯⋯⋯⋯⋯⋯⋯ 047

实验 2.3　聚乙烯醇缩甲醛的制备 ⋯⋯⋯⋯⋯⋯⋯⋯⋯⋯⋯⋯⋯⋯⋯⋯⋯⋯ 050

实验 2.4　双酚 A 型环氧树脂的制备 ⋯⋯⋯⋯⋯⋯⋯⋯⋯⋯⋯⋯⋯⋯⋯⋯⋯ 052

实验 2.5　热塑性酚醛树脂的制备及性质测定 ⋯⋯⋯⋯⋯⋯⋯⋯⋯⋯⋯⋯⋯ 055

实验 2.6　热固性酚醛树脂的制备及性质测定 ⋯⋯⋯⋯⋯⋯⋯⋯⋯⋯⋯⋯⋯ 058

实验 2.7　丙烯酸酯氨基涂料的制备 ⋯⋯⋯⋯⋯⋯⋯⋯⋯⋯⋯⋯⋯⋯⋯⋯⋯ 061

实验 2.8　白乳胶的制备及性能检测 ⋯⋯⋯⋯⋯⋯⋯⋯⋯⋯⋯⋯⋯⋯⋯⋯⋯ 064

实验 2.9　环氧丙烯酸酯光固化涂料的配制及性能测定 ⋯⋯⋯⋯⋯⋯⋯⋯⋯ 068

实验 2.10　水性聚氨酯丙烯酸酯光固化胶黏剂的合成与性能 ……………………………… 071

实验 2.11　室温固化双组分丙烯酸酯胶黏剂的制备及性能 …………………………………… 074

实验 2.12　聚苯乙烯阳离子交换树脂的制备与性能 ……………………………………………… 077

实验 2.13　聚丙烯酸高吸水树脂的制备与性质 …………………………………………………… 080

实验 2.14　聚丙烯酰胺絮凝剂的合成与絮凝效果评价 …………………………………………… 083

实验 2.15　聚苯胺导电高分子的制备与性质研究 ………………………………………………… 086

第 3 部分　无机材料制备与性能实验 …………………………………………………………… 091

实验 3.1　玻璃表面改性及其润湿性测定 ………………………………………………………… 091

实验 3.2　主体分子 β-CD 修饰的 ITO 玻璃的制备及其电化学表征 …………………………… 093

实验 3.3　金纳米粒子的制备及其性质测定 ……………………………………………………… 096

实验 3.4　小型便携式氧传感器的制作 …………………………………………………………… 099

实验 3.5　Sm^{3+} 掺杂的 $SnP_2O_7 - SnO_2$ 复合陶瓷的制备 …………………………………… 101

实验 3.6　新型中温离子导体焦磷酸铈的制备 …………………………………………………… 103

实验 3.7　采用 $BaCeO_3$-$BaZrO_3$ 复合陶瓷膜常压中温合成氨 ………………………………… 106

实验 3.8　水热法制备半导体 ZnO 及其性能研究 ……………………………………………… 108

实验 3.9　固体酸催化剂的制备及催化性能 ……………………………………………………… 111

实验 3.10　挤压成型制备蜂窝结构材料 ………………………………………………………… 113

实验 3.11　硅酸盐水泥成分分析 ………………………………………………………………… 115

实验 3.12　水泥熟料的制备 ……………………………………………………………………… 120

实验 3.13　氧化镁部分稳定的氧化锆微细粉末的制备 ………………………………………… 122

实验 3.14　水解法制备 α-Al_2O_3 超细粉末 ………………………………………………… 125

实验 3.15　溶胶-凝胶法制备纳米二氧化钛及其光催化性能 …………………………………… 127

第 4 部分　复合材料制备与性能实验 …………………………………………………………… 130

实验 4.1　蒙脱石/有机胺夹层材料的制备 ……………………………………………………… 130

实验 4.2　智能聚合物修饰的金纳米粒子的制备及性能 ………………………………………… 132

实验 4.3　PVC/纳米 TiO_2 复合材料的制备及力学性能测试 ………………………………… 135

实验 4.4　氧化锌晶须增强聚丙烯复合材料的制备及性能 ……………………………………… 137

实验 4.5　HBC/PMMA 复合膜的制备及发光性能 ……………………………………………… 140

实验 4.6　碳纤维增强环氧树脂的制备及性能 …………………………………………………… 142

实验 4.7　热塑性酚醛树脂模塑板的制备 ………………………………………………………… 146

实验 4.8　热固性酚醛树脂纸层压板的制备 ……………………………………………………… 149

实验 4.9　玻璃纤维增强不饱和聚酯复合材料的制备及性能 …………………………………… 153

实验 4.10　三聚氰胺甲醛树脂层压板的制备 …………………………………………………… 157

实验 4.11　高分子导电复合材料的制备及导电性测定 ……………………………… 159

实验 4.12　聚酯型人造大理石的制备 ……………………………………………… 162

实验 4.13　环保型脲醛树脂基人造板的制备 ……………………………………… 165

实验 4.14　复合材料 RTM 工艺 …………………………………………………… 167

实验 4.15　复合材料层压成型工艺 ………………………………………………… 169

第 5 部分　材料创新性研究实验 …………………………………………………… 175

实验 5.1　RAFT 制备温敏性 PNIPAM 聚合物 …………………………………… 175

实验 5.2　ATRP 制备 PS-b-PMMA 嵌段共聚物 ………………………………… 178

实验 5.3　温度敏感荧光共聚物的制备与性能研究 ……………………………… 181

实验 5.4　三嗪基聚苯乙炔聚合物的制备与性能研究 …………………………… 184

实验 5.5　贵金属复合纳米粒子自组装电极在神经递质测定中的应用 ………… 189

实验 5.6　染料敏化纳米晶 TiO_2 太阳能电池的组装和光电性质测试 ………… 192

实验 5.7　氧缺陷纳米金属氧化物（Fe_2O_{3-x}）的合成及其应用 ……………… 195

实验 5.8　Ni-SiC 复合镀层的电沉积制备及摩擦学性能研究 …………………… 197

实验 5.9　共沉淀法制备钼酸铋复合氧化物催化剂 ……………………………… 199

实验 5.10　氧化石墨烯的制备 ……………………………………………………… 201

参考文献

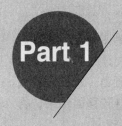

Part 1 第 1 部分
高分子基础实验

实验 1.1 甲基丙烯酸甲酯溶液聚合

1. 实验目的

1）了解甲基丙烯酸甲酯自由基聚合机理。
2）掌握自由基溶液聚合的方法。

2. 实验原理

溶液聚合（solution polymerization）是将单体溶于适当溶剂中加入引发剂（或催化剂）在溶液状态下进行的聚合反应，是高分子合成过程中一种重要的合成方法。一般在溶剂的回流温度下进行，可以有效地控制反应温度，同时可以借溶剂的蒸发排散放热反应所放出的热量。如果生成的聚合物也能溶解于溶剂中，则产物是溶液，叫均相溶液聚合，如丙烯腈在二甲基甲酰胺中的聚合，倾入某些不能溶解聚合物的液体中，聚合物即沉淀析出，也可将溶液蒸馏除去溶剂得到聚合物。如果生成的聚合物不能溶解于溶剂中，则随着反应的进行生成的聚合物不断地沉淀出来，这种聚合叫非均相（或异相）溶液聚合，亦称沉淀聚合（precipitation polymerization），如丙烯腈的水溶液聚合。

溶液聚合体系的黏度比本体聚合低，混合和散热比较容易，生产操作和温度都易于控制，还可利用溶剂的蒸发以排除聚合热。若为自由基聚合，单体浓度低时可能不会出现自动加速效应，从而避免爆聚并使聚合反应器设计简化。自由基聚合的缺点是收率较低，聚合度也比其他方法小，使用和回收大量昂贵、可燃、甚至有毒的溶剂，不仅增加生产成本和设备投资、降低设备生产能力，还会造成环境污染。如要制得固体聚合物，还要配置分离设备，增加洗涤、溶剂回收和精制等工序。在工业上溶液聚合适用于直接使用聚合物溶液的场合，如涂料、胶黏剂、合成纤维纺丝液等。

溶液聚合所用溶剂主要是有机溶剂或水。应根据单体的溶解性质以及所生产聚合物的溶液用途，进而选择适当的溶剂。常用的有机溶剂有醇、酯、酮以及芳烃（苯、甲苯）等；此外，脂肪烃、卤代烃、环烷烃等也有应用。溶液聚合选择溶剂时，需注意以下问题：

（1）溶剂对聚合活性的影响

溶剂往往并非绝对惰性，对引发剂有诱导分解作用，链自由基对溶剂有链转移反应。这两方面的作用都可能影响聚合速率和分子量。在离子聚合中溶剂的影响更大，溶剂的极性对活性离子对的存在形式和活性、聚合反应速率、聚合度、分子量及其分布以及链微观结构都会有明显影响。对于共聚反应，尤其是离子型共聚，溶剂的极性会影响到单体的竞聚率，进而影响到共聚行为，如共聚组成、序列分布等。因此在选择溶剂时要十分周详。各类溶剂对过氧类引发剂的分解速率的影响（依次增加）如下：芳烃、烷烃、醇类、醚类、胺类。偶氮二异丁腈在许多溶剂中都有相同的一级分解速率，较少诱导分解。向溶剂链转移的结果，将使分子量降低。各种溶剂的链转移常数变动很大，水为零，苯较小，卤代烃较大。

（2）溶剂对聚合物的溶解性能和凝胶效应的影响

选用良溶剂时，为均相聚合，如果单体浓度不高，可能不出现凝胶效应，遵循正常的自由基聚合动力学规律。选用沉淀剂时，则为沉淀聚合，凝胶效应显著。不良溶剂的影响则介于两者之间，影响深度则视溶剂优劣程度和浓度而定。有凝胶效应时，反应自动加速，分子量也增大。链转移与凝胶效应同时发生时，分子量分布将决定于这两个相反因素影响的深度。为保证聚合体系在反应过程中为均相，所选用的溶剂应对引发剂或催化剂、单体和聚合物均有良好的溶解性。这样有利于降低黏度，减缓凝胶效应，导出聚合反应热。必要时可采用混合溶剂。对于无法找到理想溶剂的聚合体系，主要从聚合反应需要出发，选择对某些组分（一般是对单体和引发剂）有良好溶解性的溶剂。例如乙烯的配位聚合，以加氢汽油为溶剂，尽管对引发体系和聚合物溶解性不好，但对单体乙烯有良好的溶解性。当然，从另一个角度讲，还希望在聚合结束后能方便地将溶剂和聚合物分离开来。

（3）其他方面：诸如经济性好，易于回收，便于再精制，无毒，商业易得，价廉，便于运输和贮存等。

3. 仪器和药品

（1）仪器

需要的仪器有三颈瓶（100mL/19#、14#、14#磨口）一只，14#磨口塞一个，14#橡皮塞一个（打孔），温度计（100℃）一支，DF-101S集热式恒温磁力搅拌器一台，19#球形冷凝管一根，烧杯（500mL）一只，表面皿一只，烘箱一台。

（2）药品

需要的药品有甲基丙烯酸甲酯10g、偶氮二异丁腈0.02g、四氢呋喃50mL。

4. 实验步骤

1）按照图1-1-1搭好实验装置，置于集热式恒温磁力搅拌器中，称取0.02g偶氮二异丁腈和10g甲基丙烯酸甲酯于100mL三颈瓶中，加入50mL四氢呋喃，加入搅拌子，磁力搅拌下升温至60℃，恒温聚合反应5h。

2）停止反应，冷却至室温，将聚合物溶液在搅拌下缓慢倒入装有200mL乙醚的500mL烧杯中，将聚合物沉淀出来。抽滤获得聚合物固体，将其溶解在50mL的四氢呋喃中，再次在200mL乙醚中沉淀，抽滤，将聚合物固体粉末放在表面皿中于60℃烘箱中干燥至恒重。

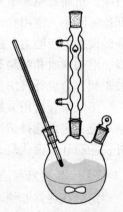

图1-1-1　实验装置图

3）通过凝胶渗透色谱测定聚甲基丙烯酸甲酯的分子量及其分布。

5. 数据记录及结果分析

1）计算聚合物的产率。
2）分子量大小及分布分析。

6. 思考题

1）叙述溶液聚合的特点。
2）在溶液聚合中如何选择溶剂？
3）甲基丙烯酸甲酯溶液聚合中还可选择哪些溶剂？

7. 注意事项

在偶氮二异丁腈做引发剂时，聚合温度不宜超过 80℃，单体预聚合时间不可过长，否则由于聚合过快也会产生凝胶。

实验1.2　苯丙乳液聚合

1. 实验目的

1）了解乳液聚合的基本原理和工艺特点。
2）掌握乳液聚合的操作方法。
3）了解乳液聚合中各个组分的作用及选择原则。

2. 实验原理

乳液聚合是指油溶性单体在水介质中，通过机械搅拌并在乳化剂的作用下分散成很小的乳液液滴而进行聚合的一种聚合实施方法。乳液聚合最简单的配方是由单体、水、水溶性引发剂和乳化剂四部分组成。工业上的实际配方要复杂得多。乳液聚合中起关键作用的是乳化剂，也称为表面活性剂，是一类同时含有亲水基团和亲油基团的化合物，能降低油/水的界面张力，使油性单体在水中乳化形成稳定乳液。与悬浮聚合相比，乳液聚合产物的颗粒粒径约为 0.05~1μm，比悬浮聚合产物的颗粒粒径（50~200μm）要小得多；乳液聚合所用的引发剂是水溶性的，而悬浮聚合所用的引发剂是油溶性的；在本体、溶液、悬浮聚合中，凡是使聚合速率提高的因素，都将使产物的分子量降低，而在乳液聚合中，聚合速率和分子量可同时提高。

因此，乳液聚合有许多优点，聚合热容易排除，聚合反应温度容易控制；聚合速度快，同时可获得较高的分子量；聚合获得的乳液可直接使用，可避免重新溶解、配料等工艺操作。

但是，乳液聚合产品纯度较低，在需要获得固体聚合物时，乳液需经破乳凝聚、洗涤、脱水、干燥等复杂的后处理，这些问题使其生产成本较悬浮聚合法高，反应设备的生产能力和利用率比本体聚合时低。比较其优缺点可发现，乳液聚合不失为一种制备合成高分子物质的较好方法。乳液聚合在工业上的应用十分广泛，如合成橡胶中产量最大的丁苯橡胶和丁腈橡胶就是采用乳液聚合法生产的。此外，聚氯乙烯糊状树脂、丙烯酸酯乳液等也都是乳液聚合的产品。

苯丙乳液是丙烯酸酯乳液中较重要的品种之一，具有成膜性能好、耐老化、耐酸碱、耐水、价格低廉等特点，是建筑涂料、黏合剂、造纸助剂、皮革助剂、织物处理剂等产品的重要原料。苯丙乳液通常由苯乙烯和丙烯酸丁酯，外加少量的丙烯酸单体，通过乳液聚合法共聚而成。丙烯酸丁酯的聚合物具有良好的成膜性和耐老化性，但其玻璃化转变温度仅为 $-58℃$，不能单独用作涂料的基料；将丙烯酸丁酯与苯乙烯共聚后，涂层表面硬度大大增加，生产成本也有所下降。丙烯酸是一种水溶性单体，参加共聚后主要存在于乳胶粒表面，羧基指向水相，因此颗粒表面呈电负性，使得颗粒不容易凝聚结块，提高了乳液的稳定性；同时，丙烯酸中的极性基团羧基能提高涂料的附着力。

苯丙乳液制备一般采用过硫酸铵或过硫酸钾作为引发剂，十二烷基硫酸钠作为乳化剂。十二烷基硫酸钠是一种阴离子型乳化剂，具有优良的乳化效果。用十二烷基硫酸钠作为乳化剂制备的乳液机械稳定性较好，但化学稳定性不够理想，其与盐类化合物作用会发生破乳凝聚作用。为了改善乳液的化学稳定性，可加入非离子型乳化剂，组成复合型乳化体系。常用的非离子型乳化剂有壬基酚聚氧乙烯醚（如 OP-10）等。用于建筑乳胶漆的苯丙乳液的固体含量为 48% ±2%，最低成膜温度为 16℃，成膜后，涂料无色透明。为了使建筑乳胶漆在冬天也能使用，通常还需加入成膜助剂，如苯甲醇等，可使涂料的最低成膜温度达到 5℃。

3. 仪器和药品

（1）仪器

需要的仪器有标准磨口四口烧瓶（250mL/24mm×4）一只，加热套（500mL）一个，球形冷凝器（300mm）一支，Y形连接管（24mm×3）一只，温度计（100℃）一支，分液漏斗（125mL）一只，滴液漏斗（125mL、50mL）各一只，烧杯（100mL）两只、（250mL）一只，广口试剂瓶（250mL）一只，量筒（100mL、50mL）各一只，平板玻璃（100mm×100mm×3mm）一块，电动搅拌器一套。

（2）药品

需要的药品有苯乙烯 40g（分析纯）、丙烯酸丁酯 30g（分析纯）、丙烯酸 1g（分析纯）、过硫酸铵 0.3g（化学纯）、十二烷基硫酸钠 0.3g（化学纯）、OP-10 乳化剂 1g（分析纯）。

实验装置图如图 1-2-1 所示。

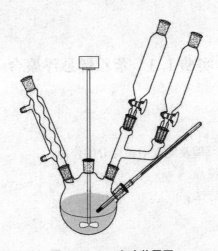

图 1 - 2 - 1　实验装置图

4. 实验步骤

1）将 0.3g 十二烷基硫酸钠和 1g OP-10 乳化剂置于 100mL 烧杯中，加入 55mL 去离子水，略加热搅拌溶解，混合均匀，得组分 1。

2）将 0.3g 过硫酸铵置于 100mL 烧杯中，加入 12mL 去离子水，溶解得组分 2；在 250mL 烧杯中加入苯乙烯 40g，丙烯酸丁酯 30g，丙烯酸 1g，混合均匀，得组分 3。

3）在装有机械搅拌器、温度计、冷凝器和滴液漏斗的四口烧瓶中，加入组分 1。开动机械搅拌器，升温到 80℃并保温。加入 1/3 的组分 3，机械搅拌乳化 30min，获得淡蓝色乳液。随后，滴加组分 2 和组分 3，并使组分 3 略先于组分 2 加完，控制在 1h 左右滴加完。

4）80℃保温反应 0.5h 后，搅拌下自然冷却至室温。

5）取少量所得乳液涂于洁净的载玻片上，室温下成膜，1h 后得一表面坚硬的透明涂层。

5. 思考题

1）根据聚苯乙烯和聚丙烯酸丁酯均聚物的玻璃化转变温度，计算本实验所得的苯丙共聚物的玻璃化转变温度。

2）在乳液聚合过程中，乳液有时泛淡蓝色，有时泛淡绿色，有时甚至泛珍珠色，乳液的这些现象说明什么问题？

3）将共聚配方中丙烯酸换成甲基丙烯酸是否可行？对乳液质量会有什么影响？

6. 注意事项

1）聚合过程中液面边缘若无淡蓝色现象出现，产物的稳定性将不会好。若遇到此种情况，实验应重新进行。

2）聚合反应开始后，有一自动升温过程。应严格控制聚合温度不得高于 85℃，否则，乳化剂的乳化效率将降低，并有溢料的危险。

实验1.3　苯乙烯悬浮聚合

1. 实验目的

1）了解悬浮聚合的反应原理及配方中各组分的作用。
2）了解悬浮聚合的工艺特点。
3）掌握悬浮聚合的操作方法。

2. 实验原理

悬浮聚合是在较强的机械搅拌下，在分散剂的帮助下，将溶有引发剂的单体分散在与单体不相容的介质中（通常为水）所进行的聚合。悬浮聚合体系一般是由单体、引发剂、水、分散剂四个基本组分组成。单体中溶有引发剂，一个小液滴相当于本体聚合中的一个单元。悬浮聚合机理与本体聚合相似，聚合过程中的分散剂和搅拌强度对悬浮聚合的影响很大。悬浮聚合法有许多优点，聚合体系黏度低，聚合热容易排除，聚合温度容易控制；产品分子量较高，与本体聚合相似；产品易分离清洗，后处理简单，因而在工业中应用广泛。

用于悬浮聚合的分散剂可分为两大类。一类是水溶性高分子物质，如聚乙烯醇、聚（甲基）丙烯酸盐、马来酸酐-苯乙烯共聚物、甲基纤维素、明胶、淀粉等。其作用机理是高分子物吸附在液滴表面，形成一层保护膜，使液滴接触时不会黏结。同时，加入水溶性高分子物质后，介质黏度增加，也有碍于液滴的黏结。另外，有些水溶性高分子还有降低界面张力的作用，有碍于液滴变小。另一类分散剂是不溶于水的无机粉末，如碳酸镁、碳酸钙、碳酸钡、硫酸钙、磷酸钙、滑石粉、高岭土等。其作用机理是细微的粉末吸附在液滴表面上，起着机械隔离的作用。

分散剂种类的选择和用量的确定需随聚合要求而定，最常用的高分子分散剂有聚乙烯醇和马来酸酐-苯乙烯共聚物，无机分散剂有碳酸镁等。分散剂的用量一般为单体用量的0.1%左右。悬浮聚合中，机械搅拌必不可少。搅拌剪切力和界面张力对液滴成球能力的作用影响方向相反，构成动态平衡，使液滴达到一定的大小和分布。这种由剪切力和界面张力形成的液滴在热力学上是不稳定的。当搅拌停止后，液滴将凝聚变大，最后仍与水分层。另外，当聚合反应进行到一定程度后，单体液滴中溶有的聚合物使得液滴表面发黏。这时候，如果两个液滴碰撞，往往容易黏结在一起。在这种情况下，搅拌反而促使黏结。为了避免这种情况发生，必须在聚合体系中加入一定量的分散剂。加有分散剂的悬浮聚合体系在一定的聚合程度时（如转化率20%~70%），如果停止搅拌，仍有黏结成块的危险。

苯乙烯是一种比较活泼的单体，容易进行聚合反应。苯乙烯的自由基不太活泼，聚合过程中副反应较少，不易发生链转移反应，支链较少。此外，苯乙烯单体是其聚合物的良溶剂，因此，在聚合过程中凝胶现象不是十分显著。在苯乙烯本体聚合或悬浮聚合中，仅当转化率达50%~70%时，略有自动加速现象发生。所以，一般来说，苯乙烯的聚合速率比较缓慢。苯乙烯的聚合反应式如下：

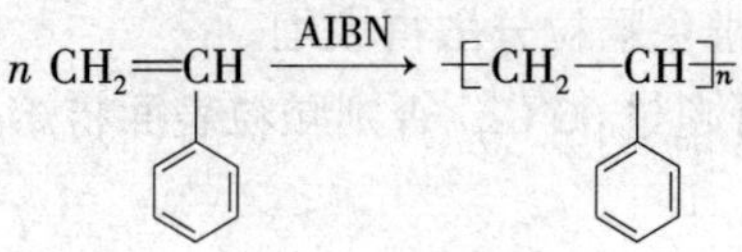

$$n\ CH_2{=}CH \xrightarrow{\text{AIBN}} \ {-}CH_2{-}CH{-}_n$$

反应式中 AIBN 为偶氮二异丁腈，常用的一种偶氮类引发剂。

3. 仪器和药品

（1）仪器

需要的仪器有标准磨口三口烧瓶（500mL/24mm×3）一只，三口烧瓶（250mL）一只，球形冷凝管（300mm）一支，温度计（100℃）一支，分液漏斗（125mL）一只，布氏漏斗（80mm）一只，真空装置（含真空泵、缓冲瓶、硅胶干燥塔）一套，烧杯（100mL）两只，烧杯（200mL）一只，恒温水浴槽一台，电动搅拌器一套，颗粒显微图像分析仪一台。

（2）药品

需要的药品有苯乙烯、10% 氢氧化钠溶液、聚乙烯醇1750、过氧化二苯甲酰。

4. 实验步骤

1）在装有搅拌器、温度计和回流冷凝器的250mL三口烧瓶中，加入经10%氢氧化钠溶液洗涤过的20g苯乙烯和0.2g过氧化二苯甲酰引发剂，机械搅拌至溶解，然后加入0.1%的100mL聚乙烯醇溶液。机械搅拌下，在20～30min内升温至80～85℃时，仔细调节搅拌速度并保持不变。

2）升温至90℃，保持3h，用吸管取少量颗粒于表面皿中观察，如颗粒变硬发脆，则将温度提高至95℃，保温1h，反应结束。

3）停止加热，于搅拌下冷却至室温，将反应物倒入烧杯中，用去离子水洗涤三次后过滤。将珠状聚合物置于表面皿中，在50℃下的鼓风烘箱中干燥至恒重，称重计算产率。

4）采用颗粒显微图像分析仪测定聚苯乙烯微粒的粒径及其分布。

5. 数据记录及结果分析

产率 = 实际重量/理论重量 ×100% = ＿＿＿＿＿＿＿＿＿＿＿。

平均粒径＿＿＿＿＿＿＿，分布范围＿＿＿＿＿＿＿，分散指数＿＿＿＿＿＿＿。

6. 思考题

1）悬浮聚合所得颗粒大小主要取决于哪些因素？

2）悬浮聚合分散剂的作用机理是什么？

3）根据实验体会，结合聚合反应机理，你认为在悬浮聚合的操作中，哪些因素最重要？

7. 注意事项

1）悬浮聚合反应过程中，机械搅拌必须适当、均匀，不得停止，使单体形成良好的珠状液滴。搅拌速度不易过快，避免颗粒分散得太细。

2）聚合物的干燥温度不可超过60℃，否则颗粒表面将熔融而黏结。

实验1.4　苯乙烯阴离子聚合

1. 实验目的

1）了解阴离子聚合的机理和特点。

2）理解阴离子聚合为活性聚合的本质和意义。

3）掌握丁基锂引发阴离子聚合的基本实验操作。

2. 实验原理

阴离子聚合是离子聚合的一种，其链增长活性中心是阴离子。阴离子聚合反应大多需要引发剂引发，由引发剂引发形成阴离子活性中心有以下两种形式：①引发剂分子本身可以离解为正离子和负离子，离解的负离子能与一些单体直接形成阴离子活性中心，如烷基锂、氨基钠等，可以离解出 R^- 和 NH_2^-，能够直接引发阴离子聚合。②通过碱金属把外层电子直接或间接转移给单体，使单体形成自由基阴离子间接引发聚合。例如 Li、Na、K 等碱金属与单体反应，将外层电子转移给单体形成阴离子自由基；此外，碱金属还可以在醚类溶剂中与萘、蒽等稠环芳烃形成络合物，把外层电子转移给萘、蒽等化合物的最低空轨道上，形成阴离子自由基和碱金属离子的离子对，再在溶剂作用下离解引发聚合。因此阴离子聚合的引发剂大致可分为烷基碱金属化合物、氨基碱金属化合物、碱金属单质以及它们与萘、蒽等芳烃形成的络合物。

能进行阴离子聚合的单体主要有：含有强吸电子基团的烯类单体，如硝基乙烯、丙烯腈等；共轭烯烃，如苯乙烯、丁二烯、异戊二烯等；丙烯酸酯类，如甲基丙烯酸甲酯等；含氧、氮、硫等的杂环化合物，如环氧乙烷、环氧丙烷、己内酰胺等。

在阴离子聚合中，由于活性链带有相同性质的电荷，链间存在静电相互排斥作用，不能发生类似自由基偶合或歧化终止反应。活性链离子对中的反离子常为碱金属阴离子，碳—金属键的解离度大，不可能发生阴阳离子的化合反应；如果要发生向单体的链转移反应，需要脱掉氢离子，这需要很高的能量，也难以发生。因此，只要没有外界引入的杂质，链终止反应是很难发生的。这就造成了阴离子聚合的一个重要特征：在适当的条件下不发生链转移或链终止反应；链增长反应的活性链直到单体消耗尽可保持活性，这种聚合物链阴离子被称为"活性聚合物"。当重新加入新的单体时，又可以开始聚合，聚合物的分子量可以继续增加。通常也把阴离子聚合称为"活性聚合"。

阴离子聚合的另一个特征是许多增长着的碳阴离子有颜色，如果体系非常纯净，碳阴离子的颜色在整个聚合过程中都保持不变，直至单体消耗完。例如，白色的萘在四氢呋喃中与金属钠反应生成萘钠时其溶液显示为绿色，如果加入苯乙烯，生成苯乙烯阴离子后就变成红色了，只要体系保持红色则说明聚苯乙烯阴离子仍有活性。反之，如果红色消失则说明体系"失活"了，可以用这一特殊的现象来检测反应的进行情况。

阴离子聚合的第三个特征是用此方法聚合得到的聚合物的分子量分布很窄，而且可以根据引发剂和单体的量来合成预定分子量的聚合物。因此，常常用阴离子聚合的方法来制备窄分布的聚合物标准样品。阴离子活性聚合物的分子量可通过单体浓度和引发剂的浓度来控制：

$X_n = n \dfrac{[M]}{[C]}$（双阴离子引发 $n=2$，单离子引发 $n=1$），其分子量分布指数接近1。当然，利用阴离子聚合还可以制备嵌段共聚物、遥爪聚合物等。

影响阴离子聚合反应速率、聚合物的相对分子质量及其分布的因素主要是溶剂、反离子和聚合温度，其次还有缔合作用。

（1）溶剂对聚合反应速率的影响

阴离子聚合一般选用非质子溶剂，如苯、二氧六环、四氢呋喃、二甲基甲酰胺等；而不能选用质子溶剂，如水，醇和酸等。后者是阴离子聚合的阻聚剂。溶剂的引入使单体浓度降低，影响聚合速率。同时，阴离子活性增长链向溶剂的转移反应会影响聚合物的相对分子质量。溶剂和中心离子的溶剂化作用能导致增长活性中心的形态和结构发生改变，从而使聚合机理发生变化。非极性溶剂不发生溶剂化作用，增长活性中心为紧密离子对，不利于单体在离子对之间插入增长，从而聚合速率较低。极性溶剂导致离子对离解度增加，活性中心的种类增加。活性中心离子对离解度增加，松对增加，有利于单体在离子对之间插入增长，从而提高聚合速率。

（2）反离子对聚合反应速率的影响

在溶液中，离子和溶剂之间的作用能力，亦即离子的溶剂化程度，除与溶剂本身的性质有关外，还与反离子的半径有关。非极性溶剂不发生溶剂化作用，活性中心为紧密离子对。中心离子和反离子之间的距离随反离子半径的增大而增加，从而使它们之间的库仑引力随反离子半径的增大而减小。因而在非极性溶剂中，为了提高聚合速率应选半径大的碱金属作引发剂。极性溶剂中发生溶剂化作用，活性中心为被溶剂隔开的松散离子对。溶剂的溶剂化作用随溶剂极性的增加而增加，随反离子半径增大而减少。反离子半径愈小，溶剂化作用愈强，松散离子对数目增多，聚合速率增加。在极性溶剂中，为了提高聚合速率应选半径小的碱金属作引发剂。松散离子对的反应能力介于紧密离子对和自由离子之间。

（3）聚合温度对聚合反应速率和分子量的影响

温度对阴离子聚合的影响是比较复杂的。在许多情况下，阴离子聚合反应总活化能为负值，故聚合速率随温度的升高而降低，聚合物的相对分子质量随温度的升高而减小。所以阴离子聚合常在低温下进行。

聚苯乙烯一般由单体苯乙烯通过自由基聚合获得。要合成分子量分布较窄的聚苯乙烯，则须通过阴离子聚合反应的方法获得。自由基聚合的实施方法有本体聚合、溶液聚合、悬浮聚合和乳液聚合。本体聚合和溶液聚合也适合于阴离子聚合。本实验采用丁基锂作引发剂，阴离子聚合合成窄分布的聚苯乙烯，其引发机理如下：

链引发：

$$C_4H_9Li+CH_2\!=\!CH \longrightarrow C_4H_9\text{-}CH_2\text{-}CH^{\ominus}Li^{\oplus}$$

链增长：

$$C_4H_9\text{-}CH_2\text{-}CH^{\ominus}Li^{\oplus}+nCH_2\!=\!CH \longrightarrow C_4H_9\!\!\left[CH_2\text{-}CH\right]_n\!CH_2\!-\!CH^{\ominus}Li^{\oplus}$$

链终止：

$$C_4H_9\!\!\left[CH_2\text{-}CH\right]_n\!CH_2\!-\!CH^{\ominus}Li^{\oplus}+CH_3OH \longrightarrow C_4H_9\!\!\left[CH_2\text{-}CH\right]_n\!CH_2\!-\!CH_2+CH_3OLi$$

3. 仪器和药品

（1）仪器

需要的仪器有磨口三口烧瓶（100mL）、球形冷凝管、抽滤瓶、布氏漏斗、滤纸、表面皿、量筒（50mL两个）、集热式恒温磁力搅拌器、电热鼓风干燥箱、真空干燥箱、循环水真空泵、250mL分液漏斗、注射器及针头、无水无氧干燥系统、玻璃棒、试管等。

（2）药品

需要的药品有苯乙烯、正己烷、金属锂片、无水氯代正丁烷、无水环己烷、甲醇、高纯氮气。

4. 实验步骤

（1）正丁基锂的制备

在氮气保护下，在50mL的三口烧瓶中加入30mL正己烷和搅拌子，将1.40g（0.20mol）金属锂片用正己烷洗涤干净，戴上一次性手套，将金属锂片快速切成小粒，加入到50mL的三口烧瓶中，置于集热式恒温磁力搅拌中，采用冰盐浴冷却至0°左右（注意温度别太低，否则引发比较慢），往其中滴加9.25g（0.10mol）氯丁烷，控温在15°以下（注意反应引发后为紫灰色，开始时应该滴加较慢，反应放热比较厉害，特别注意别冲料），加完后，冰盐浴控温15°以下继续搅拌2h，然后撤去冰盐浴，室温搅拌1h，然后改为回流装置，逐渐升温回流4~5h，可观察到溶液逐渐变浑浊，最后呈灰白色。反应结束，冷却至室温，静置沉降过夜，上清液为丁基锂溶液，用氮气压至储存瓶中，残渣加入20mL溶剂搅拌，沉降过夜，上清液合并到丁基锂溶液中备用。

（2）苯乙烯的阴离子聚合

取干燥试管一支，配上单孔橡皮塞和短玻璃管及一段橡皮管，接上无水无氧干燥系统，以油泵抽真空，通氮气，反复三次。持续通入氮气作为保护气，由注射器从橡皮管依次且连续注入4mL无水环己烷、1.5mL干燥苯乙烯和0.8mL正丁基锂溶液。放置10min后，用注射器从橡皮管注射加入甲醇，有白的沉淀物析出。将聚合物用布氏漏斗过滤，乙醇反复洗涤几次，抽干，固体物在真空干燥箱中60℃干燥至恒重，称量并计算产率。

5. 实验现象及结果分析

在苯乙烯的阴离子聚合中正丁基锂溶液加入时，局部立即变为橙红色（基本透明），将试管中溶液摇匀，溶液均变为橙红色（快速出现浑浊）。刚刚摇匀后，试管底部有少量深红色物质，且与上层溶液分层。放置10min后，试管中溶液明显放热，底部有1cm左右高的不明红色分层，上部溶液呈橙红色浑浊。用注射器从橡皮管注射加入甲醇后，上部溶液颜色立即消失，呈乳白色浑浊，沉淀出白色固体；下层红色分层没有变化。最后弃去溶液，发现下层红色分层为橡胶状固化物，有些许弹性，计算产率。

采用凝胶渗透色谱测定分子量及其分布，与理论计算的分子量大小进行对比。

6. 思考题

1）在苯乙烯阴离子聚合中，为什么试管底部有深红色固体析出，而且当加入甲醇后其颜色也不会褪色。
2）如何测定丁基锂引发剂的浓度？
3）活性聚合应该满足哪些条件？
4）还有哪些化合物可以用来引发苯乙烯的阴离子聚合？它们的引发机理有何不同？
5）在阴离子聚合中可否用乙醇做聚合溶剂？为什么？

7. 注意事项

1）阴离子聚合反应必须保证所用仪器和试剂均绝对纯净和干燥。为此，在安装好已经充分洁净的各种仪器以后，必须用高纯氮气将整个体系中的空气置换出来，这个过程必须持续30min以上，这是实验成败的关键。
2）在实验之前必须熟悉真空氮气置换系统。
3）金属锂遇水容易燃烧，处理时需特别小心。

实验1.5　界面缩聚制备尼龙-66

1. 实验目的

1）了解界面缩聚的原理和方法。
2）了解平衡常数较大的缩聚反应的实施方法。
3）掌握尼龙-66的特点与用途。

2. 实验原理

界面缩聚是将两种互相作用而生成高聚物的单体分别溶于两种互不相溶的液体中，通常为水和有机溶剂，形成水相和有机相，当两相接触时，在界面附近迅速发生缩聚反应而生成高聚物。

界面聚合具有不同于一般逐步聚合反应的机理。聚合时单体由溶液扩散到两相的界面，先是两种单体官能团间的反应形成多聚体，然后是单体进一步与形成的小分子量聚合物链上的官能团反应，形成分子量更大的聚合物。聚合反应通常在界面的有机相一侧进行。界面聚合具有以下显著特征：两种反应物不需要严格地等摩尔配比；高分子量的聚合物的生成与总转化率无关；界面聚合反应一般是受到扩散控制的反应。

要使界面聚合反应成功地进行，需要考虑如下因素：将生成的聚合物及时移走，以使聚合反应不断进行；采用搅拌等方法提高界面的总面积；反应过程有酸性物质生成时，则要在水中加入碱；有机溶剂仅能溶解低分子量聚合物，例如二甲苯和四氯化碳可使所有大小分子量的聚己二酰己二胺（尼龙-66）发生沉淀，而氯仿仅使高分子量的聚合物沉淀；单体的最佳浓度比应能保证扩散到界面处的两种单体为等物质的量时的配比，并不总是1:1。

界面缩聚主要分为不搅拌的界面缩聚、搅拌的界面缩聚及可溶的界面缩聚，其中只有搅拌的界面缩聚已应用于工业化生产。实验室制备尼龙-66一般采用己二胺和己二酰氯，其中酰氯在酸接受体存在下与胺的活泼氢起作用，属于非平衡缩聚反应。己二胺水溶液与己二酰氯的四氯化碳溶液相混合，因氨基与酰氯的反应活性都很高，在相界面上马上生成聚合物的薄膜。反应方程式如下：

$$n\ NH_2(CH_2)_6CH_2 + nCl\overset{O}{\underset{}{C}}-(CH_2)_4-\overset{O}{\underset{}{C}}-Cl \xrightarrow{NaOH} H\left[NH(CH_2)_6NH-\overset{O}{\underset{}{C}}-(CH_2)_4-\overset{O}{\underset{}{C}}\right]_n Cl + (2n-1)HCl$$

3. 仪器和药品

（1）仪器

需要的仪器有圆底烧瓶、回流冷凝管、氯化钙干燥管、油浴设备、蒸馏装置、氯化氢气体吸收装置、烧杯、玻璃棒、铁架台。

（2）药品

需要的药品有己二酸、二氯亚砜、二甲基甲酰胺、己二胺、水、四氯化碳、氢氧化钠、盐酸。

4. 实验步骤

（1）己二酰氯的合成

在回流冷凝管上方装氯化钙干燥管，后接氯化氢吸收装置，然后装在圆底烧瓶上。在圆底烧瓶内加入己二酸10g和二氯亚砜20mL，并加入两滴二甲基甲酰胺（生成大量气体），加热回流反应2h左右，直到没有氯化氢放出。然后将回流装置改为蒸馏装置，先利用温水浴，在常压下将过剩的二氯亚砜蒸馏出。再将水浴再改换成油浴（60~80℃），真空减压蒸馏至无二氯亚砜析出。再升温继续进行减压蒸馏，将己二酰氯完全蒸出。

（2）尼龙 -66 的合成

在烧杯 A 中加入 100mL 水、己二胺 4.64g 和氢氧化钠 3.2g。在另一烧杯 B 中加入精制过的四氯化碳 100mL 和合成好的己二酰氯 3.66g。然后将 A 中的水溶液沿玻璃棒缓慢倒入烧杯 B 中，可以看到在界面处形成一层半透明的薄膜，即尼龙 -66。将产物用玻璃棒小心拉出，缠绕在玻璃棒上，直到反应结束。再用 3% 的稀盐酸洗涤产品，再用去离子水洗涤至中性后真空干燥，最后计算产率。

5. 思考题

1）为什么要在水相中加入氢氧化钠？若不加对反应有什么影响？
2）为什么界面缩聚时不需要准确称量单体的质量？为什么加料时也不必做到 1:1？
3）己二酰氯应如何保存？

6. 注意事项

1）四氯化碳可引起急性中毒，中枢神经系统和肝、肾损害为主的全身性疾病。短期内吸入高浓度四氯化碳可迅速出现昏迷、抽搐，可因心室颤动或呼吸中枢麻痹而猝死。口服中毒时，肝脏损害明显，因此注意防护。

2）己二胺毒性较大，主要通过吸入、食入、经皮吸收侵入。其蒸汽对眼和上呼吸道有刺激作用，吸入的浓度较高时，可引起剧烈头痛。溅入眼内，可引起失明。与皮肤接触后，用大量流动清水彻底冲洗。误服者立即漱口，饮牛奶或蛋清。着火时可以用雾状水、泡沫、二氧化碳、砂土、干粉灭火。

实验 1.6　苯乙烯与马来酸酐的交替共聚

1. 实验目的

1）了解苯乙烯—马来酸酐共聚物的性质与工业用途。
2）掌握苯乙烯—马来酸酐交替共聚合的方法。
3）掌握交替共聚的理论和特点。

2. 实验原理

交替共聚是指两种单体 M_1 和 M_2 以等分子进入共聚物，并沿着高分子链呈交替排列的共聚合。这类共聚的特征是竞聚率 $r_1 = r_2 = 0$，因此不管原料单体的组成如何，在共聚物组成中 M_1 单体所占的分子分数 F_1 总是等于 0.5，共聚物中的两种单体单元严格地呈现交替排列。在进行交替共聚的单体中，有的单体均聚倾向很小或根本不均聚，如吸电子基团的马来酸酐单体结构对称难以均聚，吸电子基使双键带有部分正电荷。苯乙烯则带有能使电子共轭的苯环，双键经诱导可获得部分负电荷。而马来酸酐能与具有给电子基团的单体（如苯乙烯）进行交替共聚。所以，交替效应实质上反映了单体之间的极性效应。苯乙烯和马来酸酐能够进行交替共聚，本质上是具有给电子基团的苯乙烯与具有吸电子基团的马来酸酐之间发生电荷转移而生成电荷转移络合物的结果。一般情况下，极性差别越大的单体，它们交替共聚的倾向也越大，但有时空间因素在决定交替共聚的倾向上也起作用。

　　苯乙烯（St）—马来酸酐（MAn）共聚物（SMA）是一种性能优良而价格低廉的新型高分子材料，在最近二三十年中得到了研究人员的广泛研究。弱极性的苯乙烯和强极性的马来酸酐使 SMA 具有明显的两亲性质，不仅和疏水材料相容，而且和亲水材料相容。SMA 分子中含有极性很强、反应活性很高的羧酸官能团，所以它被广泛应用在水处理剂、胶黏剂、乳胶涂料的改性剂、颜料的分散剂、地板抛光的乳化剂、农药的乳化剂、环氧树脂的固化剂等领域。SMA 树脂还是大部分通用高分子结构材料的有效的改性剂，它能与 PVC、ABS、PC、SAN 等高分子材料构成性能很好的共混合金。采用 SMA 树脂改性的高聚物具有热变形温度（HDT）高、熔体黏度低、加工性能和制品的表面性能好等优点，比如用 SMA 改性的 PVC 已经能代替 ABS 在汽车行业中大量使用。经过 SMA 改性的高分子材料仍然可以进行油漆、热涂、焊接、钻孔、黏结等各种涂装工艺处理。

　　苯乙烯—马来酸酐共聚可以用自由基引发的本体、溶液以及悬浮等聚合方法进行。一般认为 SMA 是完全交替共聚物，但文献中有一种观点认为 SMA 不是严格的交替共聚物，而仅仅是交替倾向很大的无规共聚物。聚合温度、聚合时间、单体配比、引发剂用量对 SMA 聚合均有明显的影响。当采用过氧化苯甲酰（BPO）作引发剂时，引发剂用量在 0.3%～0.5%，聚合温度一般在，80℃左右，聚合反应 4h 就能达到较好的产率。从理论上讲，不论起始单体的配比如何，都可得到严格交替共聚物或部分交替共聚物，但在具体的实验中，单体应等当量配比，或者马来酸酐稍微过量。

3. 仪器和药品

（1）仪器

需要的仪器有电动机械搅拌器、磨口三口烧瓶（250mL）、回流冷凝管、抽滤瓶、温度计（0～100℃）、布氏漏斗、滤纸、真空干燥箱。

（2）药品

需要的药品有苯乙烯、马来酸酐、甲苯、过氧化苯甲酰、盐酸、氢氧化钠。

4. 实验步骤

在装有电动机械搅拌器、温度计和回流冷凝管的 250mL 三口烧瓶中，加入 150mL 甲苯（经蒸馏的）、10.4g（0.1mol）苯乙烯、9.8g（0.1mol）马来酸酐和 73mg（0.3mol）的 BPO。升温至 50℃左右，搅拌 15min 后，使马来酸酐完全溶解。然后，升温到 80℃左右反应 1h。反应过程中，产物逐渐沉淀，反应物逐渐变稠，搅拌困难时停止加热。降至室温，将产物抽滤，所得白色粉末在 60℃下真空干燥过夜，称重。

5. 数据处理和结果分析

1）计算产率。

2）比较实验 1.3 中合成的聚苯乙烯与苯乙烯—马来酸酐共聚物的红外光谱。

6. 思考题

1）马来酸酐自身难聚合，但与苯乙烯共聚很容易，为什么？其共聚结构是什么样的？

2）如果苯乙烯和马来酸酐不是等物质的量投料，如何计算产率？

7. 注意事项

1）苯乙烯中含有阻聚剂，需经碱洗、减压蒸馏精制后用于聚合。适当增加引发剂后，苯乙烯试剂也可直接用于聚合。

2）马来酸酐中可能含有一些马来酸，马来酸在甲苯中溶解度很小，使反应物在溶解时不能达到澄清，可用氯仿、甲苯等溶剂重结晶提纯马来酸酐。

3）沉淀共聚合有自加聚现象，注意控制反应温度不要太高，否则可能引起冲料。

实验 1.7　膨胀计法测定苯乙烯聚合反应速率

1. 实验目的

1）了解膨胀计法测定聚合反应速率的原理。

2）掌握膨胀计的使用方法。

3）掌握动力学实验的操作及数据处理方法。

2. 实验原理

自由基聚合反应是现代合成聚合物的重要反应之一，目前世界上由自由基聚合反应得到的合成聚合物的数量居多。因此，研究自由基反应动力学具有重要意义。

聚合反应速率可通过直接测定用于反应的单体或所产生的聚合物的量求得，这被称为直接法；也可以从伴随聚合反应的物理量的变化求出，被称为间接法。前者适用于各种聚合方法，而后者只能用于均一的聚合体系。间接法能够连续地、精确地求得聚合物初期的聚合反应速率。

对于均一的聚合体系，在聚合反应进行的同时，体系的密度、黏度、折光度、介电常数等也都发生变化。本实验就是依据密度随反应物浓度变化的原理来测定聚合反应速率的。聚合物的密度通常也比其单体大，通过观察一定量单体在聚合时的体积收缩就可以计算出聚合反应速率。

一些单体和聚合物的密度见表 1 - 7 - 1。

表 1 - 7 - 1　一些单体和聚合物的密度

名称	密度/g·mL^{-1}		体积收缩（%）
	单体	聚合物	
氯乙烯	0.919	1.406	34.4
丙烯	0.800	1.17	31.0
丙烯酸甲酯	0.952	1.223	22.1
醋酸乙烯*	0.934	1.191	21.6
甲基丙烯酸甲酯	0.940	1.179	20.6
苯乙烯	0.905	1.062	14.5
丁二烯*	0.6276	0.906	44.4

注：*为 20℃ 数据，其他均为 25℃ 数据。

为了增大比容随温度变化的灵敏度，观察体积变化是在一个很小的毛细管中进行的。测定所用的仪器称为膨胀计，其结构主要包括两部分：下部是聚合容器，上部连有带有刻度的毛细管。将加有定量引发剂的单体充满膨胀计，在恒温水浴中聚合，单体转变为聚合物时密度增加，体积收缩，毛细管内液面下降。每隔一定时间记录毛细管内聚合混合物的弯月面的变化，可将毛细管读数按一定关系式对时间作图。再根据单体浓度，从而求出聚合总速率的变化情况。动力学研究一般限于低转化率，在 5% ~ 10% 以下。

根据自由基等活性原理、稳态、链增长速率远远大于链引发速率三个基本假设，在引发速率与单体浓度无关时，在低转化率下，假定 [I] 保持不变，引发剂引发的聚合反应速率方程式如下：

$$R = k_p \left(\frac{fk_d}{k_t} \right)^{1/2} [I]^{1/2} [M] \tag{1}$$

式中，k_p 为链增长反应速率常数；k_d 为引发剂分解速率常数；k_t 为链终止反应速率常数；f 为引发剂引发效率；[M] 为单体浓度；[I] 为引发剂浓度。在低转化率下，假定 [I] 保持不变，并将诸常数合并，得到：

$$R = -\mathrm{d}[M]/\mathrm{d}t = k[M] \tag{2}$$

经积分得：

$$\ln \frac{[M]_0}{[M]_t} = kt \tag{3}$$

式中，$[M]_0$、$[M]_t$ 为单体的起始浓度和 t 时刻的浓度。

根据聚合过程中，由单体转化为聚合物时体积的变化与消耗的单体浓度呈线性关系，得到：

$$[M]_t = [M]_0 - (\Delta V_t / \Delta V_\infty)[M]_0 \tag{4}$$

式中，ΔV_t 表示反应到 t 时的体积收缩量；ΔV_∞ 为聚合时间无穷长时的体积收缩量（即由苯乙烯完全转化为聚苯乙烯时的总的体积收缩量）。将式（4）代入式（3）得：

$$\ln([M]_0/([M]_0 - (\Delta V_t/\Delta V_\infty)[M]_0)) = \ln(1/(1 - \Delta V_t/\Delta V_\infty)) = kt \qquad (5)$$

由于膨胀计毛细管的刻度是长度单位，故将式（5）分子、分母分别除以毛细管的横截面积即变换成毛细管中长度的变化：

$$\ln(1/(1 - \Delta h_t/\Delta h_\infty)) = kt \qquad (6)$$

式中，Δh_t 表示反应到 t 时毛细管中液面高度的下降量；Δh_∞ 为聚合时间无穷长时毛细管中总的收缩长度，Δh_∞ 可通过将膨胀计中的反应物假设全部填充到毛细管中，在反应温度下由苯乙烯在毛细管中的长度减去聚苯乙烯的长度求得。

由式（6），通过 $\ln(1/(1 - \Delta h_t/\Delta h_\infty))$ 对 t 作图应为一直线，进行线性拟合，其斜率等于 k，而任意时刻单体浓度可以通过式（4）求得，这样根据式（2）就可以计算出瞬时的反应速率值。

整个聚合过程中的平均聚合反应速率 $\bar{R}$ 可以通过将平均浓度 $[\bar{M}] = ([M]_t + [M]_0)/2$ 代入式（2）求解，则

$$\bar{R} = -\frac{d[M]}{dt} = \frac{[M]_0 - [M]_t}{\Delta t} = \frac{\Delta V_t}{\Delta t \Delta V_\infty}[M]_0 \qquad (7)$$

3. 仪器和药品

（1）仪器

需要的仪器有膨胀计（安瓿瓶体积约 10mL、毛细管长度 30cm、毛细管直径 2mm）、超级恒温玻璃水浴、秒表。

（2）药品

需要的药品有苯乙烯、偶氮二异丁腈（重结晶）、四氢呋喃。

4. 实验操作

1）将毛细管磨口处涂抹少许凡士林，与安瓿瓶接好，称量未加苯乙烯的毛细管和安瓿瓶的总质量 m_0，取 0.1% 的偶氮二异丁腈的苯乙烯溶液，小心装至膨胀计颈部，将膨胀计的毛细管塞紧，在毛细管中液面高度上升不超过 10cm（毛细管直径为 2mm，长度 30cm）时，称重为 m_1，确定苯乙烯的质量 m。

2）将膨胀计的毛细管用橡皮筋上下固定紧，再用橡皮膏将橡皮筋缠绕住，注意不能漏液，然后将膨胀计固定在 60℃ ±0.1℃ 的恒温水浴中，将整个毛细管都浸入水中，此时，膨胀计中的苯乙烯受热膨胀，沿毛细管上升约 15cm。

3）苯乙烯液体一经达到热平衡，体积开始缩小。此时应注意观察，从开始收缩时，作为 0 时，同时用秒表计时，每隔 5min 记录一次液体弯月面的刻度，反应 1h 后结束。

4）将膨胀计中的液体倒入废液瓶，膨胀计不用清洗，按照上面的步骤，进行 70℃ ±0.1℃ 的动力学研究。

5）实验结束后，取出膨胀计，倒出聚合混合液，小心用四氢呋喃反复清洗多次，特别是毛细管一定要清洗干净，否则在烘干过程中残留的苯乙烯聚合物会堵塞毛细管。

5. 数据处理和结果分析

1）不同温度下苯乙烯和聚苯乙烯的密度见表 1-7-2。

表 1-7-2　不同温度下苯乙烯和聚苯乙烯的密度

名称＼密度/g·cm⁻³　温度/℃	25	60	70	80
苯乙烯	0.905	0.869	0.86	0.851
聚苯乙烯	1.062	1.050	1.046	1.044

2）数据测量

毛细管内径（cm）：

毛细管横截面积（cm²）：

实验开始时毛细管液体起始刻度（cm）：

实验结束时毛细管液体终止刻度（cm）：

膨胀计总质量（g）：

膨胀计和苯乙烯总质量（g）：

起始单体浓度$[M]_0$(mol/L)：

苯乙烯在毛细管中的理论长度 L_0(cm)：

聚苯乙烯在毛细管中的理论长度 L_∞(cm)：

计算 L_0 值，即苯乙烯的起始体积与毛细管横截面积计算的毛细管的高度；计算 L_∞ 值，即按理论计算苯乙烯完全转化为聚苯乙烯的体积与毛细管横截面积计算的毛细管的高度。

3）实验数据及计算结果填入表 1-7-3。

表 1-7-3　实验数据及计算结果

t/min	60℃			70℃		
	刻度读数/cm	Δh_t/cm	$\ln(1/(1-\Delta h_t/\Delta h_\infty))$	刻度读数/cm	Δh_t/cm	$\ln(1/(1-\Delta h_t/\Delta h_\infty))$
0						
5						
10						
15						
20						
25						
30						
35						
40						

（续）

t /min	60℃			70℃		
	刻度读数/cm	Δh_t/cm	$\ln(1/(1-\Delta h_t/\Delta h_\infty))$	刻度读数/cm	Δh_t/cm	$\ln(1/(1-\Delta h_t/\Delta h_\infty))$
45						
50						
55						
60						

4）作图和计算

以 $\ln(1/(1-\Delta h_t/\Delta h_\infty))$ 对时间 t 作图，应得到一条直线，通过线性拟合，其斜率就是 k。求出平均聚合反应速率 $\overline{R}$ 的值。

根据 60℃ 和 70℃ 的 k，求得聚合反应活化能 E。

6. 思考题

1）简述影响本实验结果的主要原因及改进意见。

2）膨胀计放入恒温水浴中后，为什么毛细管中的液面先上升后下降？

3）膨胀计从放入恒温水浴中到开始收缩时，此段时间的长短与哪些因素有关？

4）对于高转化率情况下的自由基聚合反应能用此法吗？

7. 注意事项

1）膨胀计内的单体不能加入太多，即毛细管内液面不能太高，否则开始升温时单体膨胀会溢出毛细管；也不能加入太少，否则当实验未测完数据时毛细管内的液面已低于刻度，无法读数。

2）将毛细管装在安瓿瓶上时要两人配合操作，用皮筋捆紧连接处。

3）实验一结束，应立即清洗膨胀计，以免聚合物堵塞毛细管。

4）实验结束后，应等膨胀计的温度降至室温后再拧开旋钮，否则膨胀计易损坏。

实验1.8　聚酯反应动力学

1. 实验目的

1）了解缩聚反应动力学的一般原理及其研究方法。

2）求取缩聚反应速率常数以及反应活化能的频率因子。

2．实验原理

等当量的二元酸与二元醇缩合可以生成高分子量的聚酯。在不加催化剂时，单体二元酸兼起催化剂的作用，反应级数为3，即反应速率与酸的浓度的二次方成正比，又与醇的浓度的一次方成正比。在加催化剂时，反应级数为2。

缩聚反应速率可以用反应基团浓度随时间的减小表示。在研究二元酸与二元醇缩聚动力学时，聚合过程可以用测定体系中羧基浓度的方法来跟踪。若以 $[A]$ 表示羧基的浓度，以 $[D]$ 表示羟基的浓度，则在不加催化剂时的反应速率可用式（1）表示：

$$-\frac{\mathrm{d}[A]}{\mathrm{d}t} = k[A]^2[D] \tag{1}$$

在加催化剂时的反应速率用式（2）表示：

$$-\frac{\mathrm{d}[A]}{\mathrm{d}t} = k'[A][D] \tag{2}$$

若体系中羧基与羟基等量，则由式（1）和式（2）可分别得到式（3）、式（4）：

$$\frac{1}{(1-P)^2} = 2[A]_{t_0}^2 kt + 1 \tag{3}$$

$$\frac{1}{1-P} = [A]_{t_0} k't + 1 \tag{4}$$

式（3）为不加催化剂时的缩聚动力学方程，式（4）为加催化剂时的动力学方程，式中反应程度：

$$P = \frac{[A]_{t_0} - [A]_t}{[A]_{t_0}} = \frac{t\,时刻出水量}{理论出水量}$$

可由实验测得，$[A]_{t_0}$ 为羧基或羟基的起始浓度，$[A]_t$ 为反应进行了 t 时间后体系中羧基或羟基的浓度。测定不同反应时间 t 后的 P 值，可根据式（3）或式（4）求出反应速率常数 k 或 k'。又根据 Arrhenius 方程：

$$k = A\exp\left(-\frac{E_a}{RT}\right)$$

即 $$\ln k = \ln A - \frac{E_a}{R}\frac{1}{T}$$

用不同温度 T 下测得的 $\ln k$ 值对 $1/T$ 作图，由直线的斜率和截距即可求得反应活化能 Ea 和频率因子 A。

3．仪器和药品

（1）仪器

需要的仪器有机械搅拌器，集热式电热套，三口烧瓶（250mL），油水分离器（带刻度，容积约25mL），回流冷凝管，温度计（250℃）。

（2）药品

需要的药品有己二酸（或邻苯二甲酸、马来酸）、乙二醇（或一缩二乙二醇等）、对甲基苯磺酸。

4. 实验步骤

1）将三口烧瓶（干燥）置于集热式电热套中，往瓶内依次放入搅拌桨、0.25mol（36.5g）己二酸、0.25mol（14mL）乙二醇和0.06g对甲基苯磺酸。开始加热并安装仪器的其余部分，包括一支温度计和带刻度的油水分离器，分离器上安装回流冷凝管。

2）迅速加热至回流温度（约150℃），并恒温直至出水量达到理论总水量的1/4左右，在此期间每分钟记录一次温度和出水量。

3）将反应温度迅速升至约165℃，并恒温直至出水量达到理论总水量的1/2左右，在此期间每分钟记录一次温度及出水量。

4）将反应温度迅速升至约175℃，并恒温直至出水量达到理论总水量的3/4左右，同样每分钟记录一次温度及出水量。

5）再将反应温度迅速升至约185℃，并恒温至出水速度显著减小，此期间要坚持记录。在出水速度很慢后出水量的记录间隔可以适当加长，但仍要十分注意保持反应温度的恒定。

6）再将温度迅速升至约195℃使反应进行完全。

5. 数据记录及结果分析

（1）根据实验结果计算各恒定温度下的反应速率常数（见表1-8-1）

表1-8-1　恒定温度下的反应速率常数

温度/℃	时间/min	出水量/mL	羧基浓度/mmol·L^{-1}	反应程度 P	反应速率常数 k'/mmol·L^{-1}·s

（2）作图和计算

用不同温度 T 下测得的 $\ln k'$ 值对 $1/T$ 作图，由直线的斜率和截距计算反应活化能 E_a 和频率因子 A。

6. 思考题

1）链式聚合与逐步聚合的主要区别有哪些？

2）在推导缩聚动力学公式（3）和公式（4）的过程中依据的假设条件是什么？为什么有些缩聚体系中公式（3）和公式（4）不适用？

3）与聚酯反应程度和相对分子质量大小有关的因素有哪些？在反应后期黏度增大后影响聚合的不利因素有哪些？怎样克服这些不利因素使反应顺利进行？

7. 注意事项

1）本实验单独完成时间较长，可以将全班学生分成数组，每组只测一个温度下的 k 值，共同完成。

2）每次取样都应在当时反应温度下进行。

实验1.9　使用偏光显微镜观察聚合物结晶形态

1. 实验目的

1）熟悉偏光显微镜的构造及原理，掌握偏光显微镜的使用方法。

2）学习用熔融法和溶液法制备聚合物球晶。

3）观察不同结晶温度下得到的聚合物球晶的形态，测量聚合物球晶的大小。

4）了解双折射体在偏光场中的光学效应及球晶黑十字消光图案的形成原理。

2. 实验原理

聚合物的聚集态结构是指聚合物分子链间的排列和堆砌结构，这种结构对聚合物材料制品的性质影响巨大，即使是聚合物分子链结构相同，聚集态结构不同的同一种聚合物，性质也有很大差别。通过不同的成型加工条件，能够控制不同的聚集态结构。例如，缓慢冷却的PET（涤纶片材）是脆性的；而经迅速冷却和双向拉伸的 PET（涤纶薄膜）却具有很好的韧性。根据聚合物聚集态结构的不同可将聚合物分为结晶和无定形聚合物。结晶聚合物材料的实际使用性能与材料内部的结晶形态、晶粒大小及完善程度有着密切的联系。聚合物在不同条件下形成不同的结晶，如单晶、球晶、纤维晶等。聚合物从熔融状态冷却或从浓溶液结晶时主要生成球晶，它是聚合物结晶时最常见的一种形式。

球晶是以晶核为中心成放射状增长构成球形而得名的，是"三维结构"。球晶的基本结构单元是具有折叠链结构的晶片，晶片的厚度一般在 10nm 左右。许多这样的晶片从一个中心（晶核）向四面八方生长，发展成为一个球状聚集体。球晶的大小取决于聚合物的分子结构及结晶条件，因此随着聚合物种类和结晶条件的不同，球晶尺寸差别很大，直径可以从微米级到毫米级，甚至可以大到厘米级。球晶尺寸主要受冷却速度、结晶温度及成核剂等因素影响。球晶具有光学各向异性，对光线有折射作用，因此可以用偏光显微镜进行观察。聚合物球晶在偏光显微镜的正交偏振片之间呈现出特有的黑十字消光图案。有些聚合物生成球晶的过程中，晶片沿半径增长时可以进行螺旋性扭曲，因此还能在偏光显微镜下看到同心圆消光图案。对于更小的球晶则可用电子显微镜进行观察或采用激光小角散射法等进行研究。

光是电磁波，也就是横波，它的传播方向与振动方向垂直。但对于自然光来说，它的振动方向均匀分布，没有任何方向占优势。但是自然光通过反射、折射或选择吸收后，可以转变为只在一个方向上振动的光波，即偏振光。一束自然光经过两片偏振片，如果两个偏振轴相互垂直，光线就无法通过了。光波在各向异性介质中传播时，其传播速度随振动方向的不同而变化，折射率值也随之改变，一般都发生双折射，分解成振动方向相互垂直、传播速度不同、折射率不同的两束偏振光。而这两束偏振光通过第二个偏振片时，只有在与第二偏振轴平行方向的光线可以通过。而通过的两束光由于光程差将会发生干涉现象。在正交偏光显微镜下观察，非晶体聚合物因为其各向同性，不会发生双折射现象，光线被正交的偏振镜阻碍，视场黑暗。球晶会呈现出特有的黑十字消光现象，黑十字的两臂分别平行于两偏振轴的方向。而除了偏振片的振动方向外，其余部分就出现了因折射而产生的光亮。如图 1-9-1 所示是不同结晶条件下全同聚丙烯的球晶照片。在偏振光条件下，还可以观察晶体的形态、测定晶粒的大小和研究晶体的多色性等。

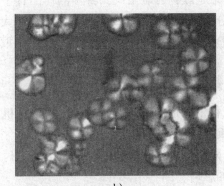

a) b)

图 1-9-1 不同结晶条件下的全同聚丙烯的球晶照片

a) 溶液结晶（慢冷） b) 溶液结晶（自然冷）

3. 仪器和药品

（1）仪器

需要的仪器有热台偏光显微镜（配显微摄像仪和计算机）、烘箱、石棉板、盖玻片、载玻片、镊子。

（2）药品

需要的药品有全同聚丙烯粒料、高密度聚乙烯粒料、十氢萘。

4. 实验步骤

（1）试样的制备

1）熔融法制样。取 1/5～1/4 全同聚丙烯粒料放在干净的载玻片上，在试样上盖上一块盖玻片。将热台加热到 200℃，使聚丙烯样品熔融，并将试样压成薄片。做两块同样的试样，做好后保温片刻。将其中的一片取出放在石棉板上以较快的速度冷却；另一片放在已升温至 230℃左右的烘箱内并关闭加热电源，以较慢的速度冷却待用，恒温一段时间后冷却到室温。

2）溶液制样法。将全同聚丙烯粒料同十氢萘在加热条件下溶解，然后缓慢冷却，或者让溶剂缓慢挥发，逐渐析出聚丙烯固体。

（2）用偏光显微镜观察形态

1）打开照明电源，插入单色滤波片，去掉显微镜目镜，起偏片和检偏片置于 90°。边观察显微镜筒，边调节灯和反光镜的位置，如需要可调整检偏片以获得完全消光（视野尽可能暗）。

2）将制好的样品放置到偏光显微镜的载物台上，用压片固定。在正交偏振光和非偏振光条件下观察样品，通过计算机保存样品的照片。

（3）测量球晶直径

将聚合物晶体薄片放在正交显微镜下观察，用显微镜目镜分度尺测量球晶直径，测量步骤如下：

1）将带有分度尺的目镜插入镜筒内，将载物台显微尺置于载物台上，使视区内同时见两尺。

2）调节焦距使两尺平行排列、刻度清楚，并使两零点相互重合，即可算出目镜分度尺的值。

3）取走载物台显微尺，将预测样品置于载物台视域中心，观察并记录晶形，读出球晶在目镜分度尺上的刻度，即可算出球晶直径大小。

实验完毕，关闭热台电源，从显微镜上取下热台，关闭偏光显微镜和计算机。

5. 数据记录及结果分析

1）根据所拍摄到样品的照片，用计算机所附带的软件以及目镜、物镜的标尺计算各种状态下聚合物样品球晶的大小。

2）对所得实验数据和图像进行分析，讨论冷却速度对球晶尺寸、球晶的形成机理和球晶形状的影响。

6. 思考题

1）聚合物结晶过程有何特点？形态特征如何（包括球晶大小和分布、球晶的边界、球晶的颜色等）？结晶温度对球晶形态有何影响？

2）解释形成球晶黑十字消光图案的原因。

3）溶液结晶与熔体结晶形成的球晶的形态有何差异？造成这种差异的原因是什么？

4）能不能用正己烷代替十氢萘作为聚丙烯的溶剂？

7. 注意事项

调焦时，应先使物镜接近样片，仅留一窄缝，不要碰到，然后一边从目镜中观察一边调焦（调节方向务必使物镜离开样片）至清晰。

实验1.10　聚合物熔体流动速率的测定

1. 实验目的

1）了解热塑性塑料熔体流动速率与加工性能的关系。

2）掌握熔体流动速率的测试方法。

3）了解热塑性聚合物熔融指数的物理意义。

2. 实验原理

熔体流动速率的定义是热塑性树脂试样在一定温度、恒定压力下，熔体在 10min 内流经标准毛细管的质量值，单位是 g/10min，通常用 *MFR* 来表示。熔体流动速率以前称为熔融指数（*MI*）。对于同一种聚合物，在相同条件下，熔体流动速率越大，流动性越好。对于不同的聚合物，由于测定时所规定的条件不同，因此不能用熔体流动速率的大小比较其流动性。流体流动速率仪测得的流动性能指标，是在低剪切速率下测得的，不存在广泛的应力应变速率关系，因而不能用来研究塑料熔体黏度和温度、黏度和剪切速率的依赖关系，仅能比较相同结构聚合物分子量或熔体黏度的相对值。

熔体流动速率仪实际上是简单的毛细管黏度计，结构简单，它所测量的是熔体流经毛细管的质量流量。由于熔体密度数据难于获得，故不能计算表观黏度。但由于质量与体积成一定比例，故熔体流动速率也就表示了熔体的相对黏度量值。因而，熔体流动速率可以用作区别各种热塑性材料在熔融状态时的流动性的一个指标。对于同一类高聚物，可由此来比较出分子量的大小。一般来说，同类的高聚物，分子量越大，其强度、硬度、韧性、缺口冲击等物理性能也会相应有所提高。反之，分子量小，熔体流动速率则增大，材料的流动性就相应好一些。在塑料加工成型过程中，对塑料的流动性常有一定的要求，如压制大型或形状复杂的制品时，需要塑料有较大的流动性。如果塑料的流动性太小，常会使塑料在模腔内填塞不紧或树脂与填料分头聚集（树脂流动性比填料大），从而使制品质量下降，甚至成为废品。而流动性太大时，会使塑料溢出模外，造成上下模面发生不必要的黏合或使导合部件发生阻塞，给脱模和整理工作造成困难，同时还会影响制品尺寸的精度。由此可知，塑料流动性的好坏，与加工性能关系非常密切。在实际成型加工过程中，往往是在较高的切变速率的情况下进行的。为了获得适合的加工工艺，通常要研究熔体黏度对温度和切变应力的依赖关系。掌握了它们之间的关系以后，可以通过调整温度和切变应力（施加的压力）来使熔体在成型过程中的流动性符合加工以及制品性能的要求。由于熔体流动速率是在低切变速率的情况下获得，与实际加工的条件相差很远，因此，熔体流动速率在应用上，主要是用来表征由同一工艺流程制成的高聚物性能的均匀性，并对热塑性高聚物进行质量控制，简便地给出热塑性高聚物熔体流动性的度量，作为加工性能的指标。

熔体流动速率的测定使用熔体流动速率测定仪。由于熔体流动速率测定仪结构简单、价廉、操作简便，对于某一个热塑性聚合物来说，如果从经验上建立起熔体流动速率与加工条件、产品性能的对应关系，那么，用熔体流动速率来指导该聚合物的实际加工生产就很方便，因而熔体流动速率的测定在塑料加工行业中得到广泛的应用。国内生产的热塑性树脂（尤其是聚烯烃类）一般都附有熔体流动速率的指标。这些指标都是按照规定的标准试验条件来测定的。因为相同结构的聚合物，测定熔体流动速率时所用的试验条件（温度、压强）不同，所得的熔体流动速率也不同。所以，要比较相同结构的聚合物的熔体流动速率，必须在相同的测试条件下进行。美国测量标准协会（ASTM）制定的测定熔体流动速率的标准为 ASTM D1238，我国国家标准为 GB/T 3682—2000。表 1 - 10 - 1 所示是常用的树脂测量 *MFR* 的标准条件，表 1 - 10 - 2 所示是试样用量与取样时间。

表 1 - 10 - 1　常用的树脂测量 *MFR* 的标准条件

树脂	实验温度/℃	负荷/g	负荷压强/MPa
PE	190	2160	0.304
PP	230	2160	0.304
PS	190	5000	0.703
PC	300	1200	0.169
POM	190	2160	0.304
ABS	200	5000	0.703
PA	230	2160	0.304
纤维素酯	190	2160	0.304
丙烯酸树脂	230	1200	0.169

表 1 - 10 - 2　试样用量与取样时间

MFR/g·(10min)$^{-1}$	试样量/g	取样时间/s
0.1 ~ 0.5	3 ~ 4	240
0.5 ~ 1.0	3 ~ 4	120
1.0 ~ 3.5	4 ~ 5	60
3.5 ~ 10.0	6 ~ 8	30
10.0 ~ 25.0	6 ~ 8	10

3. 仪器和材料

（1）仪器

需要的仪器有 XRZ - 400 型熔体流动速率测定仪、电子天平（万分之一）、秒表等工具。

（2）材料

需要的材料为聚苯乙烯粒料。

4. 实验步骤

（1）试样

聚苯乙烯粒料 4g。

（2）实验条件

温度 190℃，荷重 5000g，压强 7.03kg/cm^2。

（3）实验操作

1）检查仪器是否清洁且呈水平状态。

2）将毛细管及压料杆放入预先已装好料筒的炉体中。

3）开启电源，升温到试验温度（190 ± 0.1）℃后恒温 10min。

4）将预热的压料杆取出，把称好的试样用漏斗加入料筒内，放回压料杆，固定好导套，并将料压实。整个加料与压实过程需在 1min 内完成。试样用量取决于 MFR 的大小。一般加料量在一定范围内对结果影响不大。

5）试样装入后，用手压使活塞降到下环形标记，切除流出试样，这一操作要保证活塞（压料杆）下环形标记在 5′30″时降到与料口相平。5′30″时开始加负荷，6′时开始切割，弃去 6′前的试样，保留连续切取的无气泡样条 3~5 个。取样完毕，将料压完，卸去砝码。

6）取出压料杆和毛细管，趁热用软纱布擦干净，毛细管内余料用专门的顶针清除。把清料杆安上手柄，挂上纱布，边推边旋转清洗料筒。更换纱布，直到料筒内壁清洁光亮为止。

7）取 5 个无气泡的切割段分别称量（准确到 mg）。若最大值与最小值超过平均值的 10%，则需要重新取样进行测定。

5. 数据记录及结果分析

熔体流动速率按下式求出：

$$MFR = (m \times 600)/t$$

式中，MFR 为熔体流动速率（g/10min）；m 为 5 个切割段的平均质量（g）；t 为每切割段所需时间（s）。

分析实验过程中切割段的颜色、有无气泡等现象与实验结果和实验方法的关系。

6. 思考题

1）测定 MFR 的实际意义有哪些？

2）对于同一聚合物试样，改变温度和剪切应力对其熔体流动速率有何影响？

3）聚合物的熔体流动速率与分子量有什么关系？熔体流动速率值在结构不同的聚合物之间能否进行比较？

4）可否直接挤出 10′的熔体的重量作为 MFR 值？为什么？

7. 注意事项

1）料筒压料杆和出料口等部位尺寸精密、光洁度高，故实验要谨慎，防止碰撞变形和清洗时材料过硬损伤仪器。

2）实验和清洗时要带双层手套，防止烫伤。

3）实验结束挤出余料时，要轻缓用力，切忌以强力施加，以免损伤仪器。

实验 1.11　聚合物温度形变曲线的测定

1. 实验目的

1）掌握测定高聚物温度-形变曲线的方法。

2) 掌握通过温度-形变曲线测定无定形聚合物 PMMA 的玻璃化转变温度 T_g、黏流态转变温度 T_f，加深对三种力学转态的认识。

3) 测定高聚物 PE 熔点 T_m。

2. 实验原理

温度-形变曲线（又称为热机械曲线）是研究聚合物力学性能的一种重要的方法。它是在高聚物试样上施加一定的荷重，并使试样以一定的速度受热升温，使用记录仪器记录在某个温度变化范围内试样的形变随温度的变化曲线。聚合物的许多结构因素的改变，包括化学结构、相对分子质量、结晶、交联、增塑、老化等，都会在其温度-形变曲线上表现出来。因而，测定聚合物的温度-形变曲线可以了解聚合物试样内部的结构信息；了解聚合物分子运动与力学性能的关系；分析聚合物的结构形态，如结晶、交联、增塑、老化等；还可以获得不同分子运动能力区间的特征温度，如玻璃化温度 T_g、黏流态温度 T_f、熔点 T_m 和分解温度 T_d 等。在实际应用方面，温度-形变曲线可以用来评价高分子材料的耐热性、使用温度范围及加工温度等。

在典型的线形非晶高聚物的温度-形变曲线上（见图 1-11-1），具有"三态"——玻璃态、高弹态和黏流态，以及"两区"——玻璃化转变区和黏流态转变区。在玻璃态区，由于分子热运动能量低，不足以克服主链内旋转位垒，链段处于被冻结的状态，仅有侧基、链节、短支链等小运动单元可作局部振动，以及键长、键角的微小变化，因此不能实现构象的转变；或者说链段运动的松弛时间远大于观察时间，因此在观测时间内难以表现出链段的运动。宏观

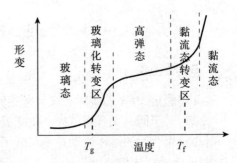

图 1-11-1　线形非晶高聚物的温度-形变曲线

上表现为普弹形变，质硬而脆，形变小（1% 以下），模量高（$10^9 \sim 10^{10}$ Pa）。在温度-形变曲线上表现为斜率很小的一段直线。当温度升高、聚合物进入玻璃化转变区时，聚合物链段运动开始解冻，链构象开始改变、进行伸缩，表现出明显的力学松弛行为，形变量迅速上升，具有坚韧的力学特性。此时，如果立即除去施加的外力，形变仍可恢复。在温度-形变曲线上表现为一个急剧向上的弯曲，随后进入一平台区（高弹态区）。在高弹态区，也叫橡胶弹性区，高聚物此时若受到外力作用，分子链单键的内旋转使链段运动，即通过构象的改变来适应外力的作用；一旦外力除去，分子链又可以通过单键的内旋转和链段的运动恢复到原来的蜷曲状态。在宏观上表现为高弹性，形变量较大（100% ~ 1000%），模量很低（$10^5 \sim 10^7$ Pa），容易变形；一旦外力除去，则表现为弹性回缩。在温度-形变曲线上表现为一缓慢上升的平台，平台的宽度主要受聚合物分子量的影响，一般来说分子量越高，平台越长。紧接着，温度升高，高聚物将进入黏流态转变区，此时链段运动加剧，分子链能进行重心位移，模量下降至 10^4 Pa 左右，表现出黏弹性特征。如果温度进一步升高，聚合物整个分子链可以克服相互作用和缠结，链段沿作用力方向协同运动而导致高分子链的质量中心互相位移，即分子链整链运动的松弛时间缩短到与观测时间为同一数量级。宏观表现为黏性流动，为不可逆形变。

　　而对于结晶聚合物，其温度-形变曲线如图 1 - 11 - 2 所示。由于存在晶区和非晶区，高聚物的微晶起到类似交联点的作用。当结晶度较低时，高聚物中非晶部分在温度 T_g 后仍可表现出高弹性；而当结晶度大于 40% 左右时，微晶交联点彼此连成一体，形成贯穿整块材料的连续结晶相，此时链短的运动被抑制，在温度 T_g 以上也不能表现出高弹性。结晶高聚物当其温度大于熔点 T_m 时，其温度-形变曲线即重合到非晶高聚物的温度-形变曲线上，此时又分为两种情况：如 $T_m > T_f$，则熔化后直接进入黏流态；如 $T_m < T_f$，则先进入高弹态。对于结晶性聚合物固体急速冷却得到的非晶或低结晶度的高聚物材料，在升温过程中会产生结晶使模量上升。这时如采用间歇加载的方式进行温度-形变测量，就会发现当温度达到 T_g 后形变上升，然后随结晶过程的进行变形又会下降。

　　交联对聚合物的温度-形变曲线影响较大（见图 1 - 11 - 3），由于相互交联而不可能发生黏流性流动。当交联度较低时，链段的运动仍可进行，因此仍可表现出高弹性；而当交联度很高，交联点间的链长小到与链段长度相当时，链段的运动也被束缚，此时在整个温度范围内只表现出玻璃态。

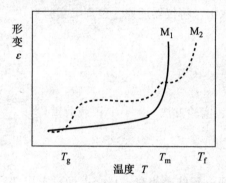

图 1 - 11 - 2　结晶聚合物的温度-形变曲线（虚线表示结晶度较低，分子量 $M_2 > M_1$）

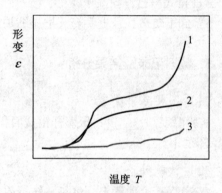

图 1 - 11 - 3　无定形高聚物 1 与交联高聚物 2、3 温度-形变曲线的比较，其中交联度 3 > 2

3. 仪器和药品

（1）仪器

需要的仪器有 XWR-500A 型热机械分析仪、游标卡尺。

（2）药品

需要的药品有聚甲基丙烯酸甲酯（PMMA）、高密度聚乙烯（HDPE）。

4. 实验步骤

（1）试样准备

通过本体聚合制备直径 5～8mm 的 PMMA 有机玻璃棒，用锯子锯成高为 5～7mm 的圆柱体，并用砂纸将其打磨平整。通过热压机制备 15cm × 15cm × 8mm 的 HDPE 平板，用锯子锯成 8mm × 8mm × 8mm 的正方体，并用砂纸将其打磨平整。用游标卡尺测量试样的长宽高。

（2）试样的安装

将压缩炉芯从附件箱中取出，将试样放入压缩试样座中，用压缩压头把样品固定（注意压缩压头的方向以免在实验过程中被卡住），然后将压缩炉芯放入炉体中，插入测温传感器，在压缩压头上加上负载杆，将试样所需负载加载在负载杆上的砝码托盘上（本实验中所加载的负载加和为 0.702MPa），将位移传感器移至砝码上。

（3）实验操作

1）实验设置：打开计算机测试程序，设置实验常规参数、试样参数以及实验参数。

2）位移传感器调零：确保数据线、电源线连接无误后打开仪器电源，进入测试程序中的调零界面，调节微动旋钮调节零点位置，使测量范围满足测试需要。

3）在仪器控制面板上设置实验条件，包括升温速率和上下限温度。

4）上述步骤经实验教师检查合格后，可单击程序中的"开始实验"按钮开始实验。

实验启动后，"当前信息"显示了实时温度和形变信息。程序自动绘制试样的形变-温度曲线。

5）停止实验：当实验到达设定的停止条件时（设定温度或者设定形变量），实验自动停止。也可以手动单击"停止试验"按钮来停止实验。实验结果可自动保存。或者把数据另存为 Excel 格式自己作图。

6）卸下负载，戴上手套，把压缩炉芯和试样取出，将仪器还原，整理好实验桌。

5. 数据记录及结果分析

（1）实验条件参数

实验温度_____；压缩杆横截面积_____；实验方法_____；载荷重量_____；设备名称_____。

（2）数据处理

在温度-形变曲线上，将每一转折前后的直线部分延伸至相交，从交点即可求出 T_g、T_f、T_m。实验数据填入表 1-11-1。

表 1-11-1 实验数据

样品名称	压缩应力/MPa	升温速率/℃·min^{-1}	T_g/℃	T_f/℃	T_m/℃

比较 PMMA 和 HDPE 的温度形变曲线的差异并说明原因。

6. 思考题

1）聚合物的温度-形变曲线与其分子运动有什么联系？

2）哪些实验条件会影响 T_g、T_f 和 T_m 的数值？它们各产生何种影响？

3）研究聚合物温度-形变曲线有什么理论与实际意义？

7. 注意事项

1）试样的形状对形变温度的测定结果影响较大，因此必须注明试样形状、规格等。

2）与压头接触的试样表面必须光滑、平整，以免影响测试结果。

实验 1.12　聚合物维卡软化点的测定

1. 实验目的

1) 了解热塑性塑料的维卡软化点的测试方法。
2) 测定 PP、PS 等试样的维卡软化点。

2. 实验原理

聚合物的耐热性能通常是指它在温度升高时保持其物理机械性能的能力。一般情况下，热塑性塑料在常温下呈玻璃态，但随着温度的提高，逐渐失去其原有的刚性，变得柔软，向高弹态转变。因此，在较小的外力作用下，就会产生较大的变形。热塑性塑料的软化点温度的测定，即基于此。因为使用不同测试方法各有其规定选择的参数，所以软化点的物理意义不像玻璃化转变温度那样明确。常用维卡（Vicat）耐热和马丁（Martens）耐热以及热变形温度测试方法测试塑料的耐热性能。现在世界各国的大部分塑料产品标准中，都有负荷热变形温度这一指标作为产品质量控制的手段。

维卡软化点是用于控制产品质量和判断材料的热性能的一个重要指标，但不代表材料的使用温度。维卡软化点实验方法始于 1894 年，至 1910 年由德国正式建立标准的实验方法，我国于 1970 年正式发布此标准实验方法，并于 1979 年转为国家标准。标准规定，在一定条件下（试样温度速率、压针横截面积、施加于压针的静负荷、试样尺寸等），压针头刺入试样 1mm 时的温度，作为维卡软化点温度，以℃表示。

3. 仪器和试样

（1）仪器
需要的仪器为热变形维卡温度测定仪。

（2）试样
需要的试样为片状试样，厚度为 3～6mm、长和宽要大于 10mm×10mm 或直径大于 10mm 的圆盘。

4. 实验步骤

1) 试样的安装：实验装置如图 1-12-1 所示。取出试样架，将试样直接放在压针下，压实即可，然后落下负载杆，把试样架放入油池内。

2) 按照"工控机"→"计算机"→"主机"的开机顺序打开设备的电源开关。双击计算机桌面上的"维卡"图标，用鼠标单击"热变形登记"项，系统进入热

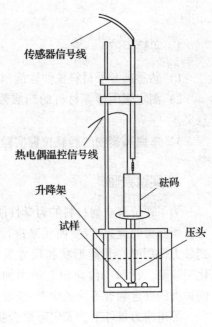

传感器信号线

热电偶温控信号线

升降架

试样

砝码

压头

图 1-12-1　维卡软化点温度测试装置

变形测量；设置好各项参数；用鼠标单击"自动"按钮，系统自动进行预热状态，在界面左上方的窗口中显示预热温度，当达到预热温度时系统自动转到测试界面；稍等几秒钟，系统自动开始测试。实验完毕后，依次关闭主机、工控机、打印机、计算机电源。

5．数据记录及结果分析

用鼠标单击"记录处理"字标，出现一个下拉菜单，其中有"测验报告"和"位移曲线"两个选项。用鼠标单击"测试报告"选项，系统进入测验报告界面；用鼠标单击"文件"字标，将显示出历次测量的文件；记录试样在不同通道的维卡温度，计算平均值。

6．思考题

1）影响维卡软化点测试的因素有哪些？
2）材料的不同热性能测定数据是否具有可比性？

7．注意事项

1）试样安装或取出时，不能掉进油池内。若掉入，则取出后该实验要重做。
2）油箱温度低于150℃时，用水冷却；高于150℃时用气体冷却。使用冷却水降温后，一定要将冷却管内的水排尽或用高压空气吹尽，否则将影响正常的实验温度。

实验1.13　聚合物应力-应变曲线的测定

1．实验目的

1）熟悉高分子材料拉伸性能测试标准条件、测试原理及其操作。
2）测定聚丙烯等材料的屈服强度、断裂强度和断裂伸长率，并理解应力-应变曲线的意义。
3）掌握高聚物的静载拉伸实验方法。

2．实验原理

为了评价聚合物材料的力学性能，通常用等速施力下所获得的应力-应变曲线来进行描述。当材料受到外力作用时，几何形状和尺寸发生变化，这种变化叫应变。材料单位面积上的附加内力叫应力。不同种类的聚合物有不同的应力-应变曲线。

等速施力条件下，无定形聚合物典型的应力-应变曲线如图1-13-1所示。

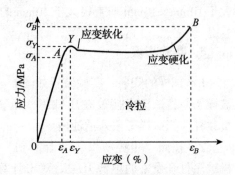

图1-13-1　非晶态高聚物的应力-应变曲线

1) A 点称为"弹性极限点"，ε_A 为弹性极限应变，σ_A 为弹性极限应力。

2) Y 点称为"屈服点"，σ_Y 为屈服应力，ε_Y 为屈服伸长。

3) B 点称为"断裂点"，σ_B 为断裂强度，ε_B 为断裂伸长率。

4) 整个应力-应变曲线下的面积就是试样的断裂能。

从应力-应变曲线可以看出：以一定速率单轴拉伸非晶态聚合物，其典型曲线可分成五个阶段。

1) 弹性形变区：从直线的斜率可以求出杨氏模量。从分子机理来看，这一阶段的普弹性是由高分子的键长、键角和小的运动单元的变化引起的，移去外力后这部分形变会立即完全恢复。

2) 屈服点（又称应变软化点）：超过了此点，冻结的链段开始运动；材料发生屈服，试样的截面出现"细颈"；此后随应变增大，应力不再增加反而有所下降——应变软化。

3) 强迫高弹形变区（冷拉阶段）：随拉伸不断进行，细颈沿试样不断扩展，直到整个试样都变成细颈，材料出现较大变形。强迫高弹形变本质上与高弹形变一样，是链段的运动，但它是在外力作用下发生的。此时停止拉伸，去除外力后，形变不能恢复，但试样加热到 T_g 附近的温度时，形变可以缓慢恢复。

4) 应变硬化区：在应力的持续作用下，大量的链段开始运动，并沿外力方向取向，使材料产生大变形，链段的运动和取向最后导致了分子链取向排列，使强度提高；因此，只有进一步增大应力才能使应变进一步发展，所以应力又一次上升——应变硬化。

5) 断裂：试样均匀形变，最后应力超过了材料的断裂强度，试样发生断裂。

3. 仪器和试样

（1）仪器

需要的仪器为 WDW50 型电子万能试验机。

（2）试样

需要的试样形状见图 1 - 13 - 2。

记录试样原始标距 L_0，用厚度计测量真实的厚度，测量 3 点，取测量 3 点的中位数作为试样的厚度值。

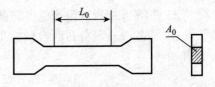

图 1 - 13 - 2　DIN 型标准双叉试样

4. 实验步骤

1) 打开仪器电源，预热 15 ~ 20min。

2) 测试：选定试验速度，将哑铃形试样均匀夹持在上、下夹持器上，使拉力均匀分布在横截面上。开动试验机，测试并记录。

3) 按实验施加的负荷和试样尺寸计算出相应的应力值，并对应变作图，得应力-应变曲线。

4) 计算拉伸强度、拉伸应力、断裂伸长率、拉断永久变形。

5. 数据记录及结果分析

实验数据填入表 1 - 13 - 1。

表 1 - 13 - 1　实验数据

试样原始标距/mm	断裂伸长率（%）	拉伸强度/MPa	拉伸应力/MPa	断裂应力/MPa	最大拉力/MPa

6. 思考题

1）如何根据高分子材料的应力-应变曲线来判断材料的性能？
2）改变试验的拉伸速率会对试验产生什么影响？

7. 注意事项

将试样夹在夹持器上时一定要夹紧，以防试样在拉伸过程中脱离。

实验1.14　凝胶渗透色谱测定聚合物分子量及其分布

1. 实验目的

1）了解凝胶渗透色谱的测量原理。
2）初步掌握凝胶渗透色谱的进样、淋洗、接收、检测等实验操作技术。
3）掌握分子量分布曲线的数据分析方法，得到样品的数均分子量、重均分子量和多分散性指数。

2. 实验原理

聚合物分子量及其分子量分布是聚合物性能的重要参数之一，与聚合物力学性能密切相关，对聚合物拉伸强度以及成型加工过程，如模塑、成膜、纺丝等都有影响。同时，由于聚合物的分子量和分子量分布是由聚合过程的机理决定的，通过聚合物的分子量和分子量分布与聚合时间的关系可以研究聚合机理和聚合动力学。因此，对聚合物的分子量和分子量分布进行测定具有重要的科学和实际意义。测定聚合物分子量的方法有多种，如黏度法、端基分析法、超速离心沉降法、动态/静态光散射法和凝胶渗透色谱法（GPC）等。测定聚合物分子量分布的方法主要有三种：①利用聚合物溶解度的分子量依赖性，将试样分成分子量不同的级分，从而得到试样的分子量分布，如沉淀分级法和梯度淋洗分级法；②利用聚合物分子链在溶液中的分子运动性质得出分子量分布，如超速离心沉降法；③利用聚合物体积的分子量依赖性得到分子量分布，如体积排除色谱法（或称为凝胶渗透色谱法）。

凝胶渗透色谱法是一种新型的液相色谱法，主要特点是操作简便、测定周期短、数据可靠、重现性好，目前已成为科研和工业生产领域测定聚合物分子量和分子量分布的主要方法。凝胶渗透色谱法的机理一般被认为是体积排除机理，因而又被称为体积排除色谱法（SEC）。当聚合物试样随淋洗溶剂进入色谱柱后，溶质分子即向多孔性凝胶的内部孔洞扩散。较小的分子除了能进入大的孔外，还能进入较小的孔；而较大的分子只能进入较大的孔，甚至完全不能进入孔洞而先被洗提。因而尺寸大的分子先被洗提出来，尺寸小的分子较晚被洗提出来，分子尺寸按从大到小的次序进行分离。

凝胶渗透色谱法的分离部件是一个以多孔性凝胶作为载体的色谱柱，凝胶的表面与内部含有大量彼此贯穿的大小不等的空洞。色谱柱总体积 V_t 由载体骨架体积 V_g、载体内部孔洞体积 V_i 和载体粒间体积 V_0 组成。GPC 的分离机理通常用"空间排斥效应"解释。待测聚合物试样以一定速度流经充满溶剂的色谱柱时，溶质分子向填料孔洞渗透，渗透概率与分子尺寸有关，分为以下三种情况：①高分子尺寸大于填料所有孔洞孔径，高分子只能存在于凝胶颗粒之间的空隙中，淋洗体积 $V_e = V_0$，为定值；②高分子尺寸小于填料所有孔洞孔径，高分子可在所有凝胶孔洞之间填充，淋洗体积 $V_e = V_0 + V_i$，为定值；③高分子尺寸介于前两种之间，较大分子渗入孔洞的概率比较小分子渗入的概率要小，在柱内流经的路程要短，因而在柱中停留的时间也短，从而达到了分离的目的。当聚合物溶液流经色谱柱时，较大的分子被排除在粒子的小孔之外，只能从粒子间的间隙通过，速率较快；而较小的分子可以进入粒子中的小孔，通过的速率要慢得多。经过一定长度的色谱柱，分子根据相对分子质量被分开，相对分子质量大的在前面（即淋洗时间短），相对分子质量小的在后面（即淋洗时间长）。自聚合物试样进入色谱柱到被淋洗出来，所接收到的淋出液总体积称为该试样的淋出体积。当仪器和实验条件确定后，溶质的淋出体积与其分子量有关，分子量愈大，其淋出体积愈小。分子的淋出体积为：

$V_e = V_0 + K V_i$　　（K 为分配系数 $0 \leqslant K \leqslant 1$，分子量越大越趋于 0，分子量越小越趋于 1）

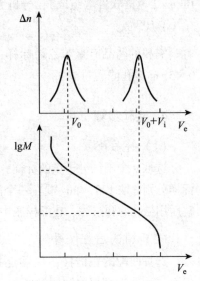

对于上述第①种情况，$K = 0$；第②种情况，$K = 1$；第③种情况，$0 < K < 1$。综上所述，对于分子尺寸与凝胶孔洞直径相匹配的溶质分子来说，都可以在 $V_0 \sim (V_0 + V_i)$ 淋洗体积之间按照分子量由大到小一次被淋洗出来。

GPC 的分离原理虽然很简单，但是对分子量进行标定的方法则相对复杂。通常情况下，用已知相对分子质量的单分散标准聚合物预先作一条淋洗体积或淋洗时间和相对分子质量对应关系曲线，该线称为"校正曲线"。聚合物中几乎找不到单分散的标准样，一般用窄分布的试样代替。在相同的测试条件下，作一系列的 GPC 标准谱图，对应不同相对分子质量样品的保留时间，以 $\lg M$ 对 t 作图，所得曲线即为"校正曲线"；用一组已知相对分子质量的单分散性聚合物标准试样，以它们以峰值位置的 V_e 对 $\lg M$ 作图，可得 GPC 校正曲线示意图，如图 1-14-1 所示。

图 1-14-1　GPC 校正曲线示意图

由图 1-14-1 可见，$(V_0 + V_i) \sim V_0$ 是凝胶选择性渗透分离的有效范围，即为标定曲线的直线部分，通常用一个简单的线性方程表示色谱柱可分离的线性部分，直线方程为：

$$\lg M = A + BV_e$$

式中，A、B 为特性常数，与聚合物、溶剂、温度、填料及仪器有关，其数值可由校正曲线得到。

对于不同类型的高分子，在相对分子质量相同时其分子尺寸并不一定相同。用 PS 作为标准样品得到的校正曲线不能直接应用于其他类型的聚合物。而许多聚合物不易获得窄分布的标准样品进行标定，因此希望能借助于某一聚合物的标准样品在某种条件下测得的标准曲线，通过转换关系在相同条件下用于其他类型的聚合物试样。这种校正曲线称为普适校正曲线。根据 Flory 流体力学体积理论，对于柔性链，两种高分子具有相同的流体力学体积，则下式成立：

$$[\eta]_1 M_1 = [\eta]_2 M_2$$

再将 Mark-Houwink 方程 $[\eta] = K M''$ 代入上式可得：

$$\lg M_2 = \frac{1}{1 + \alpha_2} \lg \frac{K_1}{K_2} + \frac{1 + \alpha_1}{1 + \alpha_2} \lg M_1$$

由此，如已知在测定条件下两种聚合物的 K、α 值，就可以根据标样的淋出体积与分子量的关系换算出试样的淋出体积与分子量的关系，只要知道某一淋出体积的分子量 M_1，就可算出同一淋出体积下其他聚合物的分子量 M_2。

3. 仪器和药品

（1）仪器

需要的仪器有 Waters Breeze 凝胶渗透色谱仪（主要由 1515 单元泵、手动进样器、色谱柱（可分离分子量范围 $2 \times 10^2 \sim 2 \times 10^6$）、2414 示差折光仪检测器、柱温箱、计算机、Breeze2 色谱软件等组成），分析天平，微孔过滤器，配样瓶，注射针筒。

（2）药品

需要的药品有聚苯乙烯标样，市售聚苯乙烯树脂（工业品），四氢呋喃（HPLC 级，用 0.45μm 微孔滤膜过滤）。

4. 实验步骤

（1）样品配置

选取 9 个不同分子量的标样，按分子量顺序 1、4、7，2、5、8 和 3、6、9 分为 3 组，每组标样分别称取 1.5~2mg 混在一个配样瓶中，分子量小的多称点，加入 2mL 四氢呋喃溶剂，溶解后用微孔滤膜过滤。在配样瓶中称取约 4mg 被测试样，用 2mL 四氢呋喃溶解并过滤。

（2）调试运行仪器

选择匹配的色谱柱，仪器连接完成，开机。设定淋洗速度为 1mL/min、柱温箱温度为 40℃、示差折光仪检测器温度为 35℃，介绍数据采集与处理系统。本实验将数据采集及处理系统仅用作记录仪，数据处理由人工完成，以便加深对分子量分布的概念和 GPC 的认识。

（3）进样和淋洗体积测定

待基线稳定后，用进样针筒先后将 3 组标样和待测样品进样，进样体积为 20μL，等待色谱淋洗，得到淋洗曲线。确定标样和待测样品的淋洗体积，并确定待测样品淋洗曲线的基线，用"切割归一化法"进行数据处理。

（4）清洗色谱柱

实验完成后，用纯化后的溶剂流过以清洗色谱柱。

5. 数据记录及结果分析

（1）实验条件参数

色谱柱：_____；检测器温度：_____；柱温箱温度：_____；流量：_____；进样量：_____。

（2）数据处理（见表 1-14-1）

表 1-14-1　标样数据列表

标样序号	相对分子质量 M	淋洗体积 V_e
1		
2		
3		
4		
5		
6		
7		
8		
9		

作 $\lg M - V_e$ 图得到 GPC 标定关系（见表 1-14-2）。

表 1-14-2　待测样品数据列表

切割快序号	V_{ei}	H_i	M_i	$H_i M_i$	H_i / M_i
1					
2					
3					
4					
5					
⋮					
20					

根据下列公式计算样品的数均分子量、重均分子量以及多分散性系数。

$$\overline{M}_{\mathrm{W}} = \sum_i W_i M_i = \frac{\sum_i H_i M_i}{\sum_i H_i}$$

$$\overline{M}_{\mathrm{n}} = \left(\sum_i \frac{W_i}{M}\right)^{-1} = \frac{\sum_i H_i}{\sum_i \frac{H_i}{M_i}}$$

$$d = \frac{\overline{M_{\mathrm{W}}}}{\overline{M_{\mathrm{n}}}}$$

式中，W_i、H_i 和 M_i 分别为第 i 切割块的质量、高度和分子量。

6. 思考题

1）凝胶渗透色谱与其他的液相色谱有何区别？
2）凝胶渗透色谱图和"分子量分布曲线"有何不同？
3）在处理数据时采用"切割归一化法"有何优点和局限性？
4）为什么在凝胶渗透色谱实验中，样品的浓度不必准确配置？

7. 注意事项

1）进行凝胶渗透色谱测试时，溶剂和待测样溶液在进入仪器前必须用微孔滤膜过滤，否则会堵塞凝胶柱。
2）进样时不能有气泡。

实验 1.15　黏度法测定聚合物的分子量

1. 实验目的

1）掌握黏度法测定聚合物分子量的基本原理。
2）掌握用乌氏黏度计测定聚合物稀溶液黏度的实验及数据处理方法。

2. 实验原理

分子量是聚合物最基本的结构参数之一，与聚合物材料物理性能有着密切的关系，在理论研究和生产实践中经常需要测定这个参数。测定聚合物分子量的方法很多，不同测定方法所得出的统计平均分子量的意义有所不同，其适应的分子量范围也不相同。对线形聚合物，各测量聚合物分子量的方法与适用分子量的范围见表 1-15-1。

表 1-15-1　测量聚合物分子量的方法与适用分子量的范围

方法名称	适用摩尔质量范围	平均摩尔质量类型	方法类型
黏度法	$10^4 \sim 10^7$	黏均	相对法
端基分析法	$<3 \times 10^4$	数均	绝对法
沸点升高法	$<3 \times 10^4$	数均	相对法
凝固点降低法	$<5 \times 10^3$	数均	相对法
气相渗透压法（VPO）	$<3 \times 10^4$	数均	相对法
膜渗透压法	$2 \times 10^4 \sim 1 \times 10^6$	数均	绝对法
光散射法	$2 \times 10^4 \sim 1 \times 10^7$	重均	绝对法
超速离心沉降速度法	$1 \times 10^4 \sim 1 \times 10^7$	各种平均	绝对法
超速离心沉降平衡法	$1 \times 10^4 \sim 1 \times 10^6$	重均、数均	绝对法
凝胶渗透色谱法	$1 \times 10^3 \sim 2 \times 10^7$	各种平均	相对法

在高分子材料的研究工作中最常用的是黏度法，它是一种相对的方法，适用于分子量在 $10^4 \sim 10^7$ 范围的聚合物。此法设备简单、操作方便，又有较高的实验精度。通过聚合物体系黏度的测定，除了提供黏均分子量外，还可得到聚合物的无扰链尺寸和膨胀因子，其应用最为广泛。

聚合物在良溶剂中充分溶解和分散，其分子链在良溶剂中的构象是无规线团。这样聚合物稀溶液在流动过程中，分子链线团与线团间存在摩擦力，使得溶液表现出比纯溶剂的黏度高。聚合物在稀溶液中的黏度是它在流动过程中所存在的内摩擦的反映，其中溶剂分子相互之间的内摩擦所表现出来的黏度叫作溶剂黏度，以 η_0 表示，黏度的单位为帕·秒。而聚合物分子相互间的内摩擦以及聚合物分子与溶剂分子之间的内摩擦，再加上溶剂分子相互间的摩擦，三者的总和表现为聚合物溶液的黏度，以 η 表示。聚合物稀溶液的黏度主要反映了分子链线团间因流动或相对运动所产生的内摩擦阻力。分子链线团的密度越大、尺寸越大，则其内摩擦阻力越大，聚合物溶液表现出来的黏度就越大。聚合物溶液的黏度与聚合物的结构、溶液浓度、溶剂的性质、温度和压力等因素有密切的关系。通过测量聚合物稀溶液的黏度可以计算得到聚合物的分子量，称为黏均分子量。

（1）相关的黏度定义

对于聚合物进入溶液后所引起的体系黏度的变化，一般采用下列相关的黏度定义进行描述。

1）黏度比（相对黏度，η_r）。若纯溶剂的黏度为 η_0，同温度下聚合物溶液的黏度为 η，则黏度比为：

$$\eta_r = \frac{\eta}{\eta_0} \tag{1}$$

黏度比是一个无因次的量，随着溶液浓度的增加而增加。对于低剪切速率下的聚合物溶液，其值一般大于 1。

2）增比黏度（η_{sp}）。在相同温度下，聚合物溶液的黏度一般要比纯溶剂的黏度大，即 $\eta > \eta_0$，这增加的分数叫作增比黏度。相对于溶剂来说，溶液黏度增加的分数为：

$$\eta_{sp} = \frac{\eta - \eta_0}{\eta_0} = \eta_r - 1 \tag{2}$$

增比黏度也是一个无因次量，与溶液的浓度有关。

3）比浓黏度（黏数，η_{sp}/c）。对于高分子溶液，黏度相对增量往往随溶液浓度的增加而增大，因此常用其与浓度 c 之比来表示溶液的黏度，称为比浓黏度或黏数，即

$$\frac{\eta_{sp}}{c} = \frac{\eta_r - 1}{c} \tag{3}$$

比浓黏度的因次是浓度的倒数，单位一般用 mL/g 表示。

4）对数黏度（比浓对数黏度，$\ln\eta_r/c$）。其定义是黏度比的自然对数与浓度之比，即

$$\frac{\ln\eta_r}{c} = \frac{\ln(1 + \eta_{sp})}{c} \tag{4}$$

对数黏度单位为浓度的倒数，常用 mL/g 表示。

5）极限黏度（特性黏数，$[\eta]$）。其定义为黏数 η_{sp}/c 或对数黏数 $\ln\eta_r/c$ 在无限稀释时的外推值，即

$$[\eta] = \lim_{c \to 0} \frac{\ln\eta_r}{c} = \lim_{c \to 0} \frac{\eta_{sp}}{c} \tag{5}$$

特性黏数值与浓度无关，量纲是浓度的倒数。

（2）聚合物溶液特性黏数与聚合物分子量的关系

以往大量的实验证明，对于给定聚合物在给定的溶剂和温度下，特性黏数 $[\eta]$ 的数值仅由给定聚合物的分子量所决定，$[\eta]$ 与给定聚合物的黏均分子量 M_η 的关系可以由 Mark-Houwink 方程表示：

$$[\eta] = KM_\eta^\alpha \tag{6}$$

式中，K 是比例常数；α 是扩张因子，与溶液中聚合物分子链的形态有关；M_η 是黏均分子量。

K、α 与温度、聚合物种类和溶剂性质有关，K 值受温度的影响较明显，而 α 值主要取决于聚合物分子链线团在溶剂中舒展的程度，一般为 0.5~1.0。在一定温度时，对给定的聚合物—溶剂体系，一定的分子量范围内 K、α 为常数，$[\eta]$ 只与分子量大小有关。K、α 值可从有关手册中查到，或采用几个标准试样由式（6）进行确定，标准试样的分子量由绝对方法（如渗透压和光散射法等）确定。特性黏度 $[\eta]$ 的大小受下列因素影响：

1）分子量：线形或轻度交联的聚合物分子量增大，特性黏度 $[\eta]$ 增大。

2）分子形状：分子量相同时，支化分子的形状趋于球形，特性黏度 $[\eta]$ 较线形分子的小。

3）溶剂特性：聚合物在良溶剂中，大分子较伸展，特性黏度 $[\eta]$ 较大，而在不良溶剂中，大分子较卷曲，特性黏度 $[\eta]$ 较小。

4）温度：在良溶剂中，温度升高，对特性黏度 $[\eta]$ 影响不大；在不良溶剂中，若温度升高使溶剂变为良好，则特性黏度 $[\eta]$ 增大。

（3）聚合物溶液黏度与溶液浓度间的关系

在一定温度下，聚合物溶液黏度对浓度有一定依赖关系。描述溶液黏度的浓度依赖性的公式很多，而应用较多的有：

哈金斯（Huggins）方程
$$\frac{\eta_{sp}}{c} = [\eta] - k'[\eta]^2 c \tag{7}$$

以及克拉默（Kraemer）方程
$$\frac{\ln \eta_r}{c} = [\eta] - \beta[\eta]^2 c \tag{8}$$

对于给定的聚合物在给定温度和溶剂时，k'、β 应是常数，其中 k' 称为哈金斯常数。它表示溶液中聚合物分子链线团间、聚合物分子链线团与溶剂分子间的相互作用，k' 值一般说来对分子量并不敏感。对于线形柔性链聚合物——良溶剂体系，$k' = 0.3 \sim 0.4$，$k' + \beta = 0.5$。用 $\ln \eta_r/c$ 对 c 的图外推用 η_{sp}/c 对 c 的图外推可得到共同的截距——特性黏度 $[\eta]$，如图 1-15-1 所示。

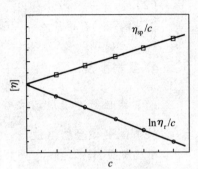

图 1-15-1　$\ln \eta_r/c$ 和 η_{sp}/c 对 c 作图

上述作图求特性黏度 $[\eta]$ 的方法称为稀释法或外推法，结果较为可靠。但在实际工作中，往往由于试样少或要测定大量同品种的试样，为了简化操作，可采用"一点法"，即在一个浓度下测定 η_{sp}，直接计算出特性黏度 $[\eta]$ 值。一点法求 $[\eta]$ 的方程：

$$[\eta] = \frac{1}{c} \sqrt{2(\eta_{sp} - \ln \eta_r)} \tag{9}$$

由以上可知，用黏度法测定聚合物分子量，关键在于聚合物溶液特性黏度 $[\eta]$ 的测定，目前最为方便的实验方法是用毛细管黏度计测定溶液的黏度比。常用的稀释型黏度计为稀释型乌氏（Ubbelchde）黏度计，如图 1-15-2 所示，其特点是溶液的体积对测量没有影响，所以可以在黏度计内采取逐步稀释的方法得到不同浓度的溶液。

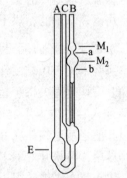

图 1-15-2　乌氏（Ubbelchde）黏度计

液体在毛细管黏度计内因重力作用而流出是遵守泊肃叶（Poiseuille）定律的，对某一支指定的黏度计而言，泊肃叶公式可简化为

$$\frac{\eta}{\rho} = \alpha t - \frac{\beta}{t} \tag{10}$$

式中，$\beta < 1$，当 $t > 100$s 时，等式右边第二项可以忽略。设溶液的密度 ρ 与溶剂密度 ρ_0 近似相等，这样通过测定溶液和溶剂的流出时间 t 和 t_0（t 和 t_0 分别为溶液和溶剂在毛细管中的流出时间，即液面经过刻线 a 和 b 所需时间），就可求出黏度比 η_r：

$$\eta_r = \frac{\eta}{\eta_0} = \frac{t}{t_0} \tag{11}$$

聚合物溶液浓度一般在 0.01g/mL 以下，使 η_r 值为 1.05 ~ 2.5 较为适宜，η_r 最大不应超过 3.0。而对于给定的聚合物，溶剂的选择需要满足其在所用毛细管黏度计中流经刻线 a 和 b 所需时间 t 和 t_0 应均大于 100 s，这样公式（11）才适用。

3. 仪器和药品

（1）仪器

需要的仪器有乌氏黏度计一支（溶剂流出时间大于100s），超级玻璃恒温水槽一套（温度波动不大于±0.05℃），100mL容量瓶两只，3号玻璃砂芯两只，5mL和10mL移液管各一支，秒表一只，洗耳球一只。

（2）药品

需要的药品有聚苯乙烯、甲苯、丙酮。

4. 实验步骤

（1）将超级玻璃恒温水槽温度调节至（25±0.05）℃

（2）配制聚合物溶液

准确称取100~500mg聚苯乙烯试样放入100mL清洁干燥的容量瓶中，倒入约80mL甲苯，使之溶解，待聚合物完全溶解之后，将容量瓶放入已调节好的恒温水槽中。再加溶剂至刻度，取出摇匀，用3号玻璃砂芯漏斗过滤溶液到另一100mL容量瓶中，放入恒温水浴待用，容量瓶及玻璃砂芯漏斗用后立即洗涤。玻璃砂芯漏斗要用含30%硝酸钠的硫酸溶液洗涤，再用蒸馏水抽滤，烘干待用。

（3）测定溶剂的流出时间

本实验采用乌氏黏度计。它是气承悬柱式可稀释的黏度计，把预先经严格洗净、检查过的洁净黏度计垂直夹持于超级恒温水浴中，使水面完全浸没小球M_1。用移液管吸10mL甲苯，从A管注入E球中。于25℃恒温水槽中恒温3min，然后进行流出时间t_0的测定。用手按住C管管口，使之不通气，在B管用洗耳球将溶剂从E球经毛细管、M_2球吸入M_1球，然后先松开洗耳球后，再松开C管，让C管接通大气。此时液体即开始流回E球。此时操作者要集中精神，用眼睛水平地注视正在下降的液面，并用秒表准确地测出液面流经a线与b线之间所需的时间，并记录。重复上述操作三次，每次测定相差不大于0.2s。取三次的平均值为t_0，即为溶剂的流出时间。但有时相邻两次之差虽不超过0.2s，而连续所得的数据是递增或递减（表明溶液体系未达到平衡状态），这时应认为所得的数据是不可靠的，可能是温度不恒定，或浓度不均匀，应继续测定。

（4）溶液流出时间的测定

1）测定t_0后，将黏度计中的甲苯倒入回收瓶，并将黏度计烘干，用干净的移液管吸取已恒温好的被测溶液8mL，移入黏度计，注意尽量不要将溶液沾在管壁上，恒温3min，按前面的步骤，测定溶液（浓度c_1）的流出时间t_1。

2）用移液管加入4mL预先恒温好的甲苯，对上述溶液进行稀释，稀释后的溶液浓度（c_2）为起始浓度（c_1）的2/3。然后用同样的方法测定浓度为c_2的溶液的流出时间t_2。与此相同，依次加入甲苯4mL、4mL、4mL，使溶液浓度成为起始浓度的1/2、2/5、1/3，分别测定其流出时间并记录下来。注意每次加入纯试剂后，一定要混合均匀，每次稀释后都要用稀释液抽洗黏度计的 E 球、毛细管、M_2 球和 M_1 球，使黏度计内各处溶液的浓度相等，且要等到恒温后再测定。

（5）黏度计洗涤

测量完毕后，取出黏度计，将溶液倒入回收瓶，用纯溶剂反复清洗几次，烘干，并用热洗液装满，浸泡数小时后倒去洗液，再用自来水、蒸馏水冲洗，烘干备用。

5. 数据记录与结果分析

1）记录格式见表 1-15-2，为作图方便，用相对浓度 c 来计算和作图。

2）外推法作图计算 M_η。以 η_{sp}/c、$\ln\eta_r/c$ 对浓度 c 作图，得两条直线，外推至 $c\to0$ 得截距。经换算，就得特性黏度 $[\eta]$，将 $[\eta]$ 代入式（6），即可换算出聚合物的分子量 M_η，事先查好聚苯乙烯在甲苯中的 K 和 α 值。

3）用"一点法"计算聚合物的分子量。实际工作中，希望简化操作，快速得到产品的分子量。用式（9）"一点法"只要在一个浓度下测定黏度比，再用式（6）即可算出其分子量。

表 1-15-2　黏度测量记录表

日期_____；试样_____；溶剂_____；黏度计号_____；

恒温水浴温度_____；溶液浓度 c_1 _____；

溶剂流出时间（1）_____（2）_____（3）_____；平均值 t_0 _____。

加入溶剂量/mL	相对浓度	流出时间/s			平均值/s	η_r	η_{sp}	$\ln\eta_r/c$	$[\eta]$
		(1)	(2)	(3)					
0	1								

6. 思考题

1）乌氏黏度计与奥氏黏度计有何不同？此不同点起了什么作用？有何优点？

2）为什么说黏度法测定聚合物分子量是相对方法？查 K、α 值时应注意什么？

3）为什么测定黏度时黏度计一要垂直，二要放入恒温水浴中？乌氏黏度计中的毛细管为什么不能太粗或太细？

4）试讨论黏度法测定分子量的影响因素。

7. 注意事项

1）黏度计必须洁净，高聚物溶液中若有絮状物不能将它移入黏度计中。

2）本实验溶液的稀释是直接在黏度计中进行的，因此每加入一次溶剂进行稀释时必须混合均匀，并抽洗毛细管、M_1 球和 M_2 球。

3）实验过程中恒温水槽的温度要恒定，溶液每次稀释并保持恒温后才能测量。

4）黏度计要垂直放置。实验过程中不要振动黏度计。

5）用黏度法测聚合物分子量，选择高分子—溶剂体系时，常数 K、α 值必须是已知的而且所用溶剂应该具有稳定、易得、易于纯化、挥发性小、毒性小等特点。为控制测定过程中 η_r 为 1.2~2.0，浓度为 0.001~0.01g/mL。需在测定前几天，用 100mL 容量瓶把待测聚合物试样溶解于溶剂中配成已知浓度的溶液。

6）黏度计和待测液体是否清洁，是决定实验成功的关键之一。由于毛细管黏度计中毛细管的内径一般很小，容易被溶液中的灰尘和杂质堵塞，一旦毛细管被堵塞，则溶液流经刻线 a 和 b 所需时间无法重复和准确测量，导致实验失败。若是新的黏度计，先用洗液浸泡，再用自来水洗三次，蒸馏水洗三次，烘干待用。对已用过的黏度计，则先用甲苯灌入黏度计中浸洗除去残留在黏度计中的聚合物，尤其是毛细管部分要反复用溶剂清洗，洗毕，将甲苯溶液倒入回收瓶中，再用洗液、自来水、蒸馏水洗涤黏度计，最后烘干。

第 2 部分
高分子材料制备与性能实验

Part 2

实验 2.1　有机玻璃棒的制备

1. 实验目的

1）熟悉本体聚合的基本原理、具体操作、基本配方和特点。

2）掌握有机玻璃的制备方法及其工艺过程。

3）了解有机玻璃的性质和用途。

2. 实验原理

本体聚合是指单体在不加溶剂及其他分散介质，仅在少量的引发剂存在下或者直接在热、光和辐射作用下进行的聚合反应。本体聚合具有产品纯度高、无须后处理、设备简单、无须溶剂回收和环保等优点，可直接聚合成各种规格的型材并使用。但是，由于本体聚合不加分散介质，聚合反应到一定程度后，体系黏度很大，容易引起自加速效应，聚合热难以排出，反应温度难控制，容易产生爆聚现象。本体聚合存在的最大困难是如何能够在较快的聚合反应速率条件下解决散热的问题，一般工业生产中，采用分段聚合来控制聚合热和散热问题，进而控制聚合反应过程。在实验室中，实施本体聚合的容器可以选择试管、玻璃安瓿、封管、玻璃膨胀计、玻璃烧瓶、特定的聚合模等。除了玻璃烧瓶可以采用电动搅拌外，其余均可不用搅拌而置于恒温水浴或烘箱中即可。需要注意的是，如果没有采用搅拌装置，聚合以前则必须将单体和引发剂充分混合均匀。此外，如果聚合反应温度过高，则往往会在聚合物内部产生气泡，因此通常都是在较低的温度条件下聚合较长时间。

聚甲基丙烯酸甲酯，俗称有机玻璃，通过本体聚合方法可以制得。聚甲基丙烯酸甲酯由于有庞大的侧基存在，为非晶态固体。聚甲基丙烯酸甲酯具有高度的透明性，密度小，其制品比同体积无机玻璃制品轻巧得多。同时聚甲基丙烯酸甲酯有一定的耐冲击强度与良好的低温性能，是航空工业与光学仪器制造企业的重要原料。聚甲基丙烯酸甲酯的电性能优良，是很好的绝缘材料。利用有机玻璃在一定限度内的可弯曲性、高度透明性以及高的折射率，可被用作光缆使用，如外科手术中利用它把光线输送到口腔喉部作照明之用。有机玻璃的最大缺点是耐候性差、表面易磨损，可采用与其他单体共聚或与其他聚合物共混来克服这些缺点。

甲基丙烯酸甲酯在引发剂引发下，是按自由基聚合反应的历程进行聚合反应的；引发剂通常为偶氮二异丁腈（AIBN）或过氧化二苯甲酰（BPO）。其反应通式为：

$$nCH_2 = \underset{\underset{COOCH_3}{|}}{\overset{\overset{CH_3}{|}}{C}} \quad \xrightarrow{AIBN} \quad \left(CH_2 - \underset{\underset{COOCH_3}{|}}{\overset{\overset{CH_3}{|}}{C}} \right)_n$$

此外，甲基丙烯酸甲酯单体密度只有 $0.94g/cm^3$，而其聚合物密度为 $1.17g/cm^3$，所以在聚合过程中会有较大的体积收缩。为了避免体积收缩和解决本体聚合散热问题，工业生产中往往采用两步法制备有机玻璃。在引发剂引发下，甲基丙烯酸甲酯聚合初期反应平稳，当转化率达到20%左右后，聚合体系黏度增加，链自由基链段运动受阻，活性端基甚至可能被包埋，双基终止变得困难，自由基寿命延长，导致聚合反应速率显著加快，出现自加速现象；同时自动加速现象还会使甲基丙烯酸甲酯在聚合时突然放出大量热，聚合反应速率进一步增加，如果聚合热来不及转移扩散，最终会导致爆聚现象，造成聚合物产生大量气泡而影响产品质量。因此，为了制备无气泡和质量优良的有机玻璃，以及有效控制自动加速效应，应分阶段聚合。在较高的温度下，当转化率达到20%时应迅速停止预聚反应，然后降温，将聚合浆液转移到模具中，使之低温反应较长时间。当转化率达到90%以上时，聚合物已基本成型，可以升温使单体完全聚合。另外，进行预聚合，还可解决夹板式磨具中聚合制备平板玻璃的漏液问题。

3. 仪器和药品

（1）仪器

需要的仪器有三口烧瓶（100mL/19mm、14mm、14mm）一只，14#磨口塞一个，14#橡皮塞一个（打孔），温度计（100℃）一支，恒温水浴槽一台，硅胶干燥器一台，加热套（250mL）一个，温控装置一套，电动搅拌装置一套，试管及配套橡皮塞各两只，橡皮膏若干，木夹子一个。实验装置如图 2-1-1 所示。

（2）药品

需要的药品有甲基丙烯酸甲酯（已去除阻聚剂）60g、偶氮二异丁腈（AIBN）0.04g、硬脂酸0.4g。

4. 实验步骤

（1）预聚体制备

1）准确称取 0.04g 偶氮二异丁腈和 60g 甲基丙烯酸甲酯于 100mL 三口烧瓶中，摇晃使其溶解后，装上机械搅拌装置，升温至80℃，在恒温水浴中保温反应 0.5~1h，反应温度不超过85℃。

2）仔细观察聚合体系的黏度变化。如果预聚物变成黏性薄浆状或者有较多气泡产生，应撤去恒温水浴，立即加入 0.5g 硬脂酸，置于冷水浴中并搅拌使其溶解。

（2）有机玻璃棒材的制备

1）仔细洗干净试管，置于120℃烘箱中干燥1h，取出后放入硅胶干燥器中冷却。

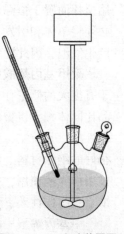

图 2-1-1　实验装置图

2）待预聚物未冷却到室温前（一般低于60℃即可），灌入事先准备好的试管中，排出气泡，塞上橡皮塞，然后用橡皮膏将其密封好，放入60℃水浴中恒温3h；然后升温至70℃恒温2h；最后升温至95℃恒温2h。

3）取出试管，冷却后将试管砸碎，得到一透明光滑的有机玻璃棒。

5. 数据记录及结果分析

观察并记录预聚合过程中，聚合体系的黏度随时间的变化。描述制备的有机玻璃棒的外观性状，并分析制品产生缺陷的原因。

6. 思考题

1）简述本体聚合的特点。

2）单体预聚合的目的是什么？

3）硬脂酸在有机玻璃制备中起什么作用？

7. 注意事项

1）单体预聚合时间不可过长，反应物稍变黏稠即可停止反应，并迅速用冷水冷却。

2）用作模具的试管应尽可能洗干净，并彻底烘干，否则聚合中易产生气泡。

3）聚合时，试管中聚合液体液面要低于恒温水浴的水面。

4）聚合反应结束后，应自然降温至40℃以下，然后将试管砸碎，取出聚合物。

实验2.2　聚乙烯醇的制备

1. 实验目的

1）了解高分子化学反应的基本原理及特点。

2）通过乙酸乙烯酯的溶液聚合，了解溶液聚合的原理及过程。

3）了解聚乙酸乙烯酯醇解反应的原理、特点及影响醇解反应的因素。

2. 实验原理

（1）通过乙酸乙烯酯的溶液聚合制备聚乙酸乙烯酯

与本体聚合相比，溶液聚合有散热与搅拌容易的优点。在某些场合，溶液聚合生成的高分子溶液还可以不经分离直接投入使用。

在溶液聚合中，溶剂对聚合的各个方面都有不同程度的影响。溶剂可以影响引发剂的分解速率，也可能降低引发效率；在某些情况下溶剂的存在可能促进单体的自由基聚合过程，而在另外一些情况下则会使聚合进行缓慢；溶剂还可能影响聚合过程的分子构型，提高或者降低聚合物的立构规整度。但是在自由基聚合中，溶剂最突出的影响还是产物的分子量。高分子链自由基向溶剂分子的链转移可在不同程度上使产物的分子量降低。若以 C_S 表示溶剂的链转移常数，以 $[S]$ 表示溶剂的浓度，以 $[M]$ 表示单体的浓度，则溶剂对聚合物分子量的影响可用下式表示：

$$\frac{1}{\overline{DP}} = \frac{1}{\overline{DP}_0} + C_S \cdot \frac{[S]}{[M]} \tag{1}$$

式中，$\overline{DP}_0$ 为无溶剂存在时的平均聚合度；$\overline{DP}$ 为有溶剂存在时的平均聚合度。

表 2-2-1 列出了甲醇在乙酸乙烯酯自由基聚合时在不同聚合温度下的链转移常数值。

表 2-2-1   不同聚合温度下的链转移常数值

温度/℃	50	60	70
$C_S/10^{-4}$	2.55	3.20	3.80

本实验是以乙醇为溶剂的乙酸乙烯酯的溶液聚合。

（2）通过聚乙酸乙烯酯醇解制备聚乙烯醇

由于"乙烯醇"易异构化为乙醛，不能通过单体"乙烯醇"的聚合来制备聚乙烯醇（PVA），而只能通过聚乙酸乙烯酯（PVAc）的醇解或水解反应来制备。醇解法制成的 PVA 纯度较高，主产物的性能较好，因此工业上通常采用醇解法。

聚乙酸乙烯酯的醇解可以在酸性或碱性条件下进行。酸性条件下的醇解反应由于痕量酸很难从 PVA 中除去，而残留的酸会加速 PVA 的脱水，使产物变黄或不溶于水，因此目前多采用碱性醇解法制备 PVA。碱性条件下的醇解反应又有湿法和干法之分，为了尽量避免副反应，但又不使反应速度过慢，本实验中不是采用严格的干法，只是将物料中的含水量控制在 5% 以下。

聚乙酸乙烯酯的醇解反应机理类似于低分子的醇-酯交换反应。本实验采用乙醇（EtOH）为醇解剂，氢氧化钠为催化剂，醇解条件较工业上的温和，产物中有副产物乙酸钠存在。

湿法醇解中，碱是以氢氧化钠水溶液的形式加入的，水含量较高。该法的特点是醇解反应速度快，设备生产能力大，但副反应较多，碱催化剂消耗量也较多，醇解残液的回收比较复杂。

干法醇解中，碱是以氢氧化钠醇溶液的形式加入的，反应体系中水含量较低。该法的最大特点是副反应少，醇解残液的回收比较简单，但反应速率较慢，物料在醇解剂中的停留时间较长。

3. 仪器和药品

（1）仪器

需要的仪器有磨口三口烧瓶（250mL）、球形冷凝管、抽滤瓶、布氏漏斗、滤纸、大表面皿、量筒（100mL 两个）、恒温水浴锅、电动机械搅拌器、电热鼓风干燥箱、医用真空泵、带刻度的移液管（5mL）。

（2）药品

需要的药品有乙酸乙烯酯、偶氮二异丁腈（AIBN）、乙醇（分析纯）、氢氧化钠（分析纯）。

4. 实验步骤

（1）乙酸乙烯酯的溶液聚合

1）在已称重的 250mL 三口烧瓶中，分别加入 50mL 新鲜蒸馏的乙酸乙烯酯、20mL 乙醇和 0.1g AIBN，装上搅拌器和球形冷凝管，搅拌溶解。

2）将上述装置移至恒温水浴中加热搅拌，温度控制在 64℃左右。

3）反应过程中注意观察，当体系很黏稠，聚合物黏在搅拌轴上时停止加热，加入 40mL 乙醇，再搅拌使黏稠物稀释，反应约 3h 后冷却，结束反应。

4）将反应后的聚合物溶液连同三口烧瓶一起称重，然后将大部分聚合物溶液倒入回收瓶中，三口烧瓶中仅留下约 15g 溶液（需准确称重）。

（2）聚乙烯醇的制备

1）在步骤（1）中 4）后已称过重（装有聚合物溶液）的三口烧瓶中加入 85mL 乙醇，再装上搅拌器，放入 32℃的恒温水浴锅中搅拌均匀。

2）在搅拌下缓慢滴入 5% 的 NaOH 乙醇溶液（约 2 滴/s）3mL，在 1~1.5h 后出现相变。

3）强烈搅拌后，继续缓慢滴入 5% 的 NaOH 乙醇溶液（约 2 滴/s）1mL，继续反应 1h 后结束反应。

4）将三口烧瓶中的物质抽滤，用 15mL 乙醇洗涤 3 次，再将得到的固体放入已称重的表面皿中，在电热鼓风干燥箱中于 100℃烘干 1h，称重。

5. 数据处理及结果分析

（1）实验数据记录

三口烧瓶质量 $m_1(g)$：_____。

步骤（1）中 4）反应后三口烧瓶和聚合物溶液的总质量 $m_2(g)$：_____。

步骤（2）中 1）醇解前三口烧瓶和聚合物溶液的总质量 $m_3(g)$：_____。

表面皿质量 $m_4(g)$：_____。

表面皿和聚乙烯醇的总质量 $m_5(g)$：_____。

（2）计算该实验聚乙烯醇的产率（%）

$$产率 = \frac{(m_5 - m_4) \times \frac{m_2 - m_1}{m_3 - m_1}}{理论产量} \times 100\%$$

6. 思考题

1）碱催化醇解和酸催化醇解有什么不同？

2）聚乙烯醇制备中影响醇解度的因素是什么？

3）如果聚乙酸乙烯酯干燥得不够，仍含有未反应的单体和水，试分析对醇解过程会有什么影响。

7. 注意事项

1）在醇解过程中为避免出现冻胶，NaOH 乙醇溶液要缓慢滴加，且分两次加入。

2）醇解过程中如出现冻胶，应加快搅拌速度，并适当补加乙醇。

3）干燥前应将表面皿上的聚乙烯醇捣碎，尽量散开，以加快烘干速度。

实验2.3 聚乙烯醇缩甲醛的制备

1. 实验目的

1）掌握聚乙烯醇缩甲醛的制备原理和方法。

2）熟悉高分子化学改性的方法。

2. 实验原理

聚乙烯醇缩甲醛（polyvinyl formal，PVF，俗称 107 胶）是甲醛中的羰基与聚乙烯醇中相邻两个羟基反应生成的具有六元环缩醛结构的缩合产物，是一类十分重要的高分子材料。目前作为商品化的聚乙烯醇缩醛产品主要有聚乙烯醇缩丁醛、缩甲醛、缩甲乙醛等，在涂料、黏合剂、薄膜等方面有广泛的应用。聚乙烯醇缩甲醛的软化温度高于其他缩醛，同时具有很高的机械强度、高耐磨性及良好的黏结性、卓越的电性能，是生产高韧性、耐热性、耐磨性及高介电强度漆包线的重要材料；与酚醛树脂配伍还可制成适用于各种铝合金与钢、黄铜、紫铜、铝合金、聚酯树脂玻璃布基层黏合，以及木材、橡皮之间黏合的黑迪哈黏合剂。此外，也是制成冲击强度高、压缩弹性模量值大的泡沫塑料的主要原料。聚乙烯醇缩甲醛分子结构如下：

$$\left[\!\!\begin{array}{c} CH_2-CH-CH_2-CH \\ \quad\ | \qquad\qquad\ | \\ \quad\ O \qquad\qquad\ O \\ \quad\ \backslash\qquad\ /\\ \quad CH_2 \end{array}\!\!\right]_n$$

PVF 是略微带草黄色的固体，有热塑性，软化点约 190℃，热变形温度 65～75℃，吸水率约 1%，溶于丙酮、氯化烃、乙酸、酚类。主要用于制造耐磨耗的高强度漆包线涂料和金属、木材、橡胶、玻璃、层压塑料之间的胶黏剂，作为层压塑料的中间层以及制造冲击强度高、压缩弹性模量大的泡沫塑料。

聚乙烯醇缩甲醛是利用聚乙烯醇和甲醛在酸性条件下制备获得，反应式如下所示：

$$CH_2O + H^+ \rightleftharpoons C^+H_2OH$$

$$\sim\!\!\sim\!CH_2CH\!-\!CH_2\!-\!CHCH_2\!\sim\!\!\sim\!\! + C^+H_2OH \underset{\text{极慢}}{\overset{\text{缓慢}}{\rightleftharpoons}} \sim\!\!\sim\!CH_2CH\!-\!CH_2\!-\!CHCH_2\!\sim\!\!\sim\!\! + H_2O$$

$$\underset{OH}{|} \quad \underset{OH}{|} \qquad\qquad\qquad\qquad \underset{O\,C^+H_2}{|} \quad \underset{OH}{|}$$

$$\sim\!\!\sim\!CH_2CH\!-\!CH_2\!-\!CHCH_2\!\sim\!\!\sim\!\! \underset{\text{极慢}}{\overset{\text{迅速}}{\rightleftharpoons}} \sim\!\!\sim\!CH_2CH\!-\!CH_2\!-\!CHCH_2\!\sim\!\!\sim\!\! + H^+$$

$$\underset{O\,C^+H_2}{|} \quad \underset{OH}{|} \qquad\qquad\qquad\qquad \underset{O\!-\!CH_2\!-\!O}{|\qquad\quad|}$$

聚乙烯醇和甲醛的物质的量配比及反应的 pH 值不同，得到的聚乙烯醇缩甲醛的分子量也不同。分子量小时，形成的高分子化合物易溶于水；分子量大时，得到的高分子化合物难溶于水。溶解性过好或难于溶解对制备水溶性涂料均不利。因此，如何控制反应的条件，使其最大限度地生成合适分子量的化合物是成功制备聚乙烯醇缩甲醛胶的重要一环。聚乙烯醇缩甲醛的软化温度、硬度、溶解性、溶液的黏度等性能取决于下列 4 种因素：

1）聚乙烯醇的分子量和分布。

2）聚乙烯醇中的羟基与酰基之比。

3）缩醛化度即聚乙烯醇缩醛中羟基和缩醛基之比。

4）醛的化学结构。

3. 仪器和药品

（1）仪器

需要的仪器有恒温水浴锅、电动机械搅拌器、250mL 三口烧瓶、球形冷凝管、100℃温度计、吸管、天平、量筒、pH 试纸等。

（2）药品

需要的药品有聚乙烯醇 1799、40% 甲醛溶液、36% 盐酸、10% NaOH 溶液、蒸馏水。

4. 实验步骤

1）按照图 2-3-1 搭好实验装置，在 250mL 三口烧瓶中加入 10g 聚乙烯醇，然后加 90mL 蒸馏水，混合后将整个装置置于恒温水浴锅中固定好。通入冷凝水并开动搅拌器搅拌，加热水浴锅升温至 90℃，直至聚乙烯醇全部溶解。

2）用胶头滴管慢慢加入 2mL 盐酸溶液和 5mL 甲醛溶液，90℃ 保温搅拌反应半小时后，溶液黏度明显增大，当体系中出现气泡或者絮状物时，在不断搅拌下加入 10% 的 NaOH 溶液，调节其 pH 值，用 pH 试纸检测溶液酸碱性，直至溶液稍过碱性。停止反应，自然冷却，获得无色透明黏稠液体，即聚乙烯醇缩甲醛胶水。

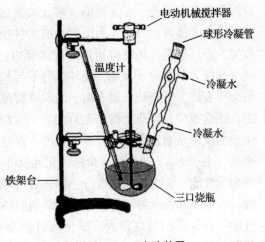

图 2-3-1　实验装置

5. 思考题

1）试讨论缩醛反应机理和催化剂的作用。

2）为什么缩醛度增加，水溶性下降？当达到一定的缩醛度以后，产物完全不溶于水？

3）产物最终为什么要把 pH 值调到碱性？试讨论缩醛对酸和碱的稳定性有何影响？

4）影响本实验的主要因素有哪些？

5）如何防止不溶物产生或防止胶水不黏？

6. 注意事项

甲醇溶液的滴加速度不宜过快，反应结束用氢氧化钠调节为弱碱性即可，pH 值在 8~9。

实验2.4　双酚 A 型环氧树脂的制备

1. 实验目的

1）掌握双酚 A 型环氧树脂的制备方法。

2）掌握环氧值的测定方法。

3）了解环氧树脂的作用。

2. 实验原理

环氧树脂是指含有环氧基的聚合物。环氧树脂的品种有很多，常用的如环氧氯丙烷与酚醛缩合物反应生成的酚醛环氧树脂；环氧氯丙烷与甘油反应生成的甘油环氧树脂；环氧氯丙烷与二酚基丙烷（双酚 A）反应生成的双酚 A 型环氧树脂等。环氧氯丙烷是主要单体，它可以与各种多元酚类、多元醇类、多元胺类物质反应，生成各类型环氧树脂。环氧树脂根据其分子结构大体可以分为 5 大类型：缩水甘油醚类、缩水甘油酯类、缩水甘油胺类、线形脂肪族类、脂环族类。环氧树脂具有许多优点：①黏附力强。在环氧树脂结构中有极性的羟基、醚基和极为活泼的环氧基，使环氧分子与相邻界面产生较强的分子间作用力，而环氧基团则与介质表面，特别是金属表面上的游离键反应，形成化学键，因而环氧树脂具有很高的黏合力，用途很广，商业上称作"万能胶"。②收缩率低。尺寸稳定性好，环氧树脂和所有的固化剂的反应是通过直接反应来进行的，没有水或其他挥发性副产物放出，因而其固化收缩率很低，小于 2%，比酚醛、聚酯树脂还要小。③固化方便。固化后的环氧树脂体系具有优良的力学性能。④化学稳定性好。固化后的环氧树脂体系具有优良的耐碱性、耐酸性和耐溶剂性。⑤电绝缘性能好。固化后的环氧树脂体系在广泛的频率和温度范围内具有良好的电绝缘性能。环氧树脂用途较为广泛，可以作为黏合剂，涂料，层压材料，浇铸、浸渍及模具材料等。

　　双酚 A 型环氧树脂产量最大，用途最广，有通用环氧树脂之称。它是环氧氯丙烷与二酚基丙烷在氢氧化钠作用下聚合而成。根据不同的原料配比、不同操作条件（如反应介质、温度和加料顺序），可制得不同分子量的环氧树脂。现在生产上将双酚 A 型环氧树脂分为低分子量、中等分子量和高分子量三种。通常把软化点低于 50℃（平均聚合度 $n<2$）的称为低分子量树脂或软树脂；软化点在 $50\sim90$℃（$n=2\sim5$）的称为中等分子量树脂；软化点在 100℃以上（$n>5$）的称为高分子树脂。环氧树脂的分子量与单体的配料比有密切关系，当反应条件相同，环氧氯丙烷与双酚 A 的物质的量的比越接近 1∶1，所得的树脂分子量就越大；碱的用量越多或浓度越高，所得树脂的分子量就越小。双酚 A 型环氧树脂是由环氧氯丙烷与二酚基丙烷（双酚 A）在氢氧化钠作用下聚合而成的，反应方程式如下：

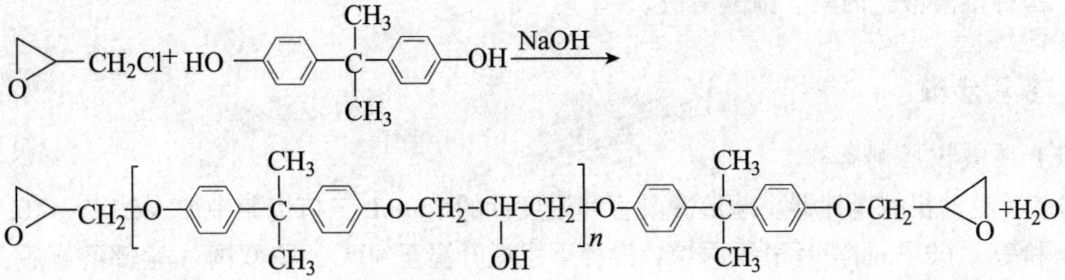

　　环氧树脂在没有固化前为热塑性的线形结构，使用时必须加入固化剂。固化剂与环氧基团反应，从而形成交联的网状结构，成为不溶不熔的热固性大分子制品，具有良好的机械性能和尺寸稳定性。环氧树脂的固化剂种类很多，最常用的有多元胺、酸酐及羧酸等。不同的固化剂，相应的交联反应也不同。乙二胺为室温固化剂，其固化机理如下：

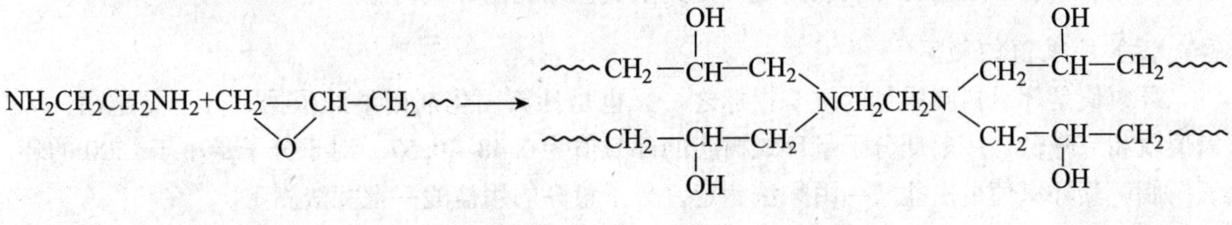

　　乙二胺的用量为：$G=\dfrac{M}{H_n}\times E=15E$

其中，G 为每 100g 环氧树脂所需的乙二胺的克数；M 为乙二胺的分子量；H_n 为乙二胺的活泼氢的总数；E 为环氧树脂的环氧值，即 100g 环氧树脂中所含环氧基团的物质的量。此外，还经常用环氧当量来表示含有 1 摩尔环氧基的环氧树脂的克数，单位为克/当量。环氧值与环氧当量的关系为环氧值 = 100/环氧当量。环氧值是鉴别环氧树脂性质的最主要的指标。

　　在环氧树脂的固化反应中，固化剂的实际使用量一般为计算值的 1.1 倍。作为固化剂的胺还有：二亚基三胺（$f=5$），三亚基四胺（$f=6$），4,4′-二氨基二苯基甲烷（$f=4$）和多元胺的酰胺（由二亚基三胺与脂肪酸生成的酰胺）。除了胺外，多元硫醇、氰基胍、二异氰酸酯、邻苯二甲酸酐和酚醛预聚合物等也可以作为固化剂。三级胺常作固化反应的促进剂，以提高固化速率。大多数环氧树脂配方中，都要加入稀释剂、填料或增强材料及增韧剂。稀释剂可以是反应性的单或双环氧化合物，也可以是非反应性的邻苯二甲酸二正丁酯。增韧剂可用低分子量的聚酯、含端羧基的丁二烯—丙烯腈共聚物和刚性微球等。

本实验以环氧氯丙烷与双酚 A 作为原料制备环氧树脂,并测定其环氧值和黏合性能。

3. 仪器和药品

（1）仪器

需要的仪器有 250mL 三口烧瓶、球形冷凝管、滴液漏斗、分液漏斗、滴定管、电动机械搅拌器、恒温水浴锅、减压蒸馏装置。

（2）药品

需要的药品有双酚 A、环氧氯丙烷、20% NaOH 溶液、25% 盐酸丙酮溶液、盐酸、甲苯、KOH 乙醇标准溶液、丙酮、酚酞溶液。

4. 实验步骤

（1）环氧树脂制备

向装有电动机械搅拌器、球形冷凝管和温度计的 250mL 三口烧瓶中加入 22.5g（0.1mol）双酚 A 和 28g（0.3mol）环氧氯丙烷,搅拌下缓慢升温至 60℃,待双酚 A 全部溶解后,开始滴加 20% NaOH 溶液,在 40min 内滴加完 40mL,保持反应温度在 70℃ 以下,若反应温度过高,可减慢滴加速度,滴加完毕后升温至 90℃ 继续反应 2h 后停止。冷却至室温,向烧瓶中加入 30mL 蒸馏水和 60mL 甲苯,充分搅拌后用分液漏斗静置并分离出水分,再用蒸馏水洗涤数次,直至水相为中性且无氯离子（用硝酸银溶液检验）。分出的有机层,减压蒸馏除去大部分甲苯、水和未反应的环氧氯丙烷,得到淡黄色黏稠的环氧树脂。

（2）环氧值的测定

环氧值是环氧树脂质量的重要指标之一,也是计算固化剂用量的依据。分子量越高,环氧值就相应降低,一般低分子量环氧树脂的环氧值为 0.48~0.57。对于分子量小于 1500 的环氧树脂,其环氧值可由盐酸—丙酮法测定,分子量高的用盐酸—吡啶法测定。

1）盐酸—丙酮法。取具塞磨口锥形瓶 1 只,在分析天平上取 1g 左右（精确到 1 mg）环氧树脂,用移液管加入 25mL 盐酸丙酮溶液,加盖摇动使树脂完全溶解。放置阴凉处 1h,加酚酞指示剂三滴,用 KOH 乙醇标准溶液滴定,同时按上述条件做空白滴定两次。

环氧值（mol/100g 树脂）E 按下式计算:

$$E = \frac{(V_1 - V_2)N}{1000W} \times 100 = \frac{(V_1 - V_2)N}{10W}$$

式中,V_1 为空白滴定所消耗的 KOH 乙醇标准溶液（mL）;V_2 为样品测试所消耗的 KOH 乙醇标准溶液（mL）;N 为 KOH 乙醇标准溶液的体积摩尔浓度;W 为树脂质量（g）。

盐酸丙酮溶液:将 2mL 浓盐酸溶于 80mL 丙酮中,均匀混合即可。需现配现用,用 KOH 乙醇溶液标定。

KOH 乙醇标准溶液:将 1.4g KOH 溶于 250mL 乙醇中,用标准邻苯二甲酸氢钾溶液标定,酚酞作指示剂。

邻苯二甲酸氢钾溶液:称取 0.2g 标准邻苯二甲酸氢钾溶液溶于蒸馏水中即可。

2）盐酸—吡啶法。在 250mL 具塞磨口锥形瓶中,称取含 1g 左右的环氧树脂。用移液管加入 0.2mol/L 盐酸吡啶溶液 25mL，然后装上球形冷凝管。在水浴中加热至 40℃左右，使试样溶解，再加热回流 20min。冷却至室温，用 6mL 蒸馏水冲洗球形冷凝管。向锥形瓶中加入 4～5 滴含 1% 酚酞指示剂的乙醇溶液，用 0.1mol/L 的 KOH 乙醇标准溶液滴定过剩的盐酸，同时做空白实验。按上述环氧值计算公式计算。

（3）黏结实验

1）分别准备两小块木片和铝片，木片用砂纸打磨擦净，铝片用酸性处理液（10 份 $K_2Cr_2O_7$ 和 50 份 H_2SO_4、340 份 H_2O 配成）处理 10～15min，取出用水冲洗后晾干。

2）用干净的表面皿称取 4g 环氧树脂，加入 0.3g 乙二胺，用玻璃棒调匀，分别取少量均匀涂抹于木片或铝片的端面约 1cm 的范围内，对准胶合面合拢，压紧，放置，待固化后观察黏结效果。

5. 实验结果

1）计算环氧树脂产率。
2）计算环氧树脂的环氧值。

6. 思考题

1）合成环氧树脂的反应中，若 NaOH 的用量不足，将会对产物产生什么影响？
2）环氧树脂的分子结构有何特点？为什么环氧树脂具有良好的黏结性能？
3）为什么环氧树脂使用时必须加入固化剂？固化剂的种类有哪些？

7. 注意事项

1）环氧树脂合成中，氢氧化钠溶液开始滴加要慢些，环氧氯丙烷开环是放热反应，反应液温度会自动升高。

2）分液漏斗使用前应检查盖子和塞子是否是原配，塞子要涂上凡士林，使用时振摇几下后须放气。

实验 2.5　热塑性酚醛树脂的制备及性质测定

1. 实验目的

1）了解反应物的配比和反应条件对酚醛树脂结构的影响。
2）掌握热塑性酚醛树脂的制备方法及工艺。

2. 实验原理

凡是以酚类化合物与醛类化合物经缩聚反应制得的树脂统称为酚醛树脂。常见的酚类化合物有苯酚、甲酚、二甲酚、间苯二酚等；醛类化合物有甲醛、乙醛、糠醛等。合成时所用的催化剂有氢氧化钠、氨水、盐酸、硫酸、对甲苯磺酸等。其中，最常用的酚醛树脂是由苯酚和甲醛缩聚而成的产物苯酚—甲醛树脂（PF）。酚醛树脂因价格低廉、原料丰富、性能独特而获得迅速发展，其目前产量在塑料中排第六位，在热固性塑料中排第一位，产量占塑料的 5% 左右。但是，纯 PF 因性脆及机械强度低等缺点，很少单独加工成制品。一般酚醛树脂的制品为在树脂中加入大量填料以进行改性，并以填料的品种不同而具有不同的优异性能，应用在不同的领域。用酚醛树脂制得的复合材料耐热性高，能在 150 ~ 200℃ 范围内长期使用，并具有吸水性小、电绝缘性能好、耐腐蚀、尺寸精确和稳定等特点。它的耐烧蚀性能比环氧树脂、聚酯树脂及有机硅树脂都好。因此，酚醛树脂复合材料已广泛地在电机、电器及航空、航天工业中用作电绝缘材料和耐烧蚀材料。

　　热塑性酚醛树脂是在酸性条件下 pH < 7，甲醛与苯酚的物质的量比小于 1（0.80 ~ 0.86）时合成的一种热塑性线形树脂。它是可溶、可熔的，在分子内不含羟甲基的酚醛树脂。其反应过程首先是苯酚与甲醛发生加成反应生成羟甲基苯酚，羟甲基苯酚在酸性介质很活泼，然后立即与另一个苯酚分子上的邻位或对位氢原子发生脱水反应，以次甲基键连接起来，这种反应的速度大于羟甲基之间的反应速度，更大于苯酚与甲醛之间的加成反应速度，反应如下所示：

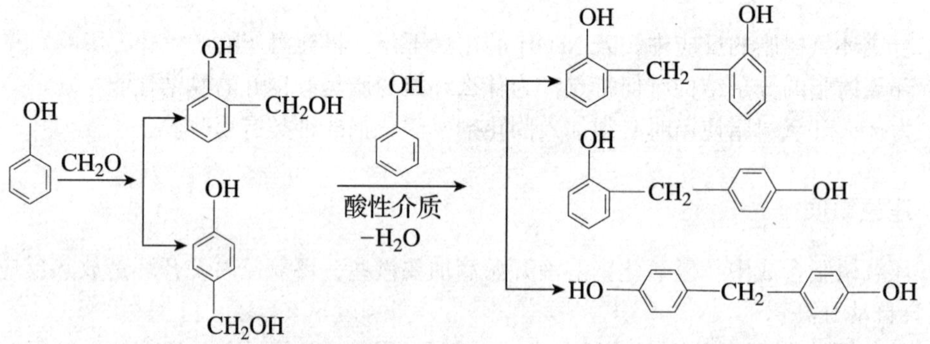

邻、对位羟甲基苯酚　　　　　　　　　　　二羟基二苯甲烷

　　由于反应可以发生在邻位或对位，故生成的二羟基二苯甲烷是不同位置上各种异构体的混合物，同时二羟基二苯甲烷异构体继续与甲醛反应，使缩聚反应的分子链进一步增长，最终得到线形酚醛树脂，其分子结构如下所示：

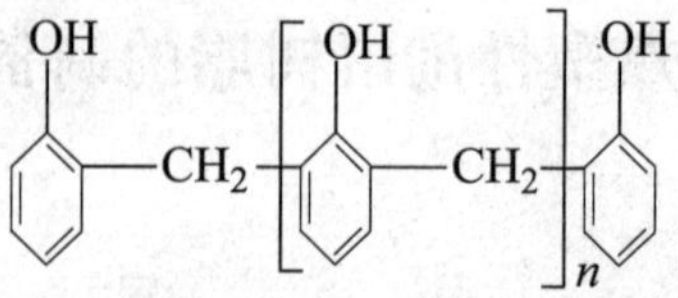

　　线形酚醛树脂的分子量为 300 ~ 1000，又因甲醛与苯酚的摩尔比小于 1，所以不会有多余的甲醛生成—CH_2OH，最终产物还有可能带有部分支链。但是，若甲醛过量于苯酚，即使在酸性催化剂作用下，反应也进行的很快且不易控制，最后还是可以制得交联结构的酚醛树脂。

　　热塑性酚醛树脂为线形结构，具有可溶、可熔的特点。纯热塑性酚醛树脂加热也不交联，只有加入适当的固化剂才能固化。固化剂是在成型加工中加入的，固化剂与酚醛树脂分子中酚环的活性点反应，形成交联的体型结构，转变为不溶、不熔的状态。常用的固化剂有六亚甲基四胺（乌洛托品）、多聚甲醛等。六亚甲基四胺在加热下分解产生甲醛并放出氨，前者供交联反应用，后者可作为碱性催化剂，促进固化反应的进行。

3. 仪器和药品

（1）仪器

需要的仪器有鼓风烘箱、电加热套、机械搅拌器、250mL 三口烧瓶、冷凝管、温度计、量筒、烧杯、电子天平。

（2）药品

需要的药品有苯酚、甲醛、草酸、蒸馏水。

4. 实验步骤

在装有机械搅拌器、温度计、冷凝管的 250mL 三口烧瓶中加入 48g（0.509mol）苯酚、34g 37% 的甲醛水溶液（0.417mol）和含 0.8g 草酸的 6mL 水溶液。进行搅拌，升温至 85℃ 回流 3h。停止反应，此时浑浊反应液变成两层，加入 100mL 去离子水，搅拌 10min 冷却到室温，分层，静置 30min 除去上层水液，再用热水水洗几次至 pH 值呈中性。将除去水液的树脂倒入蒸发皿中，在加热套上加热，并用玻璃棒不断搅拌，使水分逐渐排除，直至树脂变清，再放入鼓风烘箱中 130℃ 干燥 5h，取出冷却到室温，得无色透明固体，粉碎得到热塑性酚醛树脂粉料，称重计算产率。

5. 酚醛树脂性质测定

（1）酚醛树脂中游离酚含量测定

准确称取 1g 酚醛树脂（精确到 1mg），放在 250mL 圆底烧瓶中加入 30mL 乙醇，加热使其溶解，加入 70mL 去离子水，然后用水蒸气将游离酚蒸馏出来，以溴水检查馏出液已不呈浑浊时停止蒸馏。将馏出液倒入容积为 500mL 的容量瓶中，加水稀释至刻度。用移液管吸取 50mL 上述配制的馏出液装入 250mL 磨口锥形瓶中，加入 50mL 溴化钾—溴酸钾溶液（该 1L 溶液中含溴化钾 5.939g 和溴酸钾 1.666g）和 5mL 浓盐酸后摇动使之混合均匀放于暗处，经 15min 后加入 15mL 10% 的碘化钾溶液。摇匀，于暗处放置 10min 后加入 5~6 滴 1% 的淀粉溶液为指示剂，用 0.1mol/L 的硫代硫酸钠溶液滴定所析出的碘。同样条件，用去离子水代替样品做空白实验。树脂中游离酚的百分含量可按下式计算：

$$X = \frac{(V_1 - V_2) \times C \times 0.001568 \times 500}{50 \times m} \times 100\%$$

式中，V_1 为空白实验滴定消耗的硫代硫酸钠体积（mL）；V_2 为滴定试样所消耗的硫代硫酸钠体积（mL）；C 为硫代硫酸钠标准溶液的摩尔浓度（mol/L）；m 为试样重量（g）；0.001568 相当于 1mL 浓度为 0.1mol/L 的硫代硫酸钠溶液中苯酚的重量（g）。

（2）酚醛树脂中残余甲醛含量测定

准确称取 3g 酚醛树脂（精确到 1mg），放入 250mL 锥形瓶中，加入 25mL 去离子水，滴加 3 滴酚酞溶液，用 5% 的氢氧化钠溶液滴定至刚好为红色。再加入 50mL 浓度为 1mol/L 的亚硫酸钠溶液，震荡均匀室温放置 2h，用 0.5mol/L 的盐酸溶液滴定至褪色为止。甲醛的百分含量可按下式计算：

$$X = \frac{0.03 \times V \times C}{m} \times 100\%$$

式中，V 为滴定消耗的盐酸体积（mL）；C 为盐酸的浓度（mol/L）；m 为样品的重量（g）；0.03 相当于 1mL 浓度为 1mol/L 的盐酸溶液中甲醛的重量（g）。

6. 思考题

1）能否用环氧树脂作为热塑性酚醛树脂的固化剂？
2）在酚醛树脂的合成中，为什么要用水洗涤至中性？
3）在制备酸性酚醛树脂时，如果酚和醛的摩尔比为 1:1 会有什么现象？
4）在酚醛树脂中残余甲醛含量的测定为何要先用碱滴定到刚好显红色？

7. 注意事项

1）苯酚和甲醛都是有毒物质，必须严格遵守实验操作步骤，反应应在通风橱中进行，以防中毒或腐蚀皮肤。
2）苯酚在空气中容易被氧化，从而影响实验产品的颜色，因此在量取苯酚和将其加入三口烧瓶的过程中，应尽量迅速并及时将试剂瓶密封。
3）在加原料时，应该把原料加完后再加热，以保证在达到较高温度时，原料有足够的时间溶解，并混合搅拌均匀。

实验 2.6　热固性酚醛树脂的制备及性质测定

1. 实验目的

1）掌握热固性酚醛树脂的碱法合成原理和方法。
2）掌握热固性酚醛树脂溶液性质的测定方法。

2. 实验原理

热固性酚醛树脂是由醛类和酚类在醛类过量时（物质的量的比为 1.1 ~ 1.3），通过碱性催化剂的作用（pH = 8 ~ 11），经缩聚反应而生成的。以苯酚和甲醛为例反应过程如下：
首先是加成反应，苯酚和甲醛通过加成反应生成多种羟甲基苯酚。

然后，各种羟甲基苯酚进一步进行缩聚反应，羟甲基苯酚的反应主要有三种形式。

虽然上述反应都有可能发生，但在加热和碱性催化剂条件下，醚键不稳定，所以缩聚体间主要以次甲基键连接。在加成反应中，酚羟基的对位较邻位的活性稍大，但由于酚环上有两个邻位，在实际反应中邻羟甲基酚较对羟甲基酚生成速率快得多。在缩聚反应中，对羟甲基酚较邻羟甲基酚活泼，因此缩聚反应时对位的容易进行，使酚醛树脂主要留下邻位的羟甲基。上述产物在热的作用下进一步缩聚即可生成可溶性的酚醛树脂，若使反应继续进行，则逐渐发生交联成体型结构。

热固性酚醛树脂固化过程大致经历三个阶段，随缩聚反应程度不同，各阶段树脂性能也有所不同。甲阶酚醛树脂是由苯酚与甲醛经缩聚或干燥脱水后制得的线形树脂（带支链），能溶于乙醇、丙酮及碱的水溶液中，由于甲阶酚醛树脂带有活泼氢原子和可反应的羟甲基，对其加热时可熔化并能转变为不溶、不熔的固体。乙阶酚醛树脂是对甲阶酚醛树脂加热获得的，不溶于碱的水溶液，但能在乙醇或丙酮中溶胀，对其加热只能软化而不熔化，由于仍然含有可反应的羟甲基继续转变为不溶、不熔的产物。丙阶酚醛树脂是由乙阶酚醛树脂进一步加热后转变为不溶、不熔的立体网状结构的固体。

在制备热固性酚醛树脂时，必须控制甲阶酚醛树脂阶段，使其平均分子量为 $300 \sim 700$，它们含有羟甲基，在加工成制品时不需添加甲醛，继续加热即可将甲阶酚醛树脂逐渐经过乙阶而转变为体型结构的制品，酚醛层压树脂、黏合树脂、铸型树脂等都是用此法生产的。大概生产过程如下：

苯酚 + 甲醛 $\xrightarrow[\text{酚} < \text{醛}]{\text{pH} > 7 \text{ 加热}}$ 甲阶树脂 可溶可熔 $\xrightarrow{\text{加热}}$ 乙阶树脂 半溶半熔 $\xrightarrow{\text{加热}}$ 丙阶树脂 不溶不熔

热固性酚醛树脂的性能受到多种因素的影响，大概有以下两点：

（1）单体配料比及酚的官能度对树脂结构的影响

热固性酚醛树脂苯酚和甲醛的摩尔比应小于1，才能生成体型网状结构的产物。酚类必须使用2官能度或3官能度的原料，在成型加工中才能进一步交联生成热固性酚醛树脂，如果是单官能度的酚类，则起封端作用，不能发生交联反应。增加甲醛的用量可提高树脂滴度、黏度、凝胶化速度，可增加树脂的产率以及减少游离酚的含量。

（2）催化剂种类对树脂结构的影响

催化剂是影响树脂生成物结构的关键。在碱性条件下，即使酚比醛的摩尔比大，也同样生成热固性酚醛树脂，而多余的一部分酚以游离的形式存在于树脂中。由此可见，催化剂的影响远大于原料配比的影响。氨催化的热固性酚醛树脂主要用于浸渍增强填料，如玻璃纤维或布、棉布和纸等，用以制备增强复合材料。用氢氧化钠作催化剂可制备水溶性的热固性酚醛树脂，催化剂用量小于1%。水溶性热固性酚醛树脂主要用于矿棉保温材料的黏合剂、胶合板和木材的黏合剂、纤维板和复合板的黏合剂等。

3. 仪器和药品

（1）仪器

需要的仪器有烘箱、恒温加热套、机械搅拌器、三口烧瓶、冷凝管、温度计、精密恒温控温仪、量筒、烧杯、电子天平、小刀、玻璃片。

（2）药品

需要的药品有苯酚、甲醛、氢氧化钠、蒸馏水。

4. 实验步骤

在装有搅拌器、温度计、冷凝管的250mL三口烧瓶中，加入75g苯酚和75mL的甲醛（37%水溶液）。进行机械搅拌，加入约5~6mL10%的氢氧化钠水溶液，使pH值控制在8。逐渐加热升温至回流，在回流反应35min后，每隔10min取1mL反应液，并加水2mL进行观察，如果发现乳白色浑浊不消失时，再继续反应30min后结束反应。然后，在搅拌下用水或自然冷却至室温。

5. 树脂溶液性质测定

（1）固化速度的测定

先将切好的玻璃片放在精密恒温控温仪上，再把精密恒温控温仪调至150℃并持续加热半小时，其目的是为了使玻璃片的温度保持在150℃的恒温。取两滴树脂溶液滴在面积为15mm×15mm左右的玻璃片上，玻璃片应位于钢板正中间，用小刀以约60次/min的频率不断翻动树脂溶液，在树脂溶液滴加至钢板上开始用秒表计时，随着加热时间的进行，树脂溶液慢慢变稠，待抽不成丝或断丝时，说明树脂已被固化，此时立即停止秒表并记下时间，此时间则为树脂在 150℃时的固化时间。

（2）固体含量测定

参照国家标准 GB/T 14074.5—1993 规定的方法测定。采用 160℃条件下取样约 1.5g 密闭烘烤 1h，测定固含量，即

$$X = m_2 / m_1 \times 100\%$$

式中，m_1 为烘烤前质量；m_2 为烘烤后质量。

6. 思考题

1）简述碱催化热固性酚醛树脂的合成原理及其具体实施工艺过程。
2）如何控制纸层压板中的树脂含量？树脂含量对纸层压板的性能有什么影响？

7. 注意事项

1）注意对苯酚和甲醛的使用和防护，反应应在通风橱中进行。
2）酚醛树脂合成中，通过浊点实验测试时，当出现乳白色浑浊不消失时，再继续反应不能超过 1h，否则有凝胶产生。

实验 2.7　丙烯酸酯氨基涂料的制备

1. 实验目的

1）掌握聚丙烯酸酯活性树脂的制备方法。
2）掌握丙烯酸酯氨基涂料的制备方法。
3）熟悉丙烯酸酯氨基树脂涂料的组分，并了解各组分的作用。
4）理解聚丙烯酸酯与氨基树脂的作用机理。

2. 实验原理

聚丙烯酸酯能形成光泽好而耐水的膜，黏合牢固，不易剥落，在室温下柔韧而有弹性，耐候性好，无色透明，但拉伸强度不高。聚丙烯酸酯在涂料方面的应用是其主要用途之一，目前由它制备的涂料已在汽车、家用电器、机械、仪器仪表、建筑、皮革等领域得到广泛使用，并且应用领域还有不断扩大的趋势。聚丙烯酸酯涂料的不足之处在于其涂层的丰满度较差，耐溶剂性不好。聚丙烯酸酯涂料的这些缺点可通过与其他树脂配合使用而得到改善。例如，在聚丙烯酸酯分子中引入活性基团，如羟基、羧基、环氧基等，再与氨基树脂、环氧树脂、聚氨酯等配合，可形成交联型的网状结构涂层。这类涂层表观丰满，不溶、不熔，坚韧

耐用。

氨基树脂是由含有氨基的化合物如尿素、三聚氰胺或苯胺等与醛类化合物（如甲醛）经缩聚而成的树脂的总称。重要的树脂有脲醛树脂（UF）、三聚氰胺甲醛树脂（MF）、苯胺甲醛树脂及聚酰胺多胺环氧氯丙烷（PAE）等。作为漆膜，若单独使用氨基树脂，制得的漆膜太硬，而且发脆，对底材附着力差，所以，通常和能与氨基树脂相容，并且通过加热可交联的其他类型树脂合用。氨基树脂可作为油改性醇酸树脂、饱和聚酯树脂、丙烯酸树脂、环氧树脂等的交联剂，用它作交联剂的漆膜具有优良的光泽、保色性、硬度强、耐药性、耐水及耐候性等，因此，以氨基树脂作交联剂的涂料广泛地应用于汽车、工农业机械、钢制家具、家用电器和金属预涂等工业涂料。氨基树脂在酸催化剂存在时，可在低温烘烤或在室温固化，这种性能可用于反应性的二液型木材涂装和汽车修补用涂料。

合成聚丙烯酸酯所用的单体包括丙烯酸及其酯类和甲基丙烯酸及其酯类。较重要的有（甲基）丙烯酸、（甲基）丙烯酸甲酯、（甲基）丙烯酸丁酯等。为了在聚丙烯酸酯分子中引入活性基团，常需要一些功能性单体，如（甲基）丙烯酸羟乙酯、（甲基）丙烯酸羟丙酯、（甲基）丙烯酸环氧丙酯等。聚丙烯酸酯可通过自由基聚合获得。制备涂料时，一般采用溶液聚合法。常用的溶剂有苯、甲苯、二甲苯、醋酸乙酯、二氯乙烷、甲基异丁基酮等。引发剂一般采用过氧化二苯甲酰或偶氮二异丁腈。丙烯酸酯单体的聚合活性较大，如果溶剂选择适当，聚合中不易发生链转移反应，因此往往分子量较大，从而使溶液的黏度增大，不利于涂料的施工，因此聚合过程中常需适当加入分子量调节剂。常用的分子量调节剂有十二烷基硫醇等，用量为单体量的 0.05% 左右。

聚丙烯酸酯分子中各种结构单元的比例对涂料的性能影响很大。一般情况下，软性单体（如丙烯酸丁酯）与硬性单体（如甲基丙烯酸甲酯）的质量比为 40:60，功能性单体用量一般为单体总质量的 10% ~20%，聚合物的数均分子量则控制在 5000~8000。上述聚合所得的聚丙烯酸酯溶液为浅黄色黏性液体，具有良好的稳定性，可长期存放。将活性聚丙烯酸酯溶液与氨基树脂直接混合，即可制成丙烯酸酯氨基双组分涂料。

聚丙烯酸树脂与氨基树脂反应示意图如图 2-7-1 所示。

3. 仪器和药品

（1）仪器

需要的仪器有标准磨口四口烧瓶（250mL/14mm × 1，24mm × 3）一只，球形冷凝器（300mm）一支，温度计（150℃）一支，滴液漏斗（100mL）一只，油浴锅（含液状石蜡）一只，温度控制装置一套，电动搅拌器一套，烧杯（200mL）一只，广口试剂瓶（20mL）一只，表面皿（80mm）一块，马口铁板（50mm × 120mm）两块，油漆刷一把，玻璃棒一根，脱脂棉花若干。

（2）药品

需要的药品有丙烯酸丁酯、甲基丙烯酸甲酯、丙烯酸-β-羟乙酯、丙烯酸、醋酸丁酯、甲苯、偶氮二异丁腈、苯、丙酮均为市售分析纯试剂，325 氨基树脂为工业级。

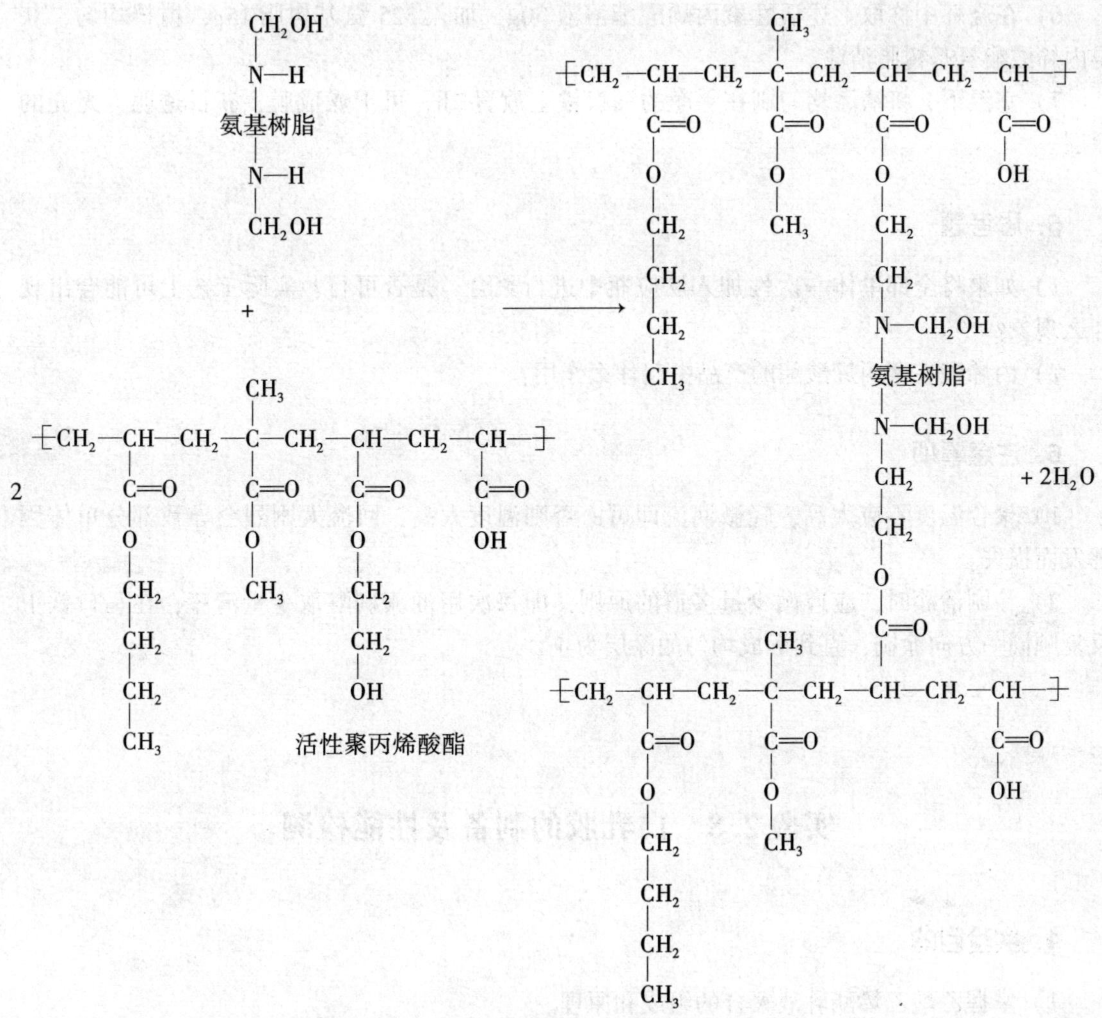

图 2 - 7 - 1　聚丙烯酸树脂与氨基树脂反应示意图

4．实验步骤

1）在烧杯中称取丙烯酸丁酯 50g，甲基丙烯酸甲酯 30g，丙烯酸-β-羟乙酯 10g 和丙烯酸 5g，加入偶氮二异丁腈 0.5g，搅拌溶解，备用。

2）在装有搅拌器、温度计、冷凝器的 250mL 四口烧瓶中，加入醋酸丁酯和甲苯各 60mL，装上滴液漏斗，漏斗中加入上述混合单体。

3）机械搅拌下，升温至 110℃，开始回流。从漏斗中放出约 1/3 的混合单体到四口烧瓶中，保温反应。

4）110℃保温反应 0.5h 后，滴加剩余混合单体，控制滴加速度为 2～3 滴/s，2h 左右滴完。继续保温反应 2h。结束聚合反应，撤去热源，搅拌下自然冷却至室温，产物为浅黄色黏稠状液体。

5）准确称取聚合物溶液 3g 置于表面皿上，放入 120℃烘箱中烘干至恒重，计算固含量。然后用醋酸丁酯将固含量调整至 45%。

6）在烧杯中称取上述活性聚丙烯酸酯溶液 30g，加入 325 氨基树脂 15g，搅拌均匀，获得丙烯酸酯氨基树脂清漆。

7）室温下，将清漆均匀刷在干净的马口铁上放置 2h，可干燥成膜，获得透明、光亮的涂层。

5. 思考题

1）如果将全部单体一次性加入反应瓶中进行聚合，是否可行？实际工艺上可能会出现什么现象？

2）丙烯酸在聚丙烯酸酯的产品中起什么作用？

6. 注意事项

1）聚合温度不应太高，轻微回流即可，否则温度太高、回流太剧烈会导致部分单体因挥发而损失。

2）涂刷清漆时，应遵循少量多道的原则，即每次用油漆刷醮取少量清漆，在马口铁上反复顺同一方向涂刷，直到形成均匀的涂层为止。

实验2.8　白乳胶的制备及性能检测

1. 实验目的

1）掌握乙酸乙烯酯乳液聚合的组成和原理。

2）掌握测定乳液固含量的方法和剪切强度的试验方法。

2. 实验原理

聚乙酸乙烯酯乳液俗称白乳胶，是一种在涂料和胶黏剂等领域广泛使用的聚合物。白乳胶具有成本低、无毒、无刺激性气味、使用方便、无环境污染、节省资源等优点，但白乳胶的耐水性、耐热性、抗冻性及蠕变性较差。作为胶黏剂时，它对多孔性物质具有较强的黏合力，在木材加工、家具组装、织物黏接和印刷包装等方面得到了广泛的应用。

通常乙酸乙烯酯乳液聚合需将乙酸乙烯酯单体借助聚乙烯醇和 OP-10 乳化剂的作用分散在水介质中，在水溶液引发剂过硫酸铵或过硫酸钾引发下聚合获得聚乙酸乙烯酯乳液。由于合适的 pH 值会使反应体系的酯类保持稳定，碱性太强会使聚合物水解，而酸性太高则会使引发剂的稳定性下降，使引发反应较为困难，因此制备过程中还需添加 pH 调节剂（如碳酸氢钠）。为了改善白乳胶的使用性能，一般在聚合过程中还会添加增塑剂邻苯二甲酸二丁酯。聚合反应方程式如下：

$$n\,CH_2{=}CH \xrightarrow{\text{过硫酸铵}} \left(CH_2{-}CH\right)_n$$

（式中两结构下方均为 O—C=O—CH₃ 基团）

3. 仪器和药品

（1）仪器

需要的仪器有拉力试验机一台，集热式磁力搅拌器一台，电动机械搅拌器一台，温度计（100℃）一支，分析天平一台，烘箱一台，玻璃干燥器一个，标准磨口四口烧瓶（250mL/24mm×4）一只，球形冷凝器（300mm）一支，Y形连接管（24mm×3）一只，滴液漏斗（125mL、50mL）各一只，烧杯（100mL）两只、（150mL）一只、（250mL）一只，广口试剂瓶（250mL）一只，量筒（100mL、50mL）各一只，称量瓶三个，木块（100mm×20mm×3mm）10块，粗砂纸若干，涂-4杯。

（2）药品

需要的药品有乙酸乙烯酯、过硫酸铵、聚乙烯醇（1788）、碳酸氢钠、OP-10乳化剂、邻苯二甲酸二丁酯、去离子水。

4. 实验步骤

（1）实验装置

搭建如图2-8-1所示的实验装置。

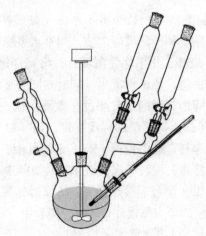

图2-8-1 实验装置

（2）聚乙酸乙烯酯乳液的制备

1）实验装置安装好后，加入聚乙烯醇5g和50mL去离子水，升温至80℃搅拌溶解。

2）溶解完全后，降温至65℃，加入1g OP-10乳化剂，在电动机械搅拌器搅拌下加入乙酸乙烯酯40g（平均分为4次加入）和过硫酸铵0.2g（2mL去离子水），过硫酸铵每次加1/4，加完后搅拌反应 20min，每次升温 2℃。全部加完后，升温至 75℃反应 2h。

3）将温度降至 50℃以下，加入碳酸氢钠水溶液，搅拌 15min，调节 pH 值在 6～7。

4）加入邻苯二甲酸二丁酯 5g，搅拌 20min，冷却出料。

5. 乳胶漆性能检测

（1）乳液固含量的测定

在已干燥至恒重的三个称量瓶中，各加入 5～10g 乳液，在 105℃烘箱中干燥至恒重，约 5h，取出称量瓶加盖放入玻璃干燥器中冷却至室温，称重。固含量用质量百分数表示：

固含量 = 干燥后乳液质量/干燥前乳液质量×100%。

三组数据求平均值。

（2）剪切强度试验

将木块表面抛光，用粗砂纸将黏接表面粗化，烘干待用。在木块上涂上约 0.1mm 厚的聚乙酸乙烯酯乳液，两两黏接，搭接长度为 15mm，宽度为 20mm，加压固定，在 80℃烘箱中干燥。将黏接的试样在拉力试验机上夹紧，以 10～20mm/min 的速度拉伸至试样断裂。记下此时的最大负荷，剪切强度按下式计算：

$$\sigma_s = F/(L \cdot b)$$

式中，σ_s 为剪切强度（N/m²）；F 为最大负荷（N）；L 为黏接部分的长度（m）；b 为黏接部分的宽度（m）。

连续测试五个试样，取每次试样剪切强度的算术平均值即为聚乙酸乙烯酯乳液的黏接强度。

（3）乳液黏度测定

方法一：涂 -4 杯法。实验前必须用软布将 4 号杯（黏度杯）内部擦拭干净，在空气中干燥或用冷风吹干；对光观察黏度杯，漏嘴应清洁。调整水平螺钉，使黏度杯处于水平位置，在黏度杯漏嘴下边放置 150mL 烧杯，用手堵住漏嘴孔，将试样倒满黏度杯，用玻璃棒将气泡和多余的试样刮掉，然后松开手指，使试样流出，同时立即按下秒表，当试样流完停止秒表，试样从黏度杯流出的全部时间即为试样的条件黏度。重测一次，两次测定值之差应不大于平均值的 3%。测定时试样温度可按不同产品的标准规定，如（23±1）℃、（25±1）℃。

方法二：旋转黏度计法。选择合适的量筒，装一定的乳液，将电动机械搅拌器的转子完全浸入量筒的乳液中，开动搅拌器，使转子在乳液中旋转 20～30s，待指针趋于稳定后，按下指针控制杆，关闭搅拌器，直接在读数窗读出数 a，从仪器的附表中读出选定的转子和对应剪切速率下的系数 K，计算乳液的动力黏度：$\eta = Ka$。实验中，试样温度控制在（23±1）℃。试验两次，两次误差不大于 5%，结果取算术平均值。

（4）乳胶漆涂刷水泥石棉板

实验提供的标准水泥石棉板规格为 15mm×70mm。

标准水泥石棉板涂刷方法：在温度为（23±2）℃、湿度为 60%～70% 条件下用注射针筒将涂料试样按规定用量注射在水泥石棉板上，立即用 1.5 寸细毛刷将涂料涂刷均匀，需涂两次。

参考涂量：第一次涂刷量为 $1.0 \sim 1.2 \mathrm{mL/cm^2}$，第二次涂刷量为 $0.6 \sim 0.8 \mathrm{mL/cm^2}$，两次间隔时间 6h 以上，护养时间 7d 以上。

6. 数据记录及结果分析

实验数据填入表 2-8-1、表 2-8-2 中。乳液黏度测定值填入表 2-8-3、表 2-8-4 中。

（1）乳液固含量的测定

表 2-8-1　固含量实验数据

序号	空称量瓶 质量 m_0	（称量瓶 + 乳液） 干燥前质量 m_1	（称量瓶 + 乳液） 干燥后质量 m_2	固含量 $(m_2 - m_0)/(m_1 - m_0) \times 100\%$
1				
2				
3				

固含量平均值 = _____。

（2）剪切强度测定

表 2-8-2　剪切强度实验数据

序号	最大负荷 F /N	黏接部分的长度 L /m	黏接部分的宽度 b /m	剪切强度 σ_s /N·m^{-2}
1				
2				
3				
4				
5				

剪切强度平均值 = _____ N/m^2。

（3）乳液黏度测定（涂 -4 杯法）

温度：(25 ± 1)℃

表 2-8-3　涂 -4 杯法

次数	1	2	3	4	平均值
时间/s					

（4）乳液黏度测定（旋转黏度计法）

温度：(25 ± 1)℃

表 2-8-4　旋转黏度计法

次数	1	2	3	4	平均值
a					
K					
η					

7. 思考题

1）乙酸乙烯酯乳液聚合配方中各组分的作用是什么？

2）要保持乳液体系的稳定，可采取哪些措施？

3）单体和引发剂为什么要分批慢慢加入？聚合过程中为什么要分段升温？

4）影响黏接强度的因素有哪些？

8. 注意事项

1）整个乳液聚合过程中，应充分搅拌，聚合反应从开始到冷却出料应搅拌不停。

2）升温过程中，当单体回流量较大时，应暂停升温或缓慢升温，因为此时容易在气液界面处发生聚合，引起结块。

实验 2.9　环氧丙烯酸酯光固化涂料的配制及性能测定

1. 实验目的

1）掌握 UV 光固化涂料的配制与固化原理。

2）了解不同的原料配比对 UV 光固化涂料性能的影响。

2. 实验原理

UV 固化涂料是一种绿色环保型涂料，它完全符合"4E"原则，即经济（Economy）、效率（Efficiency）、生态（Ecology）、能源（Energy）。一般 UV 固化能耗为热固化的 1/5，且 UV 固化涂料含挥发组分较少，污染小。最吸引研究人员和开发商的是 UV 固化涂料能减少原材料消耗，有利于降低经济成本。在过去的几年中，UV 固化涂料在光纤涂层、CD 涂层/DVD 黏合剂、信用卡、木材、饮料罐、食品包装、杂志封面、医疗器械和汽车行业中都有着十分迅速的发展。

UV 固化涂料主要由预聚物、活性稀释剂、光引发剂及助剂组成。UV 固化的主要反应历程是由辐射引起光引发剂分解，生成活性自由基引发单体/低聚物聚合交联。

预聚物是紫外光固化涂料中最重要的成分，涂层的最终性能（如硬度、柔韧性、耐久性和黏性等）在很大程度上与预聚物有关。作为光敏涂料的预聚物，应该具有能进一步发生光聚合或光交联反应的能力，因此必须带有可聚合的基团。为了取得合适的黏度，预聚物通常为相对分子质量较小（1000～5000）的低聚物。预聚物的主要品种有环氧丙烯酸树脂、不饱和聚酯、聚氨酯等。其中，国内使用最多的是环氧丙烯酸树脂，它由环氧树脂与两分子的丙烯酸反应而得，反应如下：

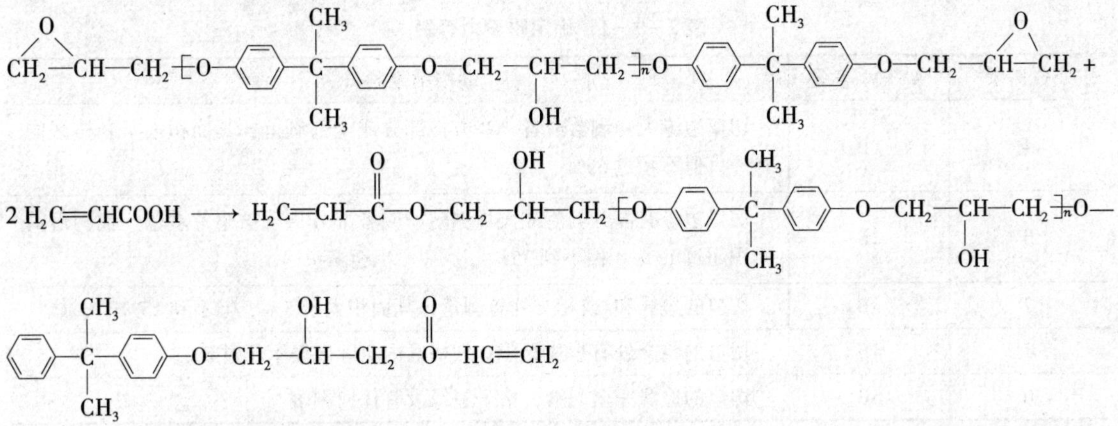

光引发剂或光敏剂都是在光聚合中起到促进引发聚合的化合物，但两者的作用机理不同。前者在光照下分解成自由基或阳离子，引发聚合反应；后者受光首先激发，进而再以适当的频率将吸收的能量传给单体，产生自由基，引发聚合反应。

活性稀释剂实际上是可聚合的单体，使用最多的是单官能团或多官能团的（甲基）丙烯酸酯类单体。在光固化前起溶剂作用，调节黏度便于施工（涂布），在聚合过程中起交联作用，固化后与预聚体一起成为漆膜的组成部分，对涂膜的硬度与柔软性等也有很大作用。

3. 仪器和药品

（1）仪器

需要的仪器有玻璃板（陶瓷、木器、马口铁等非柔性底材）、1000W 高压汞灯。

（2）药品

需要的药品有双酚 A 环氧丙烯酸酯、甲基丙烯酸-β-羟乙酯、三羟甲基丙烷三丙烯酸酯、1173 光引发剂（2-羟基-2-甲基-1-苯基-1-丙酮）、三乙醇胺。

4. 实验步骤

（1）光油的配置与固化

在 50mL 烧杯中加入 10g 环氧丙烯酸酯、2.8g 甲基丙烯酸-β-羟乙酯、6g 三羟甲基丙烷三丙烯酸酯、0.4g 1173 光引发剂、0.8g 三乙醇胺，搅拌均匀。直接用玻璃棒（毛刷）涂于玻璃板底材上。在高压汞灯下辐照固化，辐照平台中心最大照度不小于20mW/cm²，辐照时间7s。

（2）固化涂层检测

1）表干检测。指压，看是否留有明显的指纹印。如有，说明表面固化不彻底，可能受氧阻聚干扰，或其他原因。

2）附着力。按照 GB/T 9286—1998 标准进行测定。

喷涂件作百格刀测试时，其划格结果附着力按照以下的标准等级用划格器在涂层上切出十字格子图形，切口直至基材；用毛刷沿对角线方向各刷五次，用胶带贴在切口上再拉开；观察格子区域的情况，可用放大镜观察。划格结果附着力按照表 2-9-1 所示的标准等级确定。

表 2-9-1　确定附着力等级

ISO 等级	ASTM 等级	划格结果附着力
4	1B	切口边缘大片剥落或者一些方格部分或全部剥落，其面积大于划格区的 35%，但不超过 65%
3	2B	切口边缘有部分剥落或大片剥落，或者部分格子被整片剥落。被剥落的面积超过 15%，但不到 35%
2	3B	切口的边缘和/或相交处有剥落，其面积大于 5%，但不到 15%
1	4B	切口的相交处有小片剥落，划格区内实际破损不超过 5%
0	5B	切口的边缘完全光滑，格子边缘没有任何剥落

3）硬度。按照 GB/T 6739—2006 标准进行测定。

铅笔硬度 6H~6B，铅笔芯用优质砂纸（400）事先磨平。将涂层样品放在水平面上，握紧铅笔，使其与样品表面呈 45 度角（笔尖远离操作者），然后向远离操作者的方向划出一条 6.5mm 的线。从最硬的铅笔用起，依次降低所使用铅笔的硬度，直到出现下面任一情况后停止：一是铅笔不会切入涂层，或者说不会刮破涂层（铅笔硬度）；二是铅笔不会擦伤涂层（擦伤硬度）。

4）光泽度。使用光泽度仪测定。先校正仪表，然后擦净试样表面，将光泽度仪测头依次放在试样三个区域上，分别读出光泽度值，取平均值。每测一块试样就校对一次。

5）耐溶剂性能。用棉球醮取丁酮（全部浸湿）；手指捏住棉球在涂层上来回擦拭，记录涂层被擦见底时的单向擦拭次数。

5. 数据记录及结果分析

实验数据填入表 2-9-2。

表 2-9-2　实验数据

实验序号	附着力	硬度	光泽度	耐溶剂性能
1				
2				
3				

6. 思考题

1）光引发剂和光敏剂的作用机理是什么？

2）各组分的作用是什么？
3）光照距离与固化时间有什么关系？
4）如何调节光固化涂料的表面硬度？

7. 注意事项

1）辐射固化时应注意保护眼睛。
2）测量附着力划格时应保证力度一致。

实验 2.10　水性聚氨酯丙烯酸酯光固化胶黏剂的合成与性能

1. 实验目的

1）掌握水性聚氨酯丙烯酸酯的合成方法。
2）掌握光固化胶黏剂的配制方法和固化原理。
3）掌握胶黏剂的性能测定方法。

2. 实验原理

聚氨酯丙烯酸酯（PUA）是一种反应性预聚物，可以利用紫外光（UV）或可见光进行固化。固化后的胶黏层兼有聚丙烯酸酯和聚氨酯二者的优点，即有聚氨酯的柔韧性、耐磨性、附着力强、抗老化性及高撕裂强度和聚丙烯酸酯良好的耐候性及优异的光学性能等多方面综合优点。由于可采用 UV 固化或可见光固化，在减少大气污染及节省能源方面均有极佳效果，可以满足大规模、高速连续化生产的需要，符合目前环保型胶黏剂材料的发展要求。

聚氨酯丙烯酸酯通常由大分子二元醇（或多元醇）等端羟基的聚合物与二异氰酸酯反应得到端异氰酸酯的预聚物，预聚物再与羟基丙烯酸酯进一步反应，生成两端均以丙烯酸酯封端的聚氨酯丙烯酸酯预聚体。以上反应由以下两步反应完成：

$$HO-R_1-OH + 2OCN-R_2-NCO \xrightarrow{催化剂} OCN-R_2-NH-\underset{O}{\overset{\parallel}{C}}-O-R_1-O-\underset{O}{\overset{\parallel}{C}}-NH-R_2-NCO$$

$$OCN-R_2-NH-\underset{O}{\overset{\parallel}{C}}-O-R_1-O-\underset{O}{\overset{\parallel}{C}}-NH-R_2-NCO + 2CH_2=CH-\underset{O}{\overset{\parallel}{C}}-O-R_3-OH \xrightarrow[阻聚剂]{催化剂}$$

$$CH_2=CH-\underset{O}{\overset{\parallel}{C}}-O-R_3-O-\underset{O}{\overset{\parallel}{C}}-NH-R_2-NH-\underset{O}{\overset{\parallel}{C}}-O-R_1-O-\underset{O}{\overset{\parallel}{C}}-NH-R_2-NH-\underset{O}{\overset{\parallel}{C}}-R_3-O-\underset{O}{\overset{\parallel}{C}}-CH=CH_2$$

3. 仪器和药品

（1）仪器
需要的仪器有 250mL 四口烧瓶、恒温集热式搅拌器、电动机械搅拌器、冷凝管、温度计、高速分散机、线棒涂布器。

（2）药品

需要的药品有甲苯二异氰酸酯（TDI），化学纯；聚醚二元醇（Mn = 2000），工业级；丙烯酸羟乙酯，工业级；二月桂酸二丁基锡（DBT），化学纯；对苯二酚，分析纯；光引发剂1173，工业级；三羟甲基丙烷三丙烯酸酯，工业级。

4. 实验步骤

（1）PUA 的合成

1）原料的提纯。由于异氰酸根易与原料中的水发生反应，1g 水可以消耗掉 19.3g TDI，所以必须对原料进行提纯。在适当的温度及真空度下，利用减压蒸馏对聚醚二元醇和丙烯酸羟乙酯进行提纯。

2）合成操作。在带有加热装置的四口烧瓶中，首先加入 2mol 甲苯二异氰酸酯，通氮气保护，在适当的搅拌速度下逐渐滴加含有二月桂酸二丁基锡（占总量的 0.4%）的聚醚二元醇 1mol，温度控制在 60～65℃，反应 3h。检测反应体系中的 −NCO 含量达到理论计算值（11.03%）后，视第一步反应完成。将温度升至 65～70℃，在搅拌状态下，逐滴加入丙烯酸羟乙酯，直到测不出 −NCO 为止。视需要可加入一定量的异氰酸酯清除剂（如乙醇等），冷却至 50℃ 左右，将预聚物置于高速分散机中，加入 0.05mol 三羟甲基丙烷三丙烯酸酯，缓缓加入去离子水进行分散，控制固含量为 40%，得到可 UV 固化的聚氨酯丙烯酸酯（PUA）乳液。

（2）光固化聚氨酯丙烯酸酯胶黏剂的配制

在聚氨酯丙烯酸酯乳液中加入 4% 光引发剂 1173 和 0.01mol 的硅烷偶联剂 KH570 等，搅拌均匀后即可（注意避光储存）。

（3）光固化胶膜的制备

用线棒涂布器将 UV 固化胶黏剂均匀涂敷在洁净干燥的玻璃片（玻璃片预先用碱液浸泡 20min）上，然后用 UV 固化机（功率为 1000W）照射 10～20s 后即可。

（4）性能测定

1）附着力：采用漆膜多用检测仪进行测定（基材为玻璃）。

2）耐酸碱性：将胶黏剂均匀地涂敷在两片玻璃表面，然后将其分别浸入 5% H_2SO_4、5% NaOH 溶液中，8h 后取出；若胶膜表面无发白、腐蚀或溶解等现象，则视为其耐酸碱性合格。

3）硬度：按照相关标准进行测定。

4）结构特征：采用红外光谱（FT-IR）法进行表征（KBr 压片法制样）。

5）玻璃化转变温度（T_g）：采用 DSC（差示扫描量热）法进行表征（升温速率为 20 K/min，N_2 气氛）。

6）聚合稳定性：当聚合过程中无凝胶现象、储存期间无絮状沉淀，则视为其聚合稳定性合格。

5. 数据记录及结果分析

实验数据填入表 2 - 10 - 1。

表 2 - 10 - 1　实验数据

实验序号	附着力	耐酸碱性	硬度	玻璃化转变温度
1				
2				
3				
4				

6. 思考题

1）PUA 合成中丙烯酸羟乙酯的作用是什么？
2）光固化胶黏剂中对苯二酚的作用是什么？

7. 注意事项

预聚物 PUA 加水分散时，注意加入水的量尽量少，以保证固含量。

附：甲苯 – 二正丁胺滴定法测定 – NCO 含量

目前对聚氨酯中 – NCO 基团的测定方法主要有仪器分析法和化学分析法。化学分析法精度不如仪器分析法高，但由于其简便经济，仍有很大应用价值。二正丁胺与 – NCO 基团的反应比较迅速，约 10min 内就可以完成，测定所用的溶剂一般为低极性溶剂（如甲苯）。测定的原理为：– NCO 基团与过量的二正丁胺反应生成脲，过量的二正丁胺再以溴甲酚绿作为指示剂，用盐酸滴定，从而计算出 – NCO 基团所消耗的二正丁胺量，进而推算出被测试物中 – NCO 基团的百分含量。

采用二正丁胺滴定法测定体系中的 – NCO 基团含量，异氰酸酯与二正丁胺起定量反应生成脲：

$$RNCO + R'NHT \longrightarrow RNR'CONHR$$

过量的二正丁胺用盐酸标准滴定溶液滴定，盐酸与过量的二正丁胺反应：

$$R'NHR + HCl \longrightarrow (R')_2NH \cdot HCl$$

– NCO 基团含量的计算公式：

$$NCO\% = \frac{(V_1 - V_2)NM}{G} \times 100\%$$

式中，V_1 为空白试验用去的盐酸标准溶液毫升数；V_2 为滴定试验用去的盐酸标准溶液毫升数；N 为标准盐酸溶液的摩尔浓度（mol/L）；M 为每毫克当量异氰酸酯的克数（0.042）；G 为试样质量（g）。

（1）仪器

需要的仪器有 250mL 锥形瓶，带 PE 塞或用铝箔包裹的软木塞；1000mL 容量瓶；50mL

移液管；50mL 酸式滴定管；分析天平，最大称量 200g，分度值 0.1mg；搅拌棒。

（2）药品

需要的药品有无水甲苯（用分子筛干燥处理）；异丙醇，AR；0.1mol/L 二正丁胺-甲苯溶液（将 12.9g 二正丁胺溶于甲苯中，移入 1000mL 容量瓶中，用甲苯稀释至刻度，充分摇匀，贮存于棕色试剂瓶中待用）；0.1% 溴甲酚绿指示剂（将 0.1g 溴甲酚绿溶于 100mL 体积分数为 20% 的乙醇中）；0.1mol/L HCl 标准溶液；水为去离子水；聚氨酯样品。

（3）具体的操作方法

在反应进行到一定的程度时，准确称取 1g 左右的样品，称量需精确到 0.001g。将样品置于干净的 250mL 锥形瓶中。用移液管准确将 40mL 浓度为 0.1mol/L 的二正丁胺-甲苯溶液加入样品中，摇晃使其混合均匀，室温放置 20~30min。反应完全后，加入 40~50mL 异丙醇，同时洗涤瓶口，终止反应。滴入 2~3 滴溴甲酚绿乙醇溶液（质量分数约为 0.001）指示剂，此时体系呈蓝色。以 0.1mol/L 盐酸标准溶液滴定至蓝色消失，逐渐由绿色到青色再到黄色出现，并保持 1min 不变色，此时为滴定终点。按照以上步骤，不称取样品作空白对照试验。

实验 2.11　室温固化双组分丙烯酸酯胶黏剂的制备及性能

1. 实验目的

1）了解双组分胶黏剂室温固化的机理。
2）掌握室温固化胶黏剂的配方工艺。
3）掌握胶黏剂的性能测试方法。

2. 实验原理

第二代丙烯酸酯胶黏剂（SGA, Second generation adhesive）是由丙烯酸酯类单体或预聚物、高分子弹性体、引发剂、促进剂及助剂组成的一类性能优良的黏合剂。本实验采用环氧丙烯酸酯与丙烯酸酯类单体构成胶黏剂的主体，制成了室温固化双组分丙烯酸酯胶黏剂。

室温固化机理：强有力的氧化还原体系是双组分丙烯酸酯结构胶黏剂室温固化的先决条件。这意味着要求在室温下能产生活性自由基引发聚合反应的发生。为了达到常温快速固化的要求，引发剂须与促进剂协同配合才能发挥作用。本实验选用过氧化苯甲酰/N，N-二甲基苯胺的氧化-还原体系。过氧化苯甲酰和叔胺反应时，首先是胺与过氧化二苯甲酰生成络合物，然后胺中氮原子上的一个电子转移给过氧化物形成离子对和苯甲酰氧基自由基。在引发剂用量为 0.5%~2%，促进剂用量为 0.04%~1% 时，可保证室温固化胶黏剂定位时间在 10min 以内，反应如下：

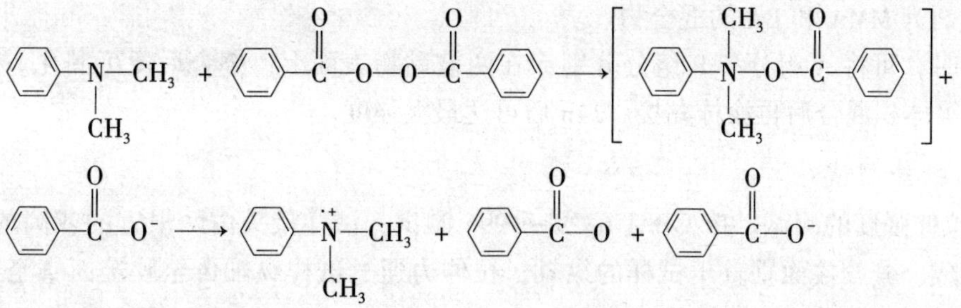

3. 仪器和药品

（1）仪器（见表 2-11-1）

表 2-11-1 仪器

仪器名称	型 号
万能试验拉力机	WDW 电子万能试验机
电热鼓风干燥箱	501 型
红外光谱议	WQF-410

（2）药品（见表 2-11-2）

表 2-11-2 药品

类 别	原料名称	等 级
预聚物	EA：双酚 A 型环氧丙烯酸酯	工业级
单体	MMA：甲基丙烯酸甲酯	AR
	BA：丙烯酸丁酯	AR
引发剂	BPO：过氧化苯甲酰	AR
促进剂	DMA：N，N-二甲基苯胺	AR
助剂	KH-570：γ-甲基丙烯酸丙酯基三甲氧基硅烷	AR
	BHT：2，6-二叔丁基对甲酚	AR

4. 实验步骤

（1）胶黏剂的配制

采用双主剂型室温固化双组分丙烯酸酯胶黏剂体系。两个组分中主体材料类似，只是一个组分中加入过氧化物引发剂，另一个组分中加入促进剂，即将环氧丙烯酸酯、BPO、阻聚剂溶于丙烯酸（酯）类单体中，混合均匀得 A 组分；将环氧丙烯酸酯、叔胺类促进剂、硅烷偶联剂溶于丙烯酸（酯）类单体中，混合均匀得 B 组分。

A：EA 3.5g，稀释剂 1.5g，BPO 0.1g，BHT 0.06g。

B：EA 3.5g，稀释剂 1.5g，DMA 0.03g，KH-570 0.2g。

稀释剂为 MMA 和 BA 的混合物。

黏接时，可将 A 组分和 B 组分分别涂在两被黏物表面上，叠合后便可固化。也可将 A、B 两组分等体积混合后再涂抹黏接。24h 后可达最大强度。

（2）性能测试

1）拉伸强度的测试。按 GB/T 6329—1996 测试，试样接头由两根方的或圆的棒状被黏物对接构成，其胶接面垂直于试样的纵轴，拉伸力通过试样纵轴传至胶接面直至试样损坏。以试样损坏时的载荷为试验结果。

2）剪切强度。剪切强度是指规定条件下制备的标准黏接物试样。在一定试验条件下，对基材施加平行于胶层的作用力，使黏接面产生剪切破坏时，单位剪切面积所能承受的最大平均剪切力。

铝试片的单搭接剪切强度按照标准 GB/T 7124—2008 在万能电子拉力机上进行。测试条件：室温 20℃，湿度 48%，加荷速度 10mm/min。

3）红外光谱分析。取等量的 A、B 组分混合均匀，将其固化后的物质粉碎研磨，测其红外光谱图。

4）耐水煮性能。耐水煮性能对胶黏剂黏接强度也很重要，这是生产实际的要求，黏接对象在加工过程中及使用过程中可能会经受湿热环境，所以研究水煮条件下胶黏剂的黏接强度非常必要。认为耐水煮性能主要受玻璃化转变温度的影响。将黏接好的试样在沸水中煮 1h，如未脱落，再测其黏接强度。

5）贮存稳定性实验。即不饱和聚酯树脂 80℃热稳定性测定方法。称取试样（100±1）g 于清洁干燥的白色广口瓶中，盖紧玻璃塞做好标记。每两个试样为一组。将装有试样的白色广口瓶放入恒温（80±2）℃鼓风的电热干燥箱中，开始试验并记录时间。每隔 2h 倒置白色广口瓶检查气泡，通过试样上升的情况判定凝胶情况。当气泡不能畅通、试样出现黏稠结块现象时，即试样已经出现凝胶，记下出现凝胶的时间。

5. 数据记录及结果分析

实验数据填入表 2-11-3。

表 2-11-3　实验数据

实验序号	拉伸强度/MPa	剪切强度/MPa	耐水煮时间	稳定贮存时间
1				
2				
3				

6. 思考题

1）本实验中胶黏剂的室温固化机理是什么？如果不加促进剂可否固化？

2）配方中为什么要加入 BHT？

7. 注意事项

1）混合 A 组分时，应先将 BPO 溶于稀释剂后再加入 EA 溶解，否则 BPO 难以溶解。

2）黏接时如把 A、B 两组分混合后再涂抹，要尽快涂抹在黏接表面。如拖延时间较长，A、B 两组分会发生凝胶，进而烧结，无法进行黏接。

实验 2.12　聚苯乙烯阳离子交换树脂的制备与性能

1. 实验目的

1）掌握用作离子交换树脂的聚苯乙烯交联微球的制备方法。

2）掌握通过磺化反应制备阳离子交换树脂的制备工艺。

3）掌握阳离子交换树脂交换当量的测定方法。

2. 实验原理

离子交换树脂是一种在交联聚合物结构中含有离子交换基团的功能高分子材料，这些离子交换基团可与溶液中的离子进行交换反应，在水处理、贵金属的回收与提纯、原子能工业、催化化学反应、海洋淡水处理、化学工业、食品加工、分析检测、环境保护等方面有着广泛的应用。离子交换树脂不溶于一般的酸、碱及大部分有机溶剂。根据其孔隙结构的不同可分为凝胶型和大孔型两种。按功能基分类，离子交换树脂又分为阳离子交换树脂和阴离子交换树脂。当把阳离子基团固定在树脂骨架上，可进行交换的部分为阳离子时，称为阳离子交换树脂，反之称为阴离子交换树脂。不带功能基的大孔树脂，称为吸附树脂。另外，还可根据基体材料的种类将离子交换树脂分为苯乙烯系、丙烯酸系、酚醛系、环氧系、乙烯基吡啶系、脲醛系、氯乙烯系等。

苯乙烯系交换树脂是最重要的一类离子交换树脂，可由苯乙烯和二乙烯基苯在引发剂作用下经悬浮聚合得到珠状聚合物，再经高分子化合物反应连接上功能基团制备。这些聚苯乙烯珠状聚合物是交联的网状结构高分子，如果采用硫酸处理，使苯环上引入磺酸基团，即可制得磺酸型阳离子交换树脂；类似的，也可将这些聚苯乙烯珠状聚合物在傅氏催化剂作用下与氯甲醚作用进行氯甲基化反应，然后再与三甲胺季铵化反应得到强碱性的阴离子交换树脂。有时为了获得中空的聚合物球体，需在单体中混入不参与聚合反应的可挥发性有机溶剂，在聚合反应结束后，通过蒸馏回收有机溶剂，聚合物球体中间留下空洞。这里的有机溶剂被称作致孔剂，常用石油醚、轻汽油等。

本实验采用悬浮聚合制备聚苯乙烯珠状聚合物，进一步通过磺化反应获得聚苯乙烯阳离子型离子交换树脂。在悬浮聚合中，当转化率达到 25% 左右时，珠粒由于部分聚合物黏度增大，并且被单体溶胀，这时珠粒有较大的黏结合并倾向，再加上自加速作用的出现，也使珠粒黏度增加很快，出现危险期。为了使悬浮聚合过程安全地度过危险期，而且得到高质量的产品，主要注意下列三个因素。

(1) 搅拌

搅拌在悬浮聚合中是个重要指标，搅拌的目的是为了单体均匀分散，并悬浮成微小的液滴。由搅拌叶片旋转对液体所产生的剪切力大小决定悬浮液滴的大小，剪切力越大，所形成的液滴越小。剪切力的大小与搅拌形式和搅拌速度有关。在聚合反应的初期和中期，如果搅拌速度变化不定，就会生成大小不等的颗粒，甚至黏结成块。

搅拌速度不是越快越好，速度太慢，粒子会黏结成块；速度太快，聚合物颗粒太细。制备离子交换树脂微球要求树脂直径在 0.15~0.3mm。

(2) 分散剂

在悬浮聚合中，分散剂的作用是防止黏稠的聚合物与单体液滴发生黏结。分散剂的种类对聚合物的粒径大小有一定影响，如界面张力小的分散剂使聚合物颗粒变细。不同的单体选择分散剂的种类也不同。在悬浮聚合危险期，搅拌速度虽然控制得很好，但分散剂用量不够或选择不当，也容易黏结成块。

(3) 水油比

水的用量与单体量之比称作水油比。当水油比大时，反应传热效果好，聚合物粒度较均一，聚合物分子量分布集中，聚合便于控制。当水油比小时，不利于传热，聚合控制较难。工业生产中的悬浮聚合水油比为 (1~2.5):1；实验室中的悬浮聚合水油比可大些，可达7:1。

3. 仪器和药品

(1) 仪器

需要的仪器有 250mL 三口烧瓶、200mL 烧杯、500mL 烧杯、机械搅拌器、温度计 (0~150℃)、布氏漏斗、抽滤装置、恒温水浴锅、烘箱、表面皿。

(2) 药品

需要的药品有苯乙烯、二乙烯基苯、过氧化二苯甲酰、明胶、去离子水、1% 次甲基蓝水溶液、二氯乙烷、浓硫酸、硫酸银。

4. 实验步骤

(1) 悬浮聚合合成聚苯乙烯交联小球

按表 2-12-1 所示配方依次在 250mL 三口烧瓶中加入水相成分，在良好的搅拌下，升温至 45℃溶解。将事先在小烧杯中混合好的油相成分倒入三口烧瓶中，控制搅拌速度 (约 200 转/min)，使油相的液珠颗粒均匀分散。升温到 75~80℃，维持搅拌不停，保持此温度 2h。再升温至 85~87℃继续反应 1h。待树脂颗粒定型后升温到 95℃，继续反应 5h。停止反应，将反应物倒入烧杯中静置，倾去上层溶液，用自来水洗涤几次，然后用布氏漏斗过滤出聚苯乙烯小球，用水洗涤至水无色。将小球置于表面皿中，在 60℃烘箱中干燥 1h。最后称取产物重量。

表 2 - 12 - 1　悬浮聚合配方

油相	苯乙烯	25mL
	二乙烯基苯	10mL
	过氧化二苯基酰	0.3g
水相	明胶	0.5g
	去离子水	150mL
	1% 次甲基蓝水溶液	3～5 滴

（2）磺酸型阳离子交换树脂的制备

筛取 30～70 目聚苯乙烯小球 15g，加入到 250mL 三口烧瓶中，加入 60mL 二氯乙烷，升温至 60℃溶胀半小时。然后升温至 70℃，加入 0.5g 硫酸银固体，搅拌下逐渐滴加浓硫酸 100mL，滴加速度要慢，加完后升温至 80℃反应 2.5h，结束磺化，用玻砂漏斗过滤出聚苯乙烯小球。将小球加入到 500mL 烧杯中，加入 30mL 70% 的硫酸，搅拌下慢慢加入 300mL 去离子水稀释，此时温度不超过 30℃，放置半小时后使内部酸度达到平衡。过滤，把小球放入烧杯中，用 30mL 丙酮洗涤两次除去二氯乙烷，最后用大量去离子水洗涤至滤液无酸性。

（3）性能测定

1）含水量。离子交换树脂的含水量是指每单位重量的干树脂变为潮湿树脂时增加的重量。因此，测定含水量时，将湿树脂抽滤至表面无剩余水气，在玻璃片上能自由滚动。称取抽干的树脂重为 W_1（g），放入 105℃烘箱中烘 3h。取出后放入干燥器中冷却至室温，称重为 W_2（g），按下式计算湿树脂的含水量。

$$含水量 = (W_1 - W_2)/W_2 \times 100\%$$

2）交换当量。离子交换树脂的交换当量是指单位重量的 H 型干燥树脂所含有的可交换的基团数。具体步骤为：称 3 份 0.5g 左右的湿树脂（准确到 1mg），各放入 250mL 锥形瓶中；各加入 1mol/L 的氯化钠溶液 50mL 浸泡 2h，并用玻璃棒搅拌数次，树脂转换成 Na 型，交换下的 H^+ 离子以 HCl 形式存在于溶液中；各加酚酞指示剂 3 滴，用 0.1mol/L 的氢氧化钠标准溶液滴定至微红色，记下消耗氢氧化钠标准溶液的体积，按下式计算交换当量：

$$交换当量 = N \times V/W (1 - 含水量\%)　　（mmol/g 树脂）$$

式中，N 为氢氧化钠标准溶液的浓度（mol/L）；V 为滴定消耗氢氧化钠标准溶液的体积（mL）；W 为湿树脂的质量（g）。

5. 数据记录及结果分析

1）计算悬浮聚合中聚苯乙烯小球的收率。

2）性能测定数据（见表 2 - 12 - 2 和表 2 - 12 - 3）。

表 2 - 12 - 2　水量测定

湿重 W_1/g	干重 W_2/g	$(W_1 - W_2)/W_2 \times 100\%$

表 2 – 12 – 3　交换当量测定

湿树脂重量 W/g	氢氧化钠标准溶液浓度 N/mol·L^{-1}	消耗氢氧化钠标准溶液体积 V/mL	$N \times V/W(1 - 含水量\%)$ /mmol·g^{-1}

6. 思考题

1）明胶在此起何作用？用量多与少对聚合物反应各有什么影响？

2）在本实验中，磺化前为什么要用二氯乙烷浸泡聚苯乙烯小球？

3）交联聚苯乙烯小球磺化后，能否直接用水洗涤？

7. 注意事项

1）在悬浮聚合中，影响颗粒大小的因素主要有三个，即分散介质（一般为水）、分散剂和搅拌速度。在实验过程中，当水与分散剂的量选定后，只有通过搅拌才能把单体分散开，所以调整好搅拌速度是制备颗粒均匀的珠状聚合物的关键。离子交换树脂对颗粒度的要求尤其高，因此必须严格控制搅拌速度。

2）在制备聚苯乙烯小球的过程中，当温度升高到 85～87℃ 反应 1h 这段时间内，应避免改变搅拌速度或停止搅拌，以防止小球不均匀或发生黏结。

实验 2.13　聚丙烯酸高吸水树脂的制备与性质

1. 实验目的

1）了解高吸水树脂的应用和吸水原理。

2）掌握聚丙烯酸高吸水树脂的制备方法。

3）掌握高吸水树脂的表征方法。

2. 实验原理

高吸水性树脂（Super Absorbent Polymer，SAP）自 20 世纪 70 年代开发成功以来，已经得到了深入的研究和广泛的应用。在美国等发达国家，高吸水性树脂的历史已有近 50 年，而在我国，它仅有 10 余年的发展史，对国内市场来说是一种新产品，虽然国内有许多单位已开发出相关产品并建立了生产装置，但是国产超强吸水剂产品尚未形成规模生产，其原因是生产技术落后而导致产品生产成本较高，产品性能没有及时改进而且产品的应用研究较少。

自古以来，吸水材料的任务一直是由纸、棉花和海绵以及后来的泡沫塑料等材料所承担的。但这些材料的吸水能力通常很低，所吸水量最多仅为自身重量的 20 倍左右，而且一旦受到外力作用，则很容易脱水，保水性很差。20 世纪 60 年代末期，美国首先开发成功高吸水性树脂。高吸水性树脂又称超强吸水剂，是一种新型的功能高分子材料。这是一种含有强亲水性基团并通常具有一定交联度的高分子材料。它不溶于水和有机溶剂，吸水能力可达自身重量的 500 ~ 2000 倍，最高可达 5000 倍，吸水后立即溶胀为水凝胶，有优良的保水性，即使受压也不易挤出。吸收了水的树脂干燥后，吸水能力仍可恢复。吸水前，高分子链相互靠拢缠在一起，彼此交联成网状结构，从而达到整体上的紧固。与水接触时，水分子通过毛细作用及扩散作用渗透到树脂中，链上的电离基团在水中电离。由于链上同离子之间的静电斥力而使高分子链伸展溶胀。由于电中性要求，反离子不能迁移到树脂外部，树脂内外部溶液间的离子浓度差形成反渗透压。水在反渗透压的作用下进一步进入树脂中，形成水凝胶。同时，树脂本身的交联网状结构及氢键作用，又限制了凝胶的无限膨胀。

高吸水性树脂按原料来源主要分为三大系列：即淀粉系列、纤维素系列和合成树脂系列。淀粉系包括淀粉接枝、羧甲基化淀粉、磷酸酯化淀粉和淀粉黄原酸盐等；纤维素系包括纤维素接枝、羧甲基化纤维素、羟丙基化纤维素和黄原酸化纤维素等；合成树脂系包括聚丙烯酸盐类、聚乙烯醇类、聚氧化烷烃类和无机聚合物类等。

高吸水性树脂的性能包括树脂的吸收能力、吸液速率、保水能力、强度和稳定性等，Flory-Huggins 公式可较全面地反映影响树脂吸水能力的各种因素，即

$$Q^{\frac{5}{3}} \approx \left[\left(\frac{i}{2V_u S^{1/2}} \right)^2 \left(\frac{1}{2} - x_1 \right) \Big/ V_1 \right] \Big/ (V_e/V_0)$$

式中，Q 为平衡吸水率；$\frac{i}{V_u}$ 为固定在树脂上的电荷密度；S 为外部溶剂的离子强度；$\frac{i}{V_u S^{1/2}}$ 为离子渗透压；V_e 为交联网络的有效交联单元数；V_1 为未膨胀的聚合物体积；x_1 为 Huggins 常数；$\left(\frac{1}{2} - x_1 \right) \Big/ V_1$ 为树脂对水的亲和力；V_e/V_0 为树脂的交联密度。

它的吸水机理是利用单体中的亲水性基团来吸附水分，借助树脂内的离子基团电离后的库伦斥力撑开三维结构，使树脂吸水后充分溶胀、链段伸展，并借助电离后树脂内外的渗透压差将水分吸入树脂内部，最后通过内部的三维交联结构来进行储存，因此能够吸收几百倍的水分。吸水性树脂的种类不同，其分子链组成、结构、分子量、交联度不同，则吸水能力差别很大。以交联度为例，交联度增加会提高树脂的强度，保水性好，但内部储水空间减小，吸水率降低；交联度减小虽然能增加储水空间，但树脂强度低，保水性很差，因此需要一个适中的交联剂用量。

衡量高吸水树脂吸水能力的一个很重要的指标即为吸水倍率 Q，它是指在吸水平衡时，1g 树脂所吸收的液体的量：

$$Q = (M_2 - M_1)/M_1。$$

式中，Q 为吸水率；M_1 为干树脂的质量；M_2 为树脂达到吸水平衡时的质量。

本实验正是通过比较不同配方下的树脂吸水倍率，来找到最合适的配方。

本实验采用丙烯酸为原料，亚甲基双丙烯酰胺作为交联剂，由过硫酸铵引发聚合制备交联凝胶高吸水树脂。

3. 仪器和药品

（1）仪器

需要的仪器有恒温水浴锅、干燥箱、小烧杯、玻璃棒、温度计、搪瓷盘、60 目铜网。

（2）药品

需要的药品有丙烯酸、过硫酸铵、氢氧化钠、N，N' – 亚甲基双丙烯酰胺（交联剂）、去离子水。

4. 实验步骤

（1）高吸水树脂的制备

在 100mL 烧杯中加入 5g 丙烯酸，用 10wt% 氢氧化钠水溶液中和至不同中和度，之后加入 0.01 ~ 0.5g N，N – 亚甲基双丙烯酰胺，0.1g 过硫酸铵，再补加适量水（水的总量不超过 40g），搅拌溶解，用表面皿盖住烧杯，将烧杯放入 70℃ 恒温水浴中静置聚合。待反应物完全形成凝胶后（约 2h）取出烧杯，将凝胶转移到搪瓷盘中，将凝胶切割成碎片或薄片，置于 70℃ 烘箱中干燥至恒重，待用。

（2）吸水倍率 Q 测定

将制得并干燥的吸水树脂研磨，用 60 目铜网筛分，将筛分后的树脂取出 0.1g 放入 250mL 烧杯中，加入去离子水浸泡。一周后至吸水平衡，用自然过滤法测定其吸收倍率并分析结果。

5. 数据记录及结果分析

交联剂用量和中和程度对吸水倍率的影响见表 2 – 13 – 1。

表 2 – 13 – 1　实验数据

交联剂用量/g	0.01				0.05			
中和度	25%	50%	75%	90%	25%	50%	75%	90%
吸水倍率								
交联剂用量/g	0.25				0.5			
中和度	25%	50%	75%	90%	25%	50%	75%	90%
吸水倍率								

讨论交联剂用量和中和度对吸水倍率的影响，寻找最佳合成条件。

6. 思考题

1）高吸水性树脂一般具备什么样的结构？

2）高吸水性树脂的溶胀原理是什么？

3）影响高吸水性树脂吸水倍率的因素有哪些？

7. 注意事项

1）在中和过程，氢氧化钠水溶液滴加到丙烯酸应使其缓慢放热。中和度用摩尔比计算。
2）在聚合过程中不可搅动溶液，聚合之后应用去离子水洗涤，而不是自来水。
3）吸水平衡后，树脂不透过纱布滴水即可称重。
4）盛吸水树脂的烧杯，不能用手洗否则会沾上电解质和有机杂质，影响吸水效果。

实验 2.14　聚丙烯酰胺絮凝剂的合成与絮凝效果评价

1. 实验目的

1）掌握聚丙烯酰胺类絮凝剂的合成方法。
2）了解影响聚丙烯酰胺类絮凝剂絮凝效果的因素。
3）了解影响聚丙烯酰胺类絮凝剂絮凝机理。
4）掌握絮凝剂性能评价方法。

2. 实验原理

絮凝剂是一种可使液体中不易沉降的悬浮颗粒凝聚沉降的物质。絮凝沉降技术是目前国内外用来提高水质处理效率的一种经济简便的水处理技术。絮凝剂能简单有效地脱除 80% ~95% 的悬浮物和 65% ~95% 的胶体物质，能降低水中 COD，减少环境污染。根据絮凝剂的成分及制备方法的不同可大致将目前研究和应用的絮凝剂分为无机絮凝剂、有机絮凝剂、微生物絮凝剂和复合絮凝剂四大类。使用絮凝剂占水处理总量的 3/4，而聚丙烯酰胺作为絮凝剂用又占絮凝剂用量的 1/2。其中，聚丙烯酰胺类絮凝剂的产量占有机高分子絮凝剂总产量的 80% 以上。

聚丙烯酰胺（Polyacrylamide，PAM）是丙烯酰胺（Acrylamide，AM）及其衍生物的均聚物与共聚物的统称，是一种质量分数在 50% 以上的线形水溶性高分子化合物。因其结构单元中含有酰胺基，易形成氢键，具有良好的水溶性，易通过接枝或交联得到支链或网状结构的多种改性物。PAM 主要性能指标之一是相对分子质量大小，在很大程度上决定着产品的用途及功能，见表 2-14-1。

表 2-14-1　按 PAM 相对分子质量大小分类

名称	相对分子质量	主要用途
低相对分子质量 PAM	100 万以下	分散剂
中相对分子质量 PAM	100 万~1000 万	纸张干强剂
高相对分子质量 PAM	1000 万~1500 万	絮凝剂
超高相对分子质量 PAM	1700 万以上	钻井一、二、三次采油

影响 PAM 类絮凝剂絮凝效果的因素：

PAM 类絮凝剂加入到悬浮液中，首先是吸附在胶体粒子的表面上，然后再进行絮凝，其絮凝机理有三种，即去水化作用、电荷有效中和、架桥作用。影响絮凝效果的因素很多，如吸附条件、絮凝剂的种类与相对分子质量、投入量、pH 值、温度、无机盐离子、搅拌速度等。

（1）吸附条件的影响

通常絮凝剂的吸附是不可逆的，但改变吸附条件，吸附会变成可逆，甚至不可吸附。如改变 pH 值或加入具有吸附功能的小分子试剂，粒子表面已吸附的高分子絮凝剂就逐步被小分子试剂无序取代。如果在胶体中先加入同样具有吸附功能的小分子试剂，由于吸附活性点被小分子占据，高分子就不产生吸附，当然也不能发生絮凝。

（2）絮凝剂的相对分子质量

理论上认为聚合物相对分子质量越大，分子在溶液中伸展度越大，则架桥能力越强，絮凝速度越大。但是相对分子质量过大，因絮凝沉降速度过快会导致上层清液中细小颗粒残留增大。同时，高相对分子质量 PAM 溶解速度低，增加了溶解困难。离子型高分子胶粒由于静电作用，有利于克服位垒，要求相对分子质量较低，非离子型絮凝剂则要求相对分子质量较高。因此要求聚合物要达到一定的相对分子质量是起架桥絮凝作用的必要条件。

（3）絮凝剂的投入量

实验证明，絮凝效果与 PAM 类絮凝剂投入量之间有一极值。当投入量较小时，高分子的架桥作用随高分子的投入量增大而增加，絮凝效果明显；当投入量增至极大值后，随着投入量的增加，会造成足够多的高分子吸附在同一个胶粒上把胶粒稳定保护起来因失去架桥作用而使絮凝效果下降。由于最佳投入量与高分子的性质、分子量、悬浮液的 pH 值、固相粒度等诸多因素有关，最佳用量需由实验测定。

（4）pH 值的影响

pH 值对各类 PAM 类絮凝剂的影响是不一样的。其中，阳离子型与部分非离子型对 pH 值的变化不敏感。而阴离子型受 pH 值的影响较大，pH 值过小或过大均会造成高分子链蜷曲，架桥距离缩短导致絮凝能力降低，只有在 pH 值最佳的范围内絮凝效果才能保证。

（5）温度的影响

温度有四个方面的影响：①温度升高，疏水基团的缔合作用增强，溶液黏度增大。②温度升高，离子基团热运动加剧，大分子链伸展，溶液黏度增大。③温度升高，疏水基团和水分子热运动加剧，疏水缔合作用被削弱，溶液黏度降低。④温度升高，离子基团水化作用减弱，大分子链收缩，黏度下降。综合结果是，溶液黏度增大或减小。一般而言，温度过高会破坏架桥效应和吸附，削弱絮凝效果。

（6）无机盐电解质的影响

无机盐离子对 PAM 类絮凝剂有很大影响。一般离子水合半径越小，价数越高，对高分子絮凝作用促进越强。例如少量 Ca^{2+} 或其他二价阳离子对阴离子 PAM 的絮凝有显著促进作用，这是由于单个阳离子对固体表面高分子链的单个阴离子基团提供离子吸附点；由于阳离子的存在，使带负电荷的高分子絮凝剂与负电荷粒子间的静电斥力通过减少表面位能或双电层度而减小。

（7）搅拌速度的影响

搅拌不充分不利于絮凝剂的分散和絮团的形成，搅拌过快又会破碎已形成的絮团不利于絮凝。存在实测最佳搅拌速度。

（8）混凝剂添加顺序的影响

当使用多种混凝剂时，其最佳的投加顺序通过实验确定。一般而言，当无机混凝剂与有机混凝剂并用时，先投加无机混凝剂，再投加有机混凝剂。但当处理的胶粒在 50μm 以上时，常先投加有机混凝剂吸附架桥，再加无机混凝剂压缩双电层而使胶体脱稳。

在本实验中，以丙烯酰胺（AM）和甲基丙烯酰氧乙基三甲基氯化铵（DMC）为单体，在氧化还原引发体系中，通过水溶液聚合法合成了阳离子型聚丙烯酰胺聚合物（CPAM），并考察其絮凝性能。合成反应式如下：

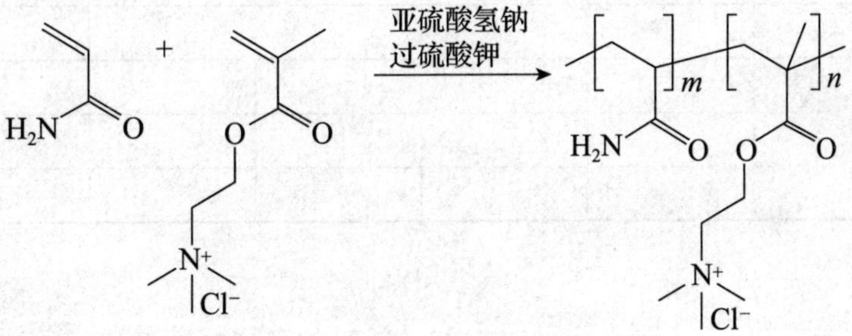

3. 仪器和药品

（1）仪器

需要的仪器有恒温水浴锅、手持式测油仪、便携式浊度仪、冷凝管、机械搅拌器、温度计、250mL 三口烧瓶。

（2）药品

需要的药品有丙烯酰胺、甲基丙烯酰氧乙基三甲基氯化铵（80% 水溶液）、去离子水、高纯氮气、亚硫酸氢钠、过硫酸钾、3% 氢氧化钠水溶液。

4. 实验步骤

（1）聚丙烯酰胺絮凝剂的制备

将装有冷凝管、机械搅拌器、温度计的 250mL 三口烧瓶置于恒温水浴锅中，加入 15g 丙烯酰胺和 10g 甲基丙烯酰氧乙基三甲基氯化铵（80% 水溶液），加入 150mL 去离子水搅拌溶解，加入 15mg 过硫酸钾和 10mg 亚硫酸氢钠，采用加入 3% 氢氧化钠水溶液调节 pH 值为 6，升温至 85 ℃，搅拌反应 4h 后结束。溶液待用。

（2）阳离子浓度的测定

用沉淀法测定，用 $AgNO_3$ 溶液滴定测定阳离子浓度。移取 mmL 聚合物溶液（约 7 ~ 9mL）于 250mL 锥形瓶中，加入 10mL 去离子水稀释，用 0.1mol/L 的 $AgNO_3$ 溶液滴定，用铬酸钾做指示剂，当出现红色沉淀时即为终点，消耗 AgNO$_3$ 溶液体积为 V(mL)。

（3）絮凝实验

分别取 50mL 含聚合物的污水加入到 100mL 的脱水瓶中，60 ℃下保温 15min，分别加入不同量的絮凝剂，手摇脱水瓶 1min 后，静止 10min，取下层水溶液，测定其含油量和浊度。采用手持式测油仪测定水样含油量；采用便携式浊度仪测定水样浊度。

5. 数据记录及结果分析

1）阳离子浓度的测定。

阳离子浓度 $[N^+] = 0.1 \times V/m$，单位 mol/L。

2）絮凝实验结果（见表 2-14-2）。

表 2-14-2　絮凝实验结果

絮凝剂用量/mg·L^{-1}	50	100	150	200	250	300
浊度去除率（%）						
去油率（%）						
絮团强度						
黏壁现象						

6. 思考题

1）影响 PAM 类絮凝剂絮凝效果的因素有哪些？

2）简述氧化还原引发体系的机理。

3）如何评价絮凝效果？

7. 注意事项

1）反应温度要严格控制在 85℃，搅拌要充分。

2）阳离子浓度测定时，要充分摇匀，待红色沉淀 3s 不消失，为终点。

实验 2.15　聚苯胺导电高分子的制备与性质研究

1. 实验目的

1）了解导电高分子的导电机理。

2）掌握聚苯胺的化学氧化制备方法。

3）了解聚苯胺的性质。

2. 实验原理

导电高分子是指通过掺杂等手段，电导率介于半导体和导体之间的高分子，通常指本征型导电高分子。这一类高分子主链上含有交替的单键和双键，从而形成了大的共轭 π 体系，π 电子的流动产生了导电的可能性。

1977 年 A. J. Heeger、A. G. MacDiarmid 和白川英树（H. Shirakawa）发现，聚乙炔薄膜经电子受体（I、AsF₅ 等）掺杂后电导率增加了 9 个数量级，这一发现打破了有机高分子都是绝缘体的传统观念，开创了导电高分子的研究领域，诱发了世界范围内导电高分子的研究热潮，他们为此共同获得 2000 年度诺贝尔化学奖。大量的研究表明，各种共轭高分子经掺杂后都能变为具有不同导电性能的导电高分子，具有代表性的共轭高分子有聚乙炔、聚吡咯、聚苯胺、聚噻吩、聚对苯撑乙烯、聚对苯等。

导电高分子的突出优点是既具有金属和无机半导体的电学和光学特性，又具有有机高分子柔韧的机械性能和可加工性，还具有电化学氧化还原活性。这些特点决定了导电高分子材料将在未来的有机光电子器件和电化学器件的开发和发展中发挥重要作用。

聚苯胺是导电高分子领域最具应用价值的品种，既具有金属的导电性和塑造的可加工性，同时还具有金属和塑料所欠缺的化学和电化学特性，可广泛应用于电子化学、船舶工业、石油化工、国防等诸多领域。较高的附加值、广阔的应用领域和巨大商机，使其成为目前竞相研发的热门材料之一。但由于生产工艺复杂、容易造成污染、成本较高等原因，该材料实现工业化生产十分困难。

聚苯胺的合成方法有化学氧化聚合和电化学聚合。化学氧化聚合是苯胺在酸性介质中以过硫酸盐或重铬酸钾等作为氧化剂而发生氧化偶联聚合。聚合时所用的酸通常为挥发性质子酸，浓度一般控制在 $0.5 \sim 4.0 mol/L$。反应介质可为水、甲基吡咯烷酮等极性溶剂，可采用乳液聚合和溶液聚合方式进行。介质酸提供反应所需的质子，同时以掺杂剂的形式进入聚苯胺主链，使聚合物具有导电性，所以盐酸为首选。电化学聚合是苯胺在电流的作用下在电极上发生聚合，它可以获得聚合物薄膜。在酸性电解质溶液中得到的蓝色产物，具有很高的导电性、电化学特性和电致变色性；在碱性电解质溶液中则得到深黄色产物。

化学氧化聚合机理：化学氧化聚合法合成聚苯胺的反应大致可分为 3 个阶段：①链诱导和引发期；②链增长期；③链终止期。在苯胺的酸性溶液中加入氧化剂，则苯胺将被氧化为聚苯胺。在诱导阶段生成二聚物，然后聚合进入第二阶段，反应开始自加速，沉淀迅速出现，体系大量放热，进一步加速反应直至终止。聚苯胺的低聚物是可以溶于水的，因此初始时反应在水溶液中进行。聚苯胺的高聚物不溶于水，因此高聚物大分子链的继续增长是界面反应，反应在聚苯胺沉淀物与水溶液的两相界面上进行。反应如图 2-15-1 所示。

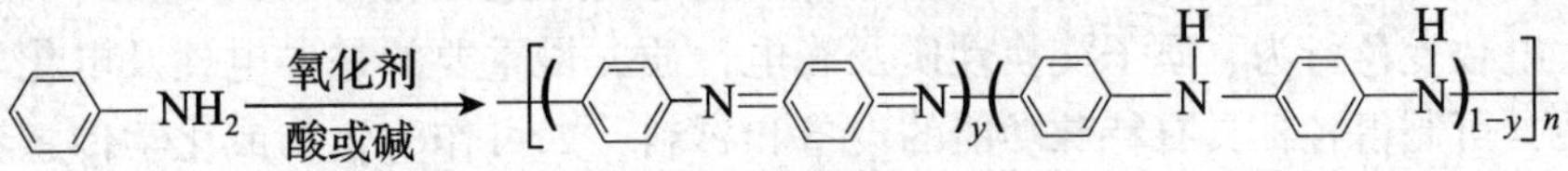

图 2-15-1　聚苯胺的制备示意图

电化学聚合机理：苯胺先被慢速氧化为阳离子自由基，两个阳离子自由基再按头—尾连接的方式形成二聚体。然后，该二聚体被快速氧化为醌式结构，该醌式结构的苯胺二聚体直接与苯胺单体发生聚合反应而形成三聚体。三聚体分子继续增长形成更高的聚合度，其增长方式与二聚体相似，链的增长主要按头—尾连接的方式进行。反应如图 2 - 15 - 2 所示。

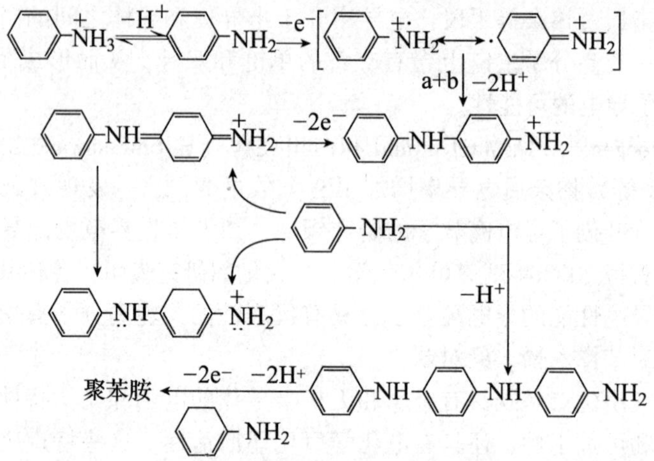

图 2 - 15 - 2　电化学聚合机理示意图

苯胺的导电性取决于聚合物的氧化程度和掺杂度。当 pH >4 时，聚苯胺为绝缘体，导电率与 pH 值无关；当 2 < pH < 4 时，导电率随 pH 值减小而迅速增大，直接原因是掺杂程度提高；当 pH < 2 时，聚合物呈金属特性，导电率与 pH 值无关。反应如图 2 - 15 - 3 所示。

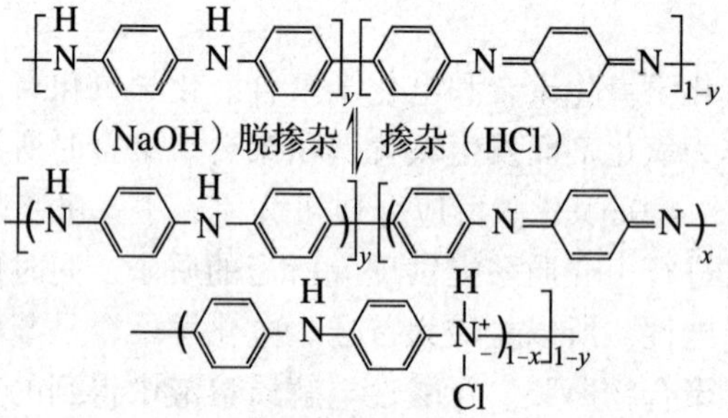

图 2 - 15 - 3　聚苯胺在 HCl 中的掺杂

组成聚苯胺的还原单元和氧化单元构成如图 2 - 15 - 4 所示。其中 y 表示聚苯胺的氧化程度，可以从 $y = 0$ 变化为 $y = 1$。其结构的变化决定了聚苯胺性能的多样性。$y = 0$ 的全还原态和 $y = 1$ 的全氧化态聚苯胺都是绝缘体，只有当 $y = 0.5$，即半氧化半还原态形式，经质子酸掺杂后，才能从绝缘体向导体转变。在酸性水溶液中，$y = 0$、0.5 和 1 的三种典型聚苯胺形态在电场作用下可以相互转化，即会发生氧化还原反应，因而在聚苯胺循环伏安曲线上有两对氧化还原峰，这一特征可以用来表征聚苯胺。聚苯胺有许多性能，如导电性、氧化还原性、催化性能、电致变色行为、质子交换性质及光电性质，最重要的是导电性及电化学性能。经一定处理后，可制得各种具有特殊功能的设备和材料，如可作为生物或化学传感器的尿素酶传感器、电子场发射源、较传统锂电极材料在充放电过程中具有更优异的可逆性的电极材料、选择性膜材料、防静电和电磁屏蔽材料、导电纤维、防腐材料等。

本实验采用溶液聚合法合成聚苯胺，经硫酸掺杂后得到导电材料。

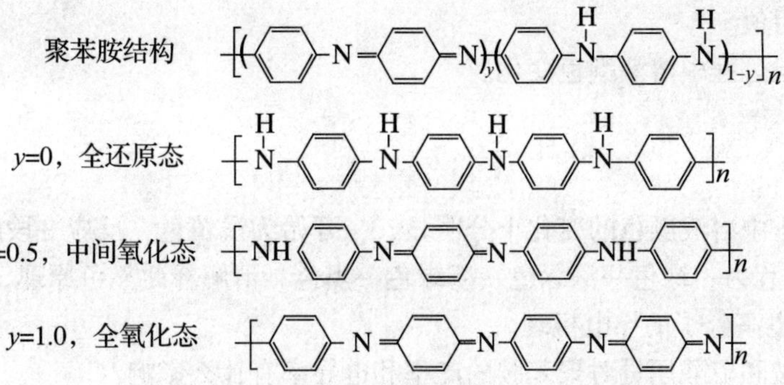

聚苯胺结构

y=0，全还原态

y=0.5，中间氧化态

y=1.0，全氧化态

图 2-15-4 聚苯胺氧化还原状态结构示意图

3. 仪器和药品

（1）仪器

需要的仪器有恒温磁力搅拌器、真空干燥箱、低温恒温槽、循环水式多用真空泵、电阻器、压片机、研钵、烧杯（100mL 和 250mL）、量筒（10mL 和 50mL）、容量瓶（250mL）、三角烧瓶、吸滤瓶、布氏漏斗、分析天平等。

（2）药品

需要的药品有苯胺、过硫酸铵、硫酸、无水乙醇、二甲基亚砜。

4. 实验步骤

（1）聚苯胺的合成

配制 1mol/L 的 H_2SO_4 溶液 100mL 置于 250mL 三角烧瓶中，逐滴加入 4.65g（0.05mol）苯胺，搅拌使白色固体沉淀溶解后，滴加含 12g（0.05mol）过硫酸铵的 1mol/L 的 H_2SO_4 溶液 100mL，滴加速度控制在 2～3s/滴，使过硫酸铵溶液在 30min 内滴定完毕。用冰水浴控制温度为 10℃，恒温磁力搅拌反应 3h，反应完后固体抽滤，用蒸馏水洗涤至 pH＝7，在真空烘箱中恒温 60℃烘干 12h，称重后研磨成粉状，即得到硫酸掺杂的聚苯胺，称量、计算产率。

（2）聚苯胺性能测定

1）溶解率的测定。称取 0.2g 聚苯胺于 100mL 烧杯中，加入 20mL 二甲基亚砜溶解，搅拌 1h 后过滤，分出不溶物，放入恒温箱干燥、称重，计算溶解率。

$$溶解率 = \frac{M_1 - M_2}{M_1} \times 100\%$$

式中，M_1 为聚苯胺质量（g）；M_2 为未溶解的聚苯胺质量（g）。

2）电阻的测定。称取 0.5g 聚苯胺放入压片机进行压片，用电阻器测量单位长度的电阻值。

5. 数据记录及结果分析

1）计算产率。

2）计算溶解率。

3）测量电阻值。

4）记录实验过程中溶液颜色变化。

6. 思考题

1）实验过程中溶液颜色的变化十分明显，一开始为浅黄色，反应一段时间后颜色迅速变化，大致变化过程为：绿色→深绿色→墨绿色→黑色。请解释此显色原理。

2）简述导电高分子的导电机理。

3）过硫酸铵和硫酸用量对聚苯胺的产率和电导率有什么影响？

7. 注意事项

1）过硫酸铵溶液滴加不宜过快，否则温度过高，促使过氧作用增加，产率会下降，同时聚苯胺的电导率也会下降。

2）苯胺易被氧化，暴露于空气中或日光下变为棕色。氧化产物可能是硝基苯、氧化胺中间体等，如果颜色过深需要蒸馏精制。

3）苯胺毒性较大，易燃、易随蒸气挥发，应避免触及皮肤、吸入其蒸气。

第 3 部分
无机材料制备与性能实验

实验 3.1　玻璃表面改性及其润湿性测定

1. 实验目的

1）了解接触角测定装置的基本结构和工作原理，学会测定玻璃表面接触角的基本操作。
2）掌握硅烷偶联剂对玻璃表面改性的方法。

2. 实验原理

润湿性是固体表面的重要性质之一，也是自然界和人们日常生活中最为常见的一种现象，它不仅是基础理论研究的重要领域，而且还在众多工业领域具有重要的应用前景，如润滑、涂层、印刷、防水、微流体等领域。润湿性与固体表面自由能和表面几何结构两个因素有关。近年来，随着微纳米科学技术的不断发展，以及很多新兴行业对具有特殊表面润湿性能材料的迫切要求，人们对表面微观结构与润湿性能之间的关系有了更加深入的了解，对于润湿性可控表面的研究有了重大进展。例如，通过构建微米或/和纳米粗糙结构使固体表面的接触角达到150°以上，即超疏水表面的制备。除此之外，特殊结构表面的各向异性润湿性能也引起了人们的广泛关注，成为表面润湿性能研究领域的热点之一，如仿生学领域中水稻叶子、蝴蝶翅膀表面的各向异性润湿研究，微流体领域中纳米沟槽对液体流动能产生减阻效应等。

润湿接触角是指液滴在物体表面扩展并达到平衡状态后，从三相周边上某一点引气液界面的切线，该切线与固液界面的夹角称为润湿接触角，如图 3-1-1 所示。物体表面润湿接触角的大小与物体表面被该液体润湿的难易程度有关。应用特定的仪器可以准确测得该角。

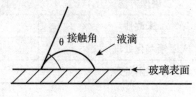

图 3-1-1　接触角示意图

通过对玻璃表面改性，可以改变其表面的润湿性。玻璃表面改性最常用的方法就是采用硅烷偶联剂修饰，一般首先要对玻璃表面羟基化处理，然后再用硅烷偶联剂修饰。通过硅烷偶联剂与羟基的反应，在玻璃和偶联剂之间形成硅氧键，使偶联剂通过化学键合于玻璃表面。偶联剂另一端的性质决定了改性玻璃表面的润湿性。

3. 仪器和药品

（1）仪器

需要的仪器有 JC2000D 视频光学接触角测量仪一台，四孔水浴锅一个，千分之一天平一台，胶头滴管三支，载玻片一盒，500mL 烧杯两个，100mL 量筒两个，竹镊子两把。

（2）药品

需要的药品有 KH－570（γ-甲基丙烯酸丙酯基三甲氧基硅烷）、无水乙醇、过氧化氢、浓氨水、浓盐酸、蒸馏水、氮气。

4. 实验步骤

（1）玻璃表面羟基化处理

将载玻片在含有水、30% 过氧化氢和 20% 氨水（体积比 5:1:1）溶液的烧杯中恒温 60℃浸泡 15min；再在含有水、30% 过氧化氢和 37% 盐酸（体积比 6:1:1）的溶液中恒温 60℃浸泡 15min 后，用水和乙醇冲洗，获得表面富羟基化玻璃，保存在乙醇中待用。用于接触角测定时取出，用 N_2 吹干。

（2）KH－570 修饰玻璃表面

将上述表面羟基化的玻璃取出，用 N_2 吹干，浸入含 1% KH－570 的乙醇溶液中，恒温 50℃浸泡 1h 后取出，用乙醇洗涤、N_2 吹干。

（3）接触角测定

在 JC2000D 视频光学接触角测量仪上测定硅烷偶联剂修饰前后玻璃表面的接触角。在每片玻璃表面滴 6 滴水滴，拍照，用量高法分析接触角，求接触角平均值。

5. 数据记录及结果分析

（1）实验数据记录及计算（见表 3－1－1）

表 3－1－1　接触角数据记录表

处理方法	润湿接触角						平均值
未改性							
羟基化处理							
偶联剂处理							

（2）结果分析

硅烷偶联剂改性前后玻璃表面接触角的变化及原因分析。

6. 思考题

1）接触角测试时间太长、液滴直径过大等对测量结果有何影响？

2）硅烷偶联剂与玻璃表面的结合方式是怎样的？

7. 注意事项

1）接触角测量时，应控制液滴的体积一样大。

2）由于氨水、盐酸具有挥发性，在处理玻璃片时必须在烧杯上加盖玻璃板。

实验3.2　主体分子 β-CD 修饰的 ITO 玻璃的制备及其电化学表征

1. 实验目的

1）掌握种子媒介法在 ITO 玻璃表面沉积金纳米粒子的方法。

2）掌握通过硫醇在金表面自组装单层分子的原理及方法。

3）熟悉主客体分子识别的原理。

4）熟悉 ITO 玻璃表面改性的电化学表征方法。

2. 实验原理

分子识别是底物与给定受体或者主体对客体的选择性结合，并且产生某种特定功能的过程。将具有识别功能的分子修饰于物质表面，能够制备出具有选择性识别功能的表面。例如，邴乃慈等人在介孔材料 SBA215 基质上，利用表面印迹法合成了具有选择性识别S-naproxen功能的聚合物微球。分子识别在分离提纯、分子及超分子器件制备、催化、有机合成等方面都有十分重要的意义，将这些具有识别特性的分子修饰于物质表面，而使该表面具有识别功能，一定会拓宽分子识别特性的应用范围。

β-环糊精的结构示意图如图 3 - 2 - 1 所示。

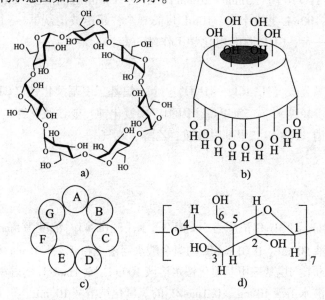

图 3 - 2 - 1　β-环糊精的结构示意图

a) β - CD　　b) 筒状外形　　c) 伯羟基侧标记式　　d) H 的标记

β-环糊精（β-CD）是由 7 个 d-吡喃葡萄糖单元组成，整个分子呈现一种截锥状的外形。环糊精中所有的伯羟基（即 6 位羟基）均位于锥体的一侧，构成了其截锥状结构的主面（小口端）；而所有仲羟基（即 2 位和 3 位羟基）则位于锥体的另一侧，构成了环糊精截锥状结构的次面（大口端）。空腔内部排列着氧桥原子，氧原子的非键合电子对指向中心，使空腔内具有很高的电子密度，因此表现出某些路易斯碱的性质。吡喃葡萄糖环 C-3、C-5 氢原子位于空腔内并覆盖着氧原子，使空腔内部成为疏水性空间。

β-CD 具有疏水性内腔和亲水表面，同时具有手性的微环境，能够选择性地键合各种有机、无机和生物分子，形成主-客体包结配合物，从而成为超分子化学发展进程中继冠醚之后的第二代主体化合物。

在本实验中，采用种子媒介方法制备沉积金纳米粒子的 ITO 玻璃，利用全-6-硫代-β-环糊精与金之间的作用，自组装制备 β-环糊精修饰纳米金 ITO 玻璃，制备过程如图 3 - 2 - 2 所示。种子媒介法是指先得到纳米金粒子的种子，然后以种子为核心在增长溶液中使粒子长大得到需要的纳米金粒子，最后采用循环伏安和交流阻抗对 β-环糊精修饰纳米金 ITO 玻璃进行研究。

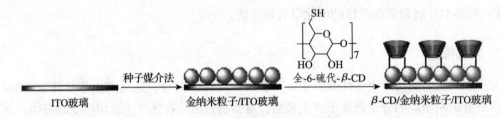

图 3 - 2 - 2 β-环糊精修饰纳米金 ITO 玻璃制备示意图

3. 仪器和药品

（1）仪器

需要的仪器有 ITO 玻璃（5mm × 20mm）三片，100mL 烧杯三个，500mL 容量瓶两个，50mL 容量瓶两个，100mL 量筒十个，10mL 量筒一个，超声波清洗器一个，集热式搅拌器一台，接触角测量仪一台，CHI 660E 电化学工作站一套。

（2）药品

需要的药品有氯金酸（$HAuCl_4 \cdot 4H_2O$）、十六烷基三甲基溴化铵（CTAB）、全-6-硫代-β-环糊精、硼氢化钠、超纯水、二氯甲烷、丙酮、铁氰化钾、亚铁氰化钾、氯化钾、枸橼酸钠、抗坏血酸、氢氧化钠、N，N-二甲基甲酰胺、乙醇、氮气。

4. 实验步骤

（1）溶液配制

配制 $K_4[Fe(CN)_6] \cdot 3H_2O$ 浓度为 5mmol/L、$K_3[Fe(CN)_6]$ 浓度为 5mmol/L 和 KCl 浓度为 0.1mol/L 的混合溶液 500mL，0.01mol/L 的氯金酸水溶液 100mL，0.01mol/L 的枸橼酸钠水溶液 100mL，0.1mol/L 的十六烷基三甲基溴化铵水溶液 100mL，0.1mol/L 的硼氢化钠水溶液 100mL，0.1mol/L 的抗坏血酸水溶液 100mL，0.1mol/L 的氢氧化钠溶液 100mL。

（2）金纳米粒子 ITO 玻璃的制备

将 0.5mL HAuCl$_4$（0.01mol/L）溶液及 0.5mL 枸橼酸钠（0.01mol/L）溶液与 18mL H$_2$O 配成混合溶液，并将 ITO 玻璃浸入到该混合溶液中，静置 15min 后向此溶液中加入 0.5mL 冰冻的 NaBH$_4$（0.1mol/L）溶液，2h 后取出 ITO 玻璃，并用蒸馏水洗涤。然后将处理过的 ITO 玻璃放入 18mL、0.1mol/L 的 CTAB 溶液中静置 10min 后，加入 0.5mL、0.01mol/L 的 HAuCl$_4$ 溶液，此时溶液颜色为橙色。再加入 0.1mL、0.1mol/L 的抗坏血酸溶液，此时溶液慢慢由橙色变为黄色，接着是无色，大约 5min 后发现 ITO 玻璃表面发生变化，静置 2h，取出 ITO 玻璃，用蒸馏水洗涤后，再次重复上述过程实现二次增长，得到金纳米粒子 ITO 玻璃。

（3）β-环糊精修饰纳米金 ITO 玻璃的制备

称取 β-环糊精 0.05g 放入 100mL 烧杯中，加入 10mL 的 N，N-二甲基甲酰胺，待 β-环糊精完全溶解后将上述金纳米粒子 ITO 玻璃放入，导电面朝上，恒温 80℃静置 24h 后将其用蒸馏水洗涤后存于水中，得到 β-环糊精修饰纳米金 ITO 玻璃。

（4）电化学表征

循环伏安测试：工作电极为修饰前后的 ITO，铂丝电极为对电极，饱和甘汞电极为参比电极。在实验中，所有实验用溶液都经过除氧处理，并且实验是在 N$_2$ 保护下进行的。以 0.1mol/L 的 NaH$_2$PO$_4$、0.1mol/L 的 Na$_2$HPO$_4$ 储备液混合配置的不同 pH 值的磷酸盐缓冲溶液（PBS）作为支持电解液，在 5mmol/L 的 K$_3$Fe(CN)$_6$ + 5mmol/L 的 K$_4$Fe(CN)$_6$ + 0.5mmol/L 的 KCl 溶液中测试，扫描速率为 100mV/s，开路电压为 0.19V。

交流阻抗扫描测试：扫描频率范围 0.01～1000Hz，振幅 5mV，在 5mmol/L 的 K$_3$Fe(CN)$_6$ + 5mmol/L 的 K$_4$Fe(CN)$_6$ + 0.5mmol/L 的 KCl 溶液中测试。

5. 数据记录及结果分析

ITO 玻璃的循环伏安图和交流阻抗图如图 3-2-3 所示。

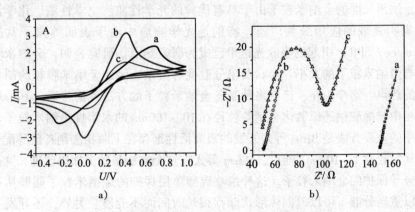

a)　　　　　　　　　　　　　b)

图 3-2-3　ITO 玻璃的循环伏安图和交流阻抗图

a) ITO 玻璃的循环伏安图　　b) ITO 玻璃的交流阻抗图

a—未修饰的 ITO　　b—金纳米粒子 ITO 玻璃　　c—β-CD 修饰的 ITO 玻璃

分析 ITO 玻璃改性前后的循环伏安和交流阻抗特性。

6．思考题

1）全-6-硫代-β-CD 在 ITO 玻璃表面自组装的驱动力是什么？

2）什么是种子媒介法？

3）为什么沉积金纳米粒子的 ITO 玻璃氧化还原峰电位差明显变小，并且峰电流明显增大？而 β-CD 修饰的 ITO 玻璃的氧化还原峰电流明显较沉积金纳米粒子的 ITO 玻璃低，而峰电位差有所增加？

7．注意事项

1）枸橼酸钠、硼氢化钠和抗坏血酸水溶液需现配现用。

2）实验用水质量要求较高，须是超纯水或双蒸馏水或三蒸馏水，或者是高质量的去离子水。

实验 3.3　金纳米粒子的制备及其性质测定

1．实验目的

1）了解金纳米粒子的相关性质及其应用。

2）掌握金纳米粒子的制备方法。

3）通过金纳米粒子吸收光谱的测定了解金纳米粒子的表征手段。

2．实验原理

近年来，纳米尺度的金纳米粒子由于具有优异的光学性质、电学性质、化学活性、生物相容性，在生物领域的应用最为广泛，特别是光学响应中由于表面等离子共振（Surface Plasma Resonance，SPR）引起的吸收光谱带已成为研究热点。研究表明，金纳米粒子的表面等离子共振与金纳米粒子的大小、形状及单分散性有关，因此金纳米颗粒的制备也一度成为人们研究的热点。迄今为止，已有多种制备金纳米粒子的方法见诸报道。其中最著名的一个方法是水相中枸橼酸钠还原氯化金制备粒径在 10 ~ 100nm 的水溶性金纳米粒子。另外一个目前广泛使用的重要方法是 Brust 等人开发的表面活性剂存在下两相法制备硫醇配体保护的金纳米粒子，其粒径在 1 ~ 10nm。随后，Murry 等人在这个方法基础上加以改进，通过配体置换法制备单层分子保护的金纳米粒子。这种烷基硫醇单层保护的金纳米粒子能够从有机溶剂中分离而且可以重新分散，可以以固体形式储存很长时间而不变质。另外，还开发了无表面活性剂存在下一相法制备脂肪族硫醇或者芳香族硫醇配体稳定的金纳米粒子。Negishi 等人采用二硫醇为还原剂，2，3-二巯基丁二酸为稳定剂，一锅制备由 10 ~ 13 个金原子组成、粒径小于 0.8nm、水分散性的金纳米粒子团簇。制备方法简单、单分散性好、粒径可控，一直是各种方法追求的目标。

金纳米粒子在水溶液中也称作胶体金（colloidal gold）或金溶胶（gold sol），是由金盐被还原成金后形成的金颗粒悬液。制备胶体金的常用方法是化学还原法，基本原理是向一定浓度的氯金酸（$HAuCl_4$）溶液内加入一定量的还原剂，如白磷、过氧化氢、硼氢化钠、抗坏血酸、枸橼酸钠、鞣酸等，使金离子变成金原子，进一步聚合成为特定大小的纳米级的金颗粒。胶体金颗粒由一个基础金核及包围在外的双离子层构成，紧连在金核表面的是内层负离子（$AuCl_2^-$），外层离子层 H^+ 则分散在胶体间溶液中，以维持胶体金游离于溶胶间的悬液状态，依靠静电作用形成稳定的胶体溶液。胶体金颗粒的基础金核并非是理想的圆球核，较小的胶体金颗粒基本是圆球形的，较大的胶体金颗粒（一般指直径大于 30nm）多呈椭圆形。在电子显微镜下可观察胶体金的颗粒形态。

胶体金的颜色随其直径由大到小呈现红色到紫色，具有很强的二次电子发射能力。胶体金颗粒的吸收为表面等离子共振吸收，它与金属表面的自由电子运动有关。胶体金在 510 ~ 560 nm 可见光谱范围有一单一光吸收峰，吸收波长随着金颗粒的直径增大而增大。当粒径从小到大变化时，表观颜色则依次从淡橙色（<5nm）、葡萄酒红色（5 ~ 20nm），向深红色（20 ~ 40nm）、蓝色（>60nm）变化。若金颗粒聚集，则吸收峰变宽。根据这一特点，用肉眼观察胶体金的颜色可粗略估计金颗粒的大小。

本实验采用枸橼酸钠还原法制备在水中分散的胶体金和表面活性剂存在下两相法制备油溶性的硫醇配体保护的金纳米粒子。前者是由 Frens 在 1973 年创立的，制备程序很简单，胶体金的颗粒大小较一致，被广为采用。该法一般先将 0.01% 的 $HAuCl_4$ 溶液加热至沸腾，迅速加入一定量的 1% 枸橼酸钠水溶液，开始有些蓝色，然后浅蓝、蓝色，再加热出现红色，煮沸 7 ~ 10min 出现透明的橙红色，通过改变氯金酸与枸橼酸钠浓度之比来控制胶体金的粒径大小。而后者是在四辛基溴化铵作用下将水相中的三价金转移到甲苯相，在十二硫醇存在下通过硼氢化钠还原制备十二硫醇保护的金纳米粒子甲苯分散液。同样，也可以通过改变氯金酸与十二硫醇浓度之比控制金纳米粒子的大小。后者，可以获得高浓度的金纳米粒子甲苯分散液。

3. 仪器和药品

（1）仪器

需要的仪器有 250mL 三口烧瓶一个，100mL 三口烧瓶一个，100mL 容量瓶两个，100mL 量筒一个，10mL 量筒一个，1mL 移液管三支，胶头滴管五支，分液漏斗一个，$100\mu L$ 的微量进样器一只，机械电动搅拌器一台，磁力搅拌加热套一台，磁力搅拌子一个，高速离心机一台，紫外-可见分光光度计一台。

（2）药品

需要的药品有氯金酸、甲苯、硼氢化钠、四辛基溴化铵、枸橼酸钠、无水硫酸钠、超纯水。

4. 实验步骤

（1）溶液配制

1）配制 1% 的氯金酸水溶液。称取 1g 氯金酸溶解于 100mL 超纯水中，用 100mL 容量瓶定容，并4℃避光保存以备用。

2）配制1%的枸橼酸钠水溶液。称取0.10g枸橼酸钠溶解于10mL超纯水中。

（2）枸橼酸钠稳定的胶体金的制备

1）将1mL的1% $HAuCl_4$ 水溶液加入到250mL三口烧瓶中，加水99mL，加热至沸腾。

2）剧烈搅拌下快速加入1~4mL的1%的枸橼酸钠水溶液，继续加热搅拌15min，保持微沸。此时可观察到淡黄色的氯金酸水溶液在枸橼酸钠加入后很快变成灰色，继而变成黑色，随后逐渐稳定成红色。全过程约1~5min。记录整个过程中颜色的变化。

3）停止加热，继续搅拌30min后静置，室温下自然冷却，用超纯水恢复至原体积，获得不同尺寸的金纳米粒子。将制得的胶体金存放于棕色瓶里，4℃保存。细心观察各种胶体金的颜色。

（3）十二硫醇稳定的金纳米粒子的制备

1）将5mL的1% $HAuCl_4$ 水溶液加入到100mL三口烧瓶中，加入含340mg四辛基溴化铵的甲苯溶液12mL，用微量进样器加入40~100μL的十二烷基硫醇，强烈搅拌30min后，观察水层和甲苯层的颜色。

2）在10min内缓慢滴加新鲜配制的硼氢化钠水溶液（60mg，7mL水），反应混合物继续在室温下强烈搅拌2h。记录整个反应过程中颜色的变化。

3）最后用分液漏斗将酒红色甲苯层分离，水洗两次，用无水硫酸钠干燥，获得十二硫醇保护的金纳米粒子甲苯分散液，待用。

（4）金纳米粒子吸收光谱测定

取3mL新制的胶体金水分散液，用超纯水作参比，在紫外-可见分光光度计上，在300~800nm波长范围内扫描，观察吸收波长的位置及峰形。取0.5mL的十二硫醇保护的金纳米粒子甲苯分散液，稀释至3~4mL，用甲苯作参比，在紫外-可见分光光度计上，在300~800nm波长范围内扫描，观察吸收波长的位置及峰形。

5. 数据记录及结果分析

（1）数据记录（见表3-3-1）

表3-3-1　两种方法制备的金纳米粒子的数据

制备方法	枸橼酸钠或十二硫醇用量	制备过程中颜色随时间变化／所发生的变化	吸收峰波长	半高峰宽
枸橼酸钠法	1mL			
	2mL			
	5mL			
两相法	40μL			
	70μL			
	100μL			

（2）结果分析

分析不同枸橼酸钠和十二硫醇用量对制备的金纳米粒子粒径的影响，并比较这两种方法制备金纳米粒子的优缺点。

6. 思考题

1）制备金纳米粒子的玻璃器皿为什么要用王水充分清洁？
2）称取氯金酸时为什么不能用金属药匙？
3）氯金酸与枸橼酸钠浓度之比与胶体金颗粒大小关系如何？

7. 注意事项

1）氯金酸易潮解，应干燥、避光保存。氯金酸对金属有强烈的腐蚀性，因此在配制氯金酸水溶液时，不应使用金属药匙。

2）用于制备金纳米粒子的超纯水应是双蒸馏水或三蒸馏水，或者是高质量的去离子水。

3）用于制备金纳米粒子的玻璃容器必须是绝对清洁的，使用前应先经王水洗涤并用蒸馏水冲净。最好是经硅化处理的，硅化方法是：用 5% 二氯甲硅烷的氯仿溶液浸泡数分钟，用蒸馏水冲净后干燥备用。否则影响金纳米粒子的稳定性，不能获得预期大小的金颗粒。

4）由于枸橼酸钠和硼氢化钠的还原剂性质，容易失效，故应使用前新鲜配制。

实验 3.4　小型便携式氧传感器的制作

1. 实验目的

1）初步了解简便氧传感器的制作过程。
2）掌握氧传感器的工作原理。

2. 实验原理

传感器主要有氢气传感器、氧气传感器以及水蒸气传感器等。

氧传感器由三部分组成，分别是测量电极、固体电解质、参比电极。按工作原理可分为三类：氧化物半导体型、浓差半导体型、电化学泵型。对于固体电解质，氧传感器的基本检测原理为：通过检测气体的氧电势和温度，再通过数学模型，推算出被测气体的氧含量。王三良等对固体电解质原理及应用进行了详细研究，从本质上对 ZrO_2 固体电解质的导电原理和掺杂改性做了研究。水蒸气传感器的结构比较简单，使用温度相对低，反应时间快，灵敏度高。韩元山等人选用 ZrO_2 并掺杂 Y_2O_3 为固体电解质进行水蒸气测量。

在浓差电池型氧传感器中，ZrO_2 固体电解质传感器是唯一在实际中被用于汽车上的传感器。在车内部，恶劣的环境条件下，要求多孔陶瓷作为涂布膜覆盖在氧化锆传感器元件铂的表面，以防止腐蚀。固体电解质产生电动势的工作原理如图 3 - 4 - 1 所示。如果其两侧的氧浓度有一个电势差，氧从高浓度向低浓度一侧的移动穿过固体电解质形成氧离子，这一性质被用来检测氧气浓度和燃料电池。传感器的原理很简单：就是气敏材料在一定气氛中产生离子，离子的迁移和传导形成电势差，然后根据电势差来测定气体浓度的大小。ZrO_2 氧传感器是最具有代表性的固体电解质气体传感器。该传感器的特点是原理简单，电解质中的移动离子与气敏材料中吸附待测气体派生的离子相同。

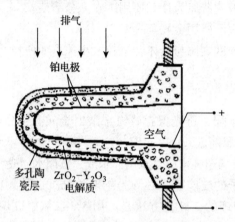

图 3 - 4 - 1　氧传感器原理图

3. 仪器和药品

（1）仪器

需要的仪器有实验高温电炉（两台）、分析天平、玛瑙研钵、球磨机（两台）、磁力加热搅拌器、酸度计、鼓风电热恒温干燥箱。

（2）药品

需要的药品有氧氯化锆、Y_2O_3、浓氨水、无水乙醇、浓硝酸、聚乙烯醇（PVA）。

4. 实验步骤

1）采用溶胶-凝胶法制备烧结体 YSZ。

2）PVA 溶液的制备。制备质量浓度为 10% 的聚乙烯醇水溶液：①计算所需加的水量、聚乙烯醇量。②加入 1~2 滴正辛醇消泡剂防止产生泡沫。③加热至 90 ℃保温半小时，冷却至常温。

3）将计算所需量的 Y_2O_3 溶于浓硝酸；将氧氯化锆粉末加入由乙醇和去离子水按 1:1 比例混合的溶液中。催化剂浓氨水滴加到溶液中，调节溶液的 pH 值为 2.8，形成透明溶胶。溶胶在鼓风电热恒温干燥箱中 110 ℃转变为凝胶。置于高温电炉中，在 1100℃预烧 2h。初烧产物在球磨机中球磨 1h，经 80mesh 过筛后，在不锈钢模具中以 100MPa 压力压制成直径约为 18mm、厚度约 2mm 的圆形薄片。置于高温电炉中于 1500℃下烧结 5h。

4）将烧结体 YSZ 磨成一定厚度的薄片（$h = 1.77mm$）或加工成如图 3 - 4 - 1 所示的形

状，将样品薄皮两面均匀涂上铂金浆料，用吹风机吹干，最后将样品薄皮放入自制的测试电炉中。

5. 数据记录及结果分析

向氧传感器电解质隔膜两侧的气室中分别通入 O_2 及预检测气体，组成氧浓差电池：

$$O_2, Pt \mid 陶瓷片 \mid Pt, 预检测气体$$

理论电动势可由 Nenrst 方程计算得到：

$$U_{cal} = RT/4F \ln \left[p_{O_2(II)}/p_{O_2(I)} \right]$$

式中，R、T、F、$p_{O_2(II)}$、$p_{O_2(I)}$ 分别为摩尔气体常数、测试电炉的绝对温度、法拉第常数、氧气的压强、预检测气体中氧气的分压。

6. 思考题

在测试前，为什么需要对传感器进行气密性检测？

7. 注意事项

1）凝胶进行灰化时，要分批次进行，先缓慢加热，受热要均匀，防止粉末溅出。
2）如果条件允许，可以对凝胶做差热分析，以判断灰化后的粉末预烧的温度。

实验 3.5　Sm^{3+} 掺杂的 SnP_2O_7-SnO_2 复合陶瓷的制备

1. 实验目的

1）初步了解 SnP_2O_7 基复合陶瓷的制备过程。
2）熟练掌握行星式球磨机、马弗炉等仪器的操作。

2. 实验原理

一类新型中温无机固态离子导体——AP_2O_7（A = Sn，Ti，Ge，Si，Zr）基四价金属焦磷酸盐因在 $100 \sim 600$℃下具有良好的离子导电性能而引起了人们的极大兴趣。Kwon 等发现，焦磷酸锡（SnP_2O_7）在中温下质子电导率高于一般值，且难溶于水、热稳定性较高。AP_2O_7（A = Sn，Ti，Ge，Si）在不加湿空气气氛中的电导率按如下顺序递增，$Ge^{4+} < Si^{4+} < Ti^{4+} < Sn^{4+}$。

虽然国内外关于 $Sn_{1-x}R_xP_2O_7$（R = Ga^{3+}，In^{3+}，Sb^{3+}，Sc^{3+}）等的制备及中温导电性研究取得了较大的进展，但是此种材料还存在化学稳定性差、致密度不高等问题。因此，改进合成方法、制备高致密的焦磷酸锡材料成为材料研究者的追求目标。Hibino 等制备了致密的 $SnP_2O_7 - SnO_2$ 复合陶瓷。王洪涛等在相关研究的基础上改进合成方法，采用类似于薄膜燃料电池中多孔性阳极支撑体的制备过程，制备多孔状 SnO_2。再将多孔状 SnO_2 与浓磷酸反应并在较低温度（600 ℃）下热处理制得了致密的 Ga^{3+} 掺杂的 SnP_2O_7 基复合陶瓷。在干燥氢气气氛中，于275 ℃下，复合陶瓷样品的电导率达到最大值 3.8×10^{-2} S/cm，比1200 ℃下烧结的 $Sn_{0.91}Zn_{0.09}P_2O_7$ 陶瓷在氢气气氛中的电导率（2.4×10^{-4} S/cm）高了两个数量级。

3. 仪器和药品

（1）仪器

需要的仪器有分析天平、行星式球磨机、红外灯、压片机、坩埚、箱式电阻炉、红外灯、马弗炉、千分尺、空气压缩机、砂低、尺子、X 射线衍射仪、扫描电镜 SEM。

（2）药品

需要的药品有氧化钐（Sm_2O_3）、浓磷酸（H_3PO_4）、二氧化锡（SnO_2）、氧化铜、淀粉、无水乙醇。

4. 实验步骤

本实验采用固相法制备 Sm^{3+} 掺杂的 $SnP_2O_7 - SnO_2$ 复合陶瓷样片，其制备工艺流程的主要实验步骤如下。

1）用分析天秤称取一定比例的药品后，倒入玛瑙罐内。

2）向罐内加入适量的无水乙醇，摇晃至混合物为白色呈浆状。

3）将玛瑙罐密封好放入行星球磨机内，球磨 8h，待其混合更加均匀后取出，之后放在红外灯下烘干。

4）将烘干后的混合物用药匙刮出，然后取适量的样品放入压片机中进行压片，另取出少量样品于密封袋内，以便做平行实验。

5）重复步骤4），再压 2~3 个压片。

6）将压好的压片放在干净的陶瓷垫片上，放入马弗炉中先缓慢烧至450℃，然后再升温至600℃，在此温度下保温 2h，等待其降温，或者在 10h 后取出垫片。

7）取出压片，选一个表面较平整的用砂纸进行打磨，先用规格较小的砂纸进行粗磨，再用规格较大的砂纸进行细磨。

8）打磨的过程中为使压片厚度一致，要用千分尺不断地测量其厚度，当磨至 2.0~2.1mm 时放在坩埚内，倒入磷酸（倒入量只需磷酸盖过压片即可，不必太多）。

9）浸泡 12h 后，将坩埚放入箱式电阻炉中缓慢升温至350℃，达到温度后保温 1h。

10）趁热把压片取出，稍微冷却一段时间后把压片表面黏有的磷酸处理掉，继续打磨，并且要用千分尺不断测量其厚度，至压片厚度为 1.6~1.7mm 时停止打磨。

11）用铅笔和尺子在压片两面的中心处各画一个直径为 8mm 的圆，并涂上浆料，在红外灯下烘干，至此复合陶瓷电解质烧结完成。

5. 数据记录及结果分析

可以对最终得到的复合陶瓷进行物相分析。

将最终得到的样品打磨去表面，粉碎，用 X 射线衍射仪测定粉末样品的 XRD 谱图。用扫描电镜观测样品的断面显微结构。

样品的 XRD 谱图如图 3 - 5 - 1 所示。

6．思考题

1）为什么要添加少量的烧结助剂氧化铜？

2）为什么要添加一定比例的淀粉？作用是什么？

7．注意事项

1）CuO 烧结助剂和淀粉造孔剂，要分批次加入，每次加入后，要球磨使样品成分分布均匀。

2）球磨后，要完全处理样品，防止因为处理不当造成成分的改变。

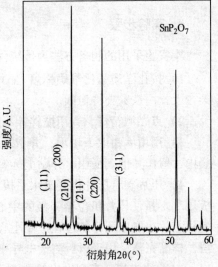

图 3 - 5 - 1　样品的 XRD 谱图

实验 3.6　新型中温离子导体焦磷酸铈的制备

1．实验目的

1）初步了解焦磷酸铈（CeP_2O_7）的制备过程。

2）熟练掌握行星式球磨机、压片机、箱式电阻炉等仪器的操作。

2．实验原理

由于传统的固体电解质需要工作在高温下才具有较高的离子电导率，而高温会带来诸如热膨胀不匹配、界面反应、高能源消耗等问题。对于以上问题，相关研究者开始寻找更为良好的中温（100～600 ℃）替代材料。而新型中温无机固态离子导体——AP_2O_7（A = Sn，Ti，Ce，Si，Zr）基四价金属焦磷酸盐因在 100～600℃ 下具有良好的离子导电性能而引起了人们的极大兴趣。本实验选择焦磷酸铈（CeP_2O_7）为研究对象。

3．仪器和药品

（1）仪器

需要的仪器有电子分析天平、量筒、铁架台、酒精灯、坩埚、坩埚钳、陶瓷片、研钵、压片机、箱式电阻炉、千分尺、空气压缩机、X 射线衍射仪。

（2）药品

需要的药品有浓磷酸、二氧化铈。

4. 实验步骤

本实验采用的制备方法为传统固相法制备 CeP_2O_7 纳米颗粒。主要制备步骤如下：

1）按化学质量比准确称量 CeO_2 和浓 H_3PO_4，用磁力搅拌棒搅拌均匀，并将坩埚置于铁架台上，用铁夹夹持稳固。

2）点燃酒精灯，并用搅拌棒不断搅拌，等到产物呈现接近固体凝胶状态时，停止加热。

3）用坩埚钳取下坩埚，并取适量烧前反应物置于压片机内。另外取出少量样品于密封袋内，留作其他表征用，并贴上标签。

4）压片。将压片机置于水平板凳上，先用手压（以保证压片被压得厚薄均匀），再用平板压（尽量使压片机位于平板的中心位置）。用压片机压出两个压片，把压片放在干燥的陶瓷片上。在取出压片的过程中要小心，否则压片容易碎裂。第一个压片一定要是相对表面光滑，样品完整，用于以后测量电导率（如果所制压片不成近圆状，或者出现碎裂，立即重复1）~4）的步骤，直到做出符合测量用的压片为止）；第二个压片用于红外分析、激光粒度测量、XRD。

5）用坩埚盖在陶瓷片上，将放有压片的陶瓷片置于箱式电阻炉内，设定温度为350℃，电流为16A左右，最多不能超过18A。温度升为350℃时开始计时，1h后，关闭箱式电阻炉，待0.5h后，取出压片。

6）平整表面，将薄厚较均匀的压片进行打磨。先用规格型号较小的砂纸进行粗磨，再用规格型号较大的砂纸进行细磨，期间需用千分尺不断地测量其厚度以保持薄厚均一，以及用无水乙醇间歇性地进行润湿打磨。直到厚度达到1mm左右。将剩下的另一个压片置于密封袋内，并贴上标签，留作以后测试用。

5. 数据记录及结果分析

（1）用 X 射线衍射仪对压片进行结构和物相分析

用刀将圆形压片截成 8mm 左右方形的样品。将其用橡皮固定在取样卡上，然后放在仪器中进行实验。扫描范围为 15°~80°，扫描时间是 3min；测角仪角度为 0.0006°。

XRD 表征示例如图 3-6-1 所示。

（2）红外光谱表征

本实验采用的是北京瑞利生产的 WQF-510 傅立叶变换红外光谱仪，对于烧结样品进行分析。用小刀在备用压片上取一小块样品，然后放在研钵中研磨。因为样品具有一定的黏性，在研磨的过程中注

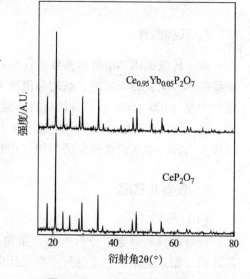

图 3-6-1　XRD 表征示例

意要用力将固体变为粉末。然后加入溴化钾粉末在一起研磨，将混合物放在红外光谱仪中分析。测试时用的光谱范围为（4000~400）/cm，调节最高分辨率为 1.0/cm，采用溴化钾镀锗分束器，检测器调节为 DTGS 检测器，采用光源为空冷陶瓷光源。

红外光谱表征示例如图 3 - 6 - 2 所示。

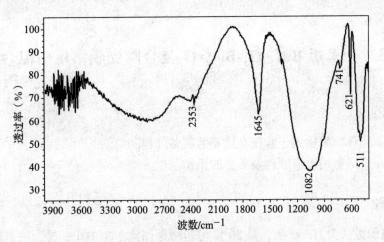

图 3 - 6 - 2 红外光谱表征示例

（3）用 90Plus 激光粒度仪测量样品得出颗粒粒径及其分布

本实验所使用的激光粒度仪是美国布鲁克海文仪器公司生产的 90Plus 激光粒度仪。基于动态光散射原理的 90Plus 激光粒度仪是一种方便、快捷的纳米、亚微米粒度分析测试仪器。其适用的测量样品类型为任何胶体范围大小的颗粒，粒度范围为 1nm ~ 6μm，相对分子质量测定范围为 $1 \times 10^3 \sim 2 \times 10^7$ Dalton，如图 3 - 6 - 3 所示。

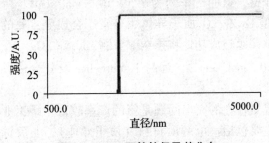

图 3 - 6 - 3 颗粒粒径及其分布

6. 思考题

1）为什么要探索新型的中温固体电解质材料？

2）为什么要在产物呈现出一种快接近于固体状的凝胶状态时，停止加热？

7. 注意事项

1）产物呈现出快接近于固体状的凝胶状态时，停止加热和搅拌，用坩埚钳取下坩埚并取适量烧前反应物放于压片机内，这个过程要快。

2）压片完成取出压片的过程中要小心，否则压片容易碎裂。

实验3.7　采用 BaCeO₃-BaZrO₃复合陶瓷膜常压中温合成氨

1．实验目的

1）初步了解固体电解质用于常压合成氨的制备过程。
2）掌握常压合成氨的反应原理及装置的操作。

2．实验原理

传统合成氨的方法为 Haber 法，是 20 世纪初由德国化学家 Haber 提出的，Haber 因此获得 1918 年度诺贝尔化学奖。该法以氮气、氢气为原料，在数百摄氏度、15~30MPa 高压和铁催化剂条件下合成：

$$N_2 + 3H_2 \Longleftrightarrow 2NH_3$$

由于该反应受到热力学限制，在 430~480℃之间氢的平衡转化率低（10%~15%），对设备耐高压的要求高，100 多年来，实现常压合成氨成为人们梦寐以求的奋斗目标。1998 年，希腊研究者 Marnellos 和 Stoukides 首次提出，以稀土金属离子 Yb^{3+} 掺杂的 ABO_3 钙钛矿型质子导体 $SrCeO_3$（$SrCe_{0.95}Yb_{0.05}O_{3-\alpha}$）为固体电解质，多孔性钯为阴、阳电极，在 570℃和常压下成功地进行了电解法合成氨，氨的产率约为 $7.5 \times 10^{-11} mol/scm^2$。新疆大学刘瑞泉课题组将掺杂 Ca^{2+} 离子的烧绿石型 $La_2Zr_{0.2}O_7$ 质子导体用于常压合成氨，氨的产率约为 $10^{-9} mol/scm^2$ 数量级。苏州大学马桂林课题组成功地将掺杂镓酸镧 $La_{0.9}Sr_{0.1}Ga_{0.8}Mg_{0.2}O_{3-\alpha}$ 应用于常压合成氨，氨的产率为 $2.37 \times 10^{-9} mol/scm^{-2}$，远高于 Marnellos 及其合作者的实验结果，与新疆大学的实验结果相当。

但是，至今常压合成氨存在的突出问题是氨的产率较低，距工业化生产相距还很远。影响氨产率的因素很多，主要包括：电解质材料（质子导体）、电极材料、连接材料、电解温度、原料气体流速等。其中，电解质材料和电解温度是影响氨产率的两个主要因素。一方面，在一定的温度范围内提高温度，有利于提高质子电导率和氨产率；但另一方面，由于在电解池的阴极表面生成的氨随温度升高分解成为氮气和氢气的程度加大，因此，提高质子电导率和控制适宜温度成为提高常压合成氨产率的一大研究课题。这就涉及如下两个问题：第一，温度控制多高为适宜？温度应因质子导体而不同。这需要继续通过大量的实验数据和权衡利弊综合分析后才能确定。从已有的报道结果分析，相对适宜的温度应处于 300~800℃的中温范围。第二，如何提高电解质的质子电导率？不外乎从以下两个方面着手：①寻找具有更高质子电导率的新的质子导体；②采取有效措施进一步提高现有质子导体的质子电导率。

本实验拟以 ABO_3 钙钛矿型 $BaCeO_3$、$BaZrO_3$ 为母体，通过改变掺杂离子种类和掺杂量等措施，采用多种化学方法，合成新型 $BaCeO_3$-$BaZrO_3$ 复合质子导体，系统研究样品的中温（300~800℃）质子导电性能，筛选具有高质子电导率（$>10^{-2}S/cm$）的 $BaCeO_3$-$BaZrO_3$ 复合质子导体，用于中温常压电化学合成氨研究。

　　微乳液法是指用一定的沉淀剂和混合金属盐来形成微乳状液，然后在较小的微区内控制胶粒长大和成核，再用化学方法得到单分散的超级细小的粒子。微乳液一般由助表面活性剂、表面活性剂、水和有机溶剂构成，其形成的"水核"是一个微型反应器，由于拥有很大的界面，可以增溶各种不同的化合物，因此是一种很好的化学反应介质。通过控制"水核"半径的大小可控制最终沉淀颗粒的粒径大小。于锦、王军楠按化学式计量比定量称取 La_2O_3、$Sr(NO_3)_2$、CuO，以此为原料，采用微乳液法来制备理论配比为 $La_{2-2x}Sr_{2x}Cu_{2y}O_{3\pm z}$ 的超微粒子。

　　以上述 $BaCeO_3$-$BaZrO_3$ 复合质子导体为固体电解质，以多孔性 Pd-Ag、Ni 等为电极，分别以 N_2 和 H_2 为阴、阳极反应气体，组装成如下的常压合成氨反应器：

$$N_2，电极 \mid BaCeO_3\text{-}BaZrO_3 复合质子导体 \mid 电极，H_2$$

在一定的温度下，向合成氨反应器通入直流电进行常压电解合成氨。

　　用稀硫酸吸收阴极 N_2-NH_3 混合气体中的 NH_3，加入奈斯勒试剂，用分光光度法测定吸收液体中 NH_4^+ 的浓度，进一步计算单位时间、单位面积氨气的产率。

3. 仪器和药品

（1）仪器

需要的仪器有高温箱式电炉、分析天平、玛瑙研钵、球磨机（两台）、电位差计、磁力搅拌器、烘箱、DSC-TGA 热分析仪、酸度计。

（2）药品（分析纯）

固相法需要的药品有 $Ba(CH_3COO)_2$、CeO_2、ZrO_2、相应金属氧化物、无水乙醇。

微乳液法需要的药品有 $Ce(NO_3)_3 \cdot 6H_2O$、$Ba(CH_3COO)_2$、相应金属硝酸盐、浓 HNO_3、无水乙醇、碳酸铵、氨水、环己烷、柠檬酸、PEG。

4. 实验步骤

1）采用微乳液法合成 $BaCeO_3$ – $BaZrO_3$ 复合电解质。

2）将得到的 $BaCeO_3$-$BaZrO_3$ 复合电解质粉末按一定化学计量比溶于稀溶胶中。稀溶胶：将乙基纤维素溶解于松油醇，保持质量百分比为 6%，形成稀溶胶。其中，粉体经乙醇湿法球磨后，过 500 目筛以确保旋涂浆料所用粉体颗粒分布的均一性，在球磨机中球磨 1h。

3）将球磨后的 $BaCeO_3$-$BaZrO_3$ 复合电解质浆料，滴加到抛光的阳极支撑体的一面。先低速旋转使浆料各方向分布均匀，然后高速旋转使电解质膜均匀、平整及致密。然后将其置于100℃左右的烘箱中烘干。根据需要重复旋涂 2~3 次。

4）置于高温电炉中于 1400℃下烧结 5h。

5）类似于电解质浆料制备方法制备阴极浆料，并旋涂在烧结好的电解质膜表面。置于高温电炉中于 1000℃烧结 2h。

6）装配燃料电池：wet H_2，Pt-Pd $\mid$ $BaCeO_3$-$BaZrO_3$ 复合电解质膜 $\mid$ Pt-Pd，wet O_2。将"三明治"状薄膜电池置于自组装程控电炉的两氧化铝陶瓷管间，以玻璃为密封材料，升温至 900℃，使圆环熔化，保温 1h，再降温固化。

7）以上述 $BaCeO_3$-$BaZrO_3$ 复合质子导体为固体电解质，以多孔性 Pd-Ag、Ni 等为电极，分别以 N_2 和 H_2 为阴、阳极反应气体，组装成如下的常压合成氨反应器：

$$N_2，电极 | BaCeO_3\text{-}BaZrO_3 复合质子导体 | 电极，H_2$$

在一定的温度下，向合成氨反应器通入直流电进行常压电解合成氨。

5. 数据记录及结果分析

由图 3 - 7 - 1 可见，r_{NH_3} 为氨的产率，随着电流密度的增大，氨气的产率逐渐增大并趋于稳定。

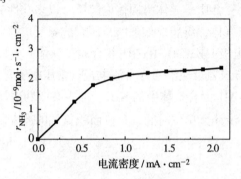

图 3 - 7 - 1　电解合成氨的电流密度与产率关系图

6. 思考题

为什么固体电解质能在常压下合成氨？原理是什么？

7. 注意事项

1）制取薄膜电解质所需的粉体，需过 500 目筛以确保旋涂浆料所用粉体颗粒分布的均一性。

2）高速旋转使电解质膜均匀，所以浆料的浓度决定了膜的厚度。

实验 3.8　水热法制备半导体 ZnO 及其性能研究

1. 实验目的

1）了解水热法和溶剂热法在材料合成中的应用。

2）掌握水热法制备半导体氧化锌。

2. 实验原理

水热法是指在特制的密闭容器（高压釜）中，采用水溶液作为反应体系，通过对反应体系加热，在反应体系中产生一个高温高压的环境而进行无机合成与材料制备的一种有效方法。

在水热法中，水由于处于高温高压状态，可在反应中起到两个作用：压力的传媒剂和高温、高压的溶剂。在高压下，绝大多数反应物均能完全（或部分）溶解于水，可使反应在接近均相中进行，从而加快反应的进行。按研究对象和目的的不同，水热法可分为水热晶体生长、水热合成、水热处理和水热烧结等。水热法引起人们广泛关注的主要原因是：① 水热法采用中温液相控制，能耗相对较低，适用性广，既可用于超微粒子的制备，也可得到尺寸较大的单晶，还可以制备无机陶瓷薄膜；② 原料相对廉价易得，反应在液相快速对流中进行，产率高、纯度高、结晶良好，并且形状、大小可控；③ 在水热法过程中，可通过调节反应温度、压力、处理时间、溶液成分、pH 值、前驱物矿化剂的种类等因素，来达到有效地控制反应和晶体生长特性的目的；④ 反应在密闭的容器中进行，可控制反应气氛而形成合适的氧化还原反应条件，获得某些特殊物相，尤其有利于有毒体系中的合成反应，这样可以尽可能地减少环境污染。水热法作为无机材料合成和晶体生长的重要方法之一，在科学研究和晶体生长中已被广泛应用。应用这种方法已合成了许多现代无机材料，包括微孔材料、快离子导体、化学传感材料、复合氧化物陶瓷材料、磁性材料、非线性光学材料、复合氟化物材料和金刚石等。此外，水热合成在生物学和环境科学中也有重要应用。

由于水热过程中制备出的纳米微粒通常具有物相均匀、纯度高、晶形好、单分散、形状以及尺寸大小可控等特点，因此，水热技术已广泛应用于纳米材料的制备。然而水热法也有其局限性，最明显的一个缺点就是，该法往往只适用于对氧化物材料或少数对水不是很敏感的硫化物的制备和处理，而对其他一些易水解的化合物，如Ⅲ-Ⅴ族半导体制备就不适用了。为了克服水热法的缺点，人们发展了溶剂热法，即在临界点和一定的温度和压力下，使用一种有机溶剂或多种溶剂的混合溶剂代替水作为反应介质，从而增加反应物的溶解度，加速反应物的化学反应。实验中，将反应物和适当的溶剂按一定比例加入到反应釜中，再放入炉中，一般在 500℃ 以下经过一定时间的反应，冷却后作洗涤等处理，即可获得产物。在溶剂热合成过程中，溶剂除了作为压力传递介质外，还具有其他方法无法替代的优点：首先，溶剂热合成可以有效地杜绝前驱物、产物的水解和氧化，有利于合成反应的顺利进行；其次，溶剂热体系的低温、高压、溶液条件，有利于生成具有晶型完美、规则取向的晶体材料，且合成的产物纯度高，通过选择和控制反应温度及溶剂可制得不同粒径的纳米材料，尤其是当在溶剂热体系中辅佐以高分子、表面活性剂等手段，对材料的形状具有有效的控制作用。1997年，Sheldrick 等系统概述了溶剂热体系在新材料制备领域的重要地位和作用，指出该方法在合成离子交换剂、新功能材料及亚稳态结构材料的合成方面具有广阔的应用前景。但这种方法也有其不利之处：一是，所用溶剂大多为有机物，不利于环保；二是，反应过程很复杂，不利于准确理解其反应机理。

ZnO 是直接带隙半导体材料，室温下的禁带宽度为 3.37eV，对应于紫外波段，ZnO 的一个特点是具有很高的激子束缚能 60meV（补充 GaN 的激子束缚能为 24meV），因此利用 ZnO 有可能制作可在室温下工作的紫外发光二极管和紫外激光器。ZnO 除了在紫外光源方面具有潜在的应用前景之外，在压电元器件、声表面波器件、气敏与压敏传感器、光电转换器件和透明电极等方面也具有重要的应用。制备 ZnO 的方法很多，可归纳为两大基本类型：气相法和液相法。

本实验采用水热法制备氧化锌微米级粉末，合成反应如下：

$$5Zn^{2+} + 5CO_3^{2-} + 3H_2O \Longrightarrow Zn_5(OH)_6(CO_3)_2(s) + 3CO_2 \ (g) \tag{1}$$

$$Zn_5(OH)_6(CO_3)_2(s) \rightleftharpoons 5Zn^{2+} + 2CO_3^{2-} + 6OH^- \tag{2}$$

$$Zn^{2+} + 4OH^- \rightleftharpoons Zn(OH)_4^{2-} \tag{3}$$

$$Zn(OH)_4^{2-} \rightleftharpoons ZnO(s) + H_2O + 2OH^- \tag{4}$$

3. 仪器和药品

（1）仪器

需要的仪器有烘箱、真空干燥箱、磁力搅拌器、反应釜、抽滤装置、超声波清洗机、X射线衍射仪（XRD）、透射电子显微镜、激光粒度仪（plus90）、荧光分光光度计、烧杯、玻璃棒、胶头滴管。

（2）药品

需要的药品有二水合醋酸锌（$Zn(Ac)_2 \cdot 2H_2O$）、碳酸钠（Na_2CO_3）、氢氧化钠（NaOH）、蒸馏水、无水乙醇。

4. 实验步骤

（1）氧化锌的水热合成

在 60mL 反应釜中，将 5mmol $Zn(Ac)_2 \cdot 2H_2O$ 溶解到 30mL 蒸馏水中。另外，在两个 100mL 的烧杯中，分别将 5mmol Na_2CO_3 和 7.5mmol NaOH 溶解在 10mL 蒸馏水中。在磁子的搅拌下将 10mL Na_2CO_3 溶液逐滴滴加到 Zn（Ac）$_2 \cdot 2H_2O$ 溶液中，立即产生白色沉淀。上述乳浊液搅拌 15min 后，将 10mL NaOH 溶液逐滴滴加进去。继续搅拌 15min，密闭后将其放入烘箱中于 140℃ 恒温 4～10h。然后取出，自然冷却至室温。得到的产物经过分离，用蒸馏水和无水乙醇反复清洗，并在 60℃ 真空干燥 4h。

（2）氧化锌产物的分析与表征

XRD 表征：用 XRD 测定所得样品的 X 射线衍射图谱，分析产物的物相和纯度。

形貌分析：取少量样品放入无水乙醇中超声分散均匀，滴加到碳膜上，拍摄其透射电镜照片和 SAED（选区电子衍射）花样，观察其形貌，再一次分析其物相。

发光性能测试：用荧光分光光度计测试样品的发光光谱。

粒度分析：取少量样品放入无水乙醇中超声分散均匀，采用激光粒度仪测定粒径。

5. 数据记录及结果分析

对 XRD、透射电镜照片和 SAED（选区电子衍射）、荧光光谱和粒径数据进行整理，并对其分析，最终得出产物的结构、形貌等信息。

6. 思考题

1）水热反应的原理及其在材料制备中的优势是什么？

2）为什么通过水热法制备的氧化锌具有荧光？

7. 注意事项

1）进行水热反应时，反应釜应拧紧。
2）粒径和荧光测试时应充分超声分散。

实验3.9　固体酸催化剂的制备及催化性能

1. 实验目的

1）了解 NaY 分子筛制备 HY 型分子筛的方法。
2）掌握一些常用的表征固体酸结构的方法。
3）掌握固体酸催化酯化反应的合成及分析方法。

2. 实验原理

固体酸是指某些固体物质，经过一定处理（如加热等）过程，可使这些物质某些部位具有给出质子或接受电子对的性质，由此形成布朗斯特酸或路易斯酸中心。根据固体酸的组成可分为：金属氧化物、复合金属氧化物、黏土矿物、沸石分子筛、杂多酸化合物、离子交换树脂、金属硫化物、金属硫酸盐、磷酸盐等。该类酸属于固体安全酸类，可以替代盐酸、硫酸、硝酸、磷酸、氢氟酸等常规液体酸，并且克服了液体酸的缺点，具有容易与液相反应体系分离、不腐蚀设备、后处理简单、很少污染环境、选择性高等优点，而且可在较高温度范围内使用，扩大了热力学上可能进行的酸催化反应的应用范围。在催化裂化、烯烃聚合、烷基化、酰基化、缩酮、酯化等反应中提供活性中心，具有很好的催化性能，在工业上得到广泛的应用。

本实验利用 NaY 分子筛通过水热法制备 HY 型分子筛，合成如下：

NaY 分子筛：

HY 型分子筛:

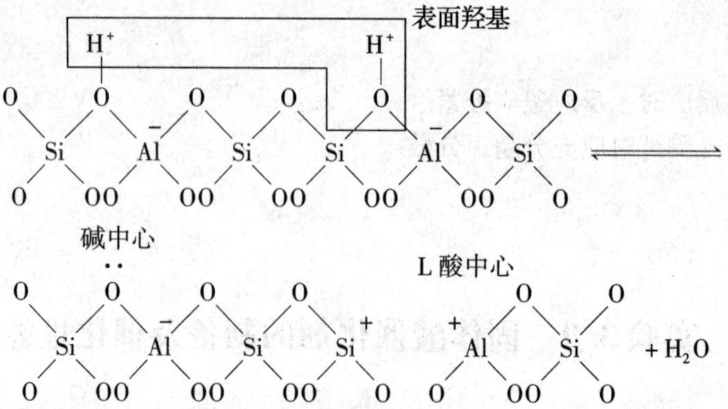

利用红外光谱、X 射线粉末衍射仪、吸附仪对制备的 HY 型分子筛进行表征，并研究其催化制备乙酸丁酯的催化性能。

3．仪器和药品

（1）仪器

需要的仪器有 HDM-250D 数显搅拌电热套、铁架台、球形冷凝管、橡皮塞、温度计、SHB-（Ⅲ）循环水式真空泵、烘箱、吸耳球、坩埚、橡皮管、蒸馏头、布氏漏斗、三口烧瓶（50mL）、抽滤瓶（250mL 和 50mL）、量筒（50mL 和 10mL）、容量瓶（500mL）、吸量管、烧杯、玻璃棒、FA1004B 电子天平、玛瑙研钵、DW70-1 型压片机、分水器、马弗炉、碱式滴定管、日本理学 MAX-2500VP 型转靶 X 射线衍射仪、ASAP-2000 吸附仪。

（2）药品

需要的药品有 NaY 分子筛原粉、氯化铵、正丁醇、乙酸、酚酞试液、氢氧化钠、去离子水、硝酸银溶液。

4．实验步骤

（1）HY 分子筛的制备

1）称取 NaY 分子筛 20.0g，加入到 100mL 烧杯中。

2）加入 80.0mL 浓度为 2.0mol/L 的 NH_4Cl 溶液，在磁力搅拌器上搅拌 2h。

3）过滤：调整好循环水式真空泵，将橡皮管与布氏漏斗连接好，进行抽滤，得到的滤饼用去离子水反复洗涤至不含 Cl^-，洗涤用去离子水约 250mL。

4）将过滤得到的固体样品放入烘箱中于 120℃干燥 2h，然后将样品转移到坩埚中，在马弗炉中于 350℃煅烧 2h，得到 HY 固体酸催化剂。

（2）HY 分子筛的表征

1）对 HY 分子筛进行物相分析，利用 X 射线粉末衍射仪测定 XRD 谱图并进行红外光谱表征。

2）比表面分析：用吸附仪进行测定。

（3）HY 分子筛催化合成乙酸丁酯

$$CH_3COOH + CH_3(CH_2)_3OH \xrightleftharpoons{催化剂} CH_3COO(CH_2)_3CH_3 + H_2O$$

1）分别量取 19.24mL 醋酸和 30.24mL 正丁醇（二者的摩尔比为 1:1）依次倒入三口烧瓶（含磁子）内，然后加入 1.0g HY 分子筛催化剂，从三口烧瓶中吸取 0.5mL 未反应的反应液于干净的小烧杯中，用 0.2 mol/L 的 NaOH 溶液进行滴定，记录消耗的体积 V_1。

2）按图 3-9-1 连接好装置，升温至回流，反应 2h。

3）此时蒸出由乙酸丁酯、水和正丁醇组成的共沸混合物，经过分馏柱，收集于分水器中，上层为乙酸丁酯和正丁醇，返回反应釜中。当分水器中的水不再增加时，则可以认为酯化过程已终止，关闭电源和冷却水。

4）待反应釜内温度降至 30℃ 以下时，先把分水器中的液体倒入三口烧瓶中混合均匀，再吸取 0.5mL 反应后的反应液，用 0.2mol/L 的 NaOH 溶液进行滴定，记录消耗的体积 V_2。

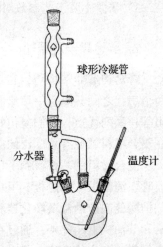

球形冷凝管

分水器　　温度计

图 3-9-1　合成乙酸丁酯的装置图

5. 数据记录及结果分析

0.5mL 未反应的反应液消耗 0.2mol/L NaOH 的体积/mL	0.5mL 反应后的反应液消耗 0.2mol/L NaOH 的体积/mL	乙酸的转化率（%）

6. 思考题

1）结合实验，谈谈固体催化剂的优点。

2）对干燥后的滤饼进行煅烧时，温度是否越高越好？为什么？

7. 注意事项

1）固体酸制备中，注意检验滤饼中是否含有 Cl^-。

2）注意马弗炉的安全使用，实验完毕后，关闭电源，在炉膛内取样品时，应先微开炉门，待样品稍冷却后再小心夹取样品，防止烫伤。

3）HY 分子筛催化合成乙酸丁酯时注意装置的密闭性。

实验 3.10　挤压成型制备蜂窝结构材料

1. 实验目的

1）了解蜂窝结构材料在复合材料领域的广泛应用。

2）掌握蜂窝结构材料的制备工艺流程。

3）掌握主要工艺参数对产品质量的影响。

2. 实验背景及原理

蜂窝构造非常精巧，它是由无数个大小相同的房孔组成，每个房孔都被其他房孔包围，两个房孔之间只隔着一堵蜡制的墙。因为具有重量轻、节省材料、比表面积大、力学性能突出等一系列优点，人们模仿蜂窝结构已经制备出不同材质的蜂窝结构材料，在许多领域尤其在复合材料领域有着广泛的应用。例如在航空航天工业中，不同材质的蜂窝结构材料常作为夹层复合材料的芯材得到了广泛的应用，常用于翼面、舱面、舱盖、地板、发动机护罩、尾喷管、消音板、隔热板、卫星星体外壳、火箭推进剂贮箱箱底等。在环保领域，目前用蜂窝结构陶瓷制造的汽车净化器和微粒捕捉器是控制汽车尾气排放的最有效方法，广泛用于汽油机和柴油机上。此外，通过在蜂窝结构材料中填充不同的基体可以制备出综合性能优异的复合材料，在生物医疗、化工、武器装备等领域有广泛的用途。

本实验通过挤出成型制备的蜂窝陶瓷坯体，本身就可以作为一种复合材料在不同领域有着潜在用途，当然也可以进一步利用蜂窝陶瓷坯体通过后续烧结、填充等工艺制备出新的复合材料。实验具体工艺是将陶瓷粉料、黏结剂、增塑剂、润滑剂等混合成泥料，然后进行练泥，得到具有良好塑性的泥料，然后把泥料放入料桶，使其通过具有网格结构的蜂窝陶瓷模具，从而得到所需的蜂窝陶瓷生坯，接着经干燥、排胶和烧结后制得形状规则的蜂窝陶瓷。该工艺可以通过设计模具控制孔的形状和大小。该工艺的关键环节是挤压成型，因为孔壁较薄，生坯强度也相对较低，所以蜂窝陶瓷在挤压后容易变形，而且表面易产生起泡、开裂、凸凹不平等缺陷，所以此种工艺对泥料的成分和性能有着很高的要求，而且不能成型复杂的孔道结构和小孔径的多孔陶瓷。此外，蜂窝陶瓷模具是挤压成型过程中的核心技术之一。

3. 仪器和药品

（1）仪器

需要的仪器有电子天平、烘箱、微波炉、混料机、挤出机、马弗炉、烧结炉等。

（2）药品

需要的药品有陶瓷粉料（氧化铝、堇青石、氮化硅、氧化钇等）、黏结剂（HPMC、膨润土等）、润滑剂（蓖麻油或豆油）、甘油、去离子水等。

4. 实验步骤

1）把陶瓷粉料和10wt%的HPMC在混料机中干混20min，然后将20~30wt%的水和适量的润滑油等挤压助剂加入到粉料混合物中。

2）把上述混合物进行混炼30min。混炼是指将各种颗粒的粉粒干料与黏结剂经过机械搅拌碾压，获得具有一定可塑性膏体的工艺过程。混炼可以打破细颗粒团聚，使各种不同粒径的颗粒均匀分布，并使较大颗粒之间的空隙用更小的颗粒来充填，从而提高糊料的密实程度，进而提高膏体强度；使黏结剂均匀地包裹在干体物料颗粒的表面，并部分地渗透到颗粒的孔隙中去，由黏结剂的黏结力把所有颗粒互相结合在一起。

3）接着把泥料放入挤压机以一定速度进行挤压，挤压后，将挤出物切割成所需的长度。

4）然后试样放在烘箱中在 60℃ 干燥 2h 后，再放入排胶炉中以 30℃/h 的升温速率加热到 600℃。

5）最后把排胶后的试样放入烧结炉中进行高温烧结制备样品。烧结时间一般为 2h，烧结温度根据所烧结陶瓷粉料的种类而定。

5. 数据记录及结果分析

记录下每个操作步骤及各工艺参数的设置，分析主要工艺参数对试样表面质量和各类性能（如力学性能）的影响。

6. 思考题

1）各个工艺流程的目的是什么？哪些关键工艺参数会影响到制品的质量？

2）蜂窝陶瓷填充不同的材料（如金属、树脂），性能会发生什么变化？

7. 注意事项

1）原料添加顺序不能颠倒，混炼阶段一定要有足够长的时间使泥料混合均匀。

2）生坯高温烧结时注意带好手套等防护用品，注意安全。

实验 3.11　硅酸盐水泥成分分析

1. 实验目的

1）了解硅酸盐水泥全分析的分析项目。

2）掌握硅酸盐水泥各分析项目的分析原理。

3）掌握硅酸盐水泥各分析项目的分析方法。

2. 实验原理

水泥是由硅酸盐组成的，种类很多，组成也非常复杂。按我国规定，水泥分为硅酸盐水泥（熟料水泥）、普通硅酸盐水泥（普通水泥）、矿渣硅酸盐水泥（矿渣水泥）、火山灰质硅酸盐水泥（火山灰水泥）、粉煤灰硅酸盐水泥（煤灰水泥）等。水泥熟料是由水泥生料经 1400℃ 以上高温煅烧而成的。硅酸盐水泥由水泥熟料加入适量石膏而成，其成分与水泥熟料相似，可按水泥熟料化学分析法进行测定。

硅酸盐水泥熟料主要由氧化钙（CaO）、二氧化硅（SiO_2）、氧化铝（Al_2O_3）和氧化铁（Fe_2O_3，简写为 F）四种氧化物组成。通常，这四种氧化物总量在熟料中占 95% 以上。每种氧化物含量虽然不是固定不变的，但其含量变化范围很小。水泥熟料中除了上述四种主要氧化物以外，还有含量不到 5% 的其他少量氧化物，如氧化镁（MgO）、二氧化钛（TiO_2）、三氧化硫（SO_3）等。

水泥熟料中碱性氧化物占 60% 以上，因此宜采用酸分解。水泥熟料主要为硅酸三钙（$3CaO \cdot SiO_2$）、硅酸二钙（$2CaO \cdot SiO_2$）、铝酸三钙（$3CaO \cdot Al_2O_3$）和铁铝酸四钙（$4CaO \cdot Al_2O_3 \cdot Fe_2O_3$）等化合物的混合物。这些化合物与盐酸作用时，生成硅酸和可溶性的氯化物，反应式如下：

$$2CaO \cdot SiO_2 + 4HCl \longrightarrow 2CaCl_2 + H_2SiO_3 + H_2O$$

$$3CaO \cdot SiO_2 + 6HCl \longrightarrow 3CaCl_2 + H_2SiO_3 + H_2O$$

$$3CaO \cdot Al_2O_3 + 12HCl \longrightarrow 3CaCl_2 + 2AlCl_3 + 6H_2O$$

$$4CaO \cdot Al_2O_3 \cdot Fe_2O_3 + 20HCl \longrightarrow 4CaCl_2 + 2AlCl_3 + 2FeCl_3 + 10H_2O$$

硅酸是一种很弱的无机酸，在水溶液中绝大部分以溶胶状态存在，其化学式用 $SiO_2 \cdot nH_2O$ 表示。在用浓酸和加热蒸干等方法处理后，能使绝大部分硅胶脱水成水凝胶析出，因此可利用沉淀分离的方法把硅酸与水泥中的铁、铝、钙、镁等与其他组分分开。

水泥中的铁、铝、钙、镁等组分以 Fe^{3+}、Al^{3+}、Ca^+、Mg^{2+} 离子形式存在于过滤 SiO_2 沉淀后的滤液中，它们都与 EDTA 形成稳定的络离子。但这些络离子的稳定性有显著的差别，因此只要控制适当的酸度，就可用 EDTA 分别滴定它们。

3. 仪器和药品

（1）仪器

需要的仪器有马弗炉，瓷坩埚，干燥器，长、短坩埚钳，酸、碱式滴定管，烧杯，容量瓶，锥形瓶，滴管，火焰光度计。

（2）药品

需要的药品有 EDTA 溶液（0.02mol/L），硫酸铜标准溶液（0.02mol/L），溴甲酚绿（1g/L，20% 乙醇溶液），磺基水杨酸钠（100g/L），PAN（3g/L 的乙醇溶液），铬黑 T（1g/L，称取 0.1g 铬黑 T 溶于 75mL 三乙醇胺和 25mL 乙醇中），GBHA（0.4g/L 的乙醇溶液），氯乙酸 – 醋酸铵缓冲液，氯乙酸 – 醋酸钠缓冲液（pH = 3.5），NaOH 强碱缓冲液（pH = 12.6，10g NaOH 与 10g $Na_2B_4O_7 \cdot 10H_2O$ 溶于适量水后，稀释至 1L），氨水 – 氯化铵缓冲液（pH = 10），NH_4Cl（固体），二安替比林甲烷，氨水，氢氧化钠，盐酸，尿素，硝酸，氟化铵，硝酸银，硝酸铵等。

4. 实验步骤

（1）SiO_2 的测定

1）准确称取 0.4g 试样，置于干燥的 50mL 烧杯中，加入 2.5 ~ 3g 固体 NH_4Cl，用玻璃棒混匀，滴加浓 HCl 溶液至试样全部润湿（一般约需 2mL），并滴加 2 ~ 3 滴浓 HNO_3，搅匀。小心压碎块状物，盖上表面皿，置于沸水浴上，加热 10 min，加热水约 40mL，搅动，以溶解可溶性盐类。过滤，用热水洗涤烧杯和沉淀，直至滤液中无 Cl^- 反应为止（用 $AgNO_3$ 检验），滤液留作下面实验项目检测。

2）将沉淀连同滤纸放入已恒重的瓷坩埚中，低温干燥、炭化并灰化后，于 950℃ 灼烧 30min 取下，置于干燥器中冷却至室温，称量。再灼烧、称量，直至恒重。计算试样中 SiO_2 的质量分数。

（2）Fe_2O_3 的测定

方法一：

取分离 SiO_2 后的滤液 50.00mL，置于 250mL 锥形瓶中，加入 0.05% 的溴甲酚绿指示剂 2 滴（pH 值变色范围为 3.8 ~ 5.4，溶液由黄色变为蓝绿色），逐滴用 1:1 氨水调节溶液至蓝绿色，再用 HCl（1:1）调节溶液呈黄色，再过量 3 ~ 5 滴（此时溶液的 pH≈2.0），加入 10% 磺基水杨酸钠指示剂 10 滴，用稀释 10 倍的 EDTA 标准溶液滴定至溶液由紫红色变为淡黄色为终点。根据 EDTA 的量，计算水泥熟料中 Fe_2O_3 的含量。重复操作三次。

方法二：

称取 0.25g 左右试样置于 250mL 烧杯中，加少许水润湿，加 15mL 1:1 HCl 和 3 ~ 5 滴浓 HNO_3，加热煮沸。待试样分解完全后，用水稀释至 150mL 左右。加热至沸，取下。加 2 滴甲基红指示剂，在搅拌下慢慢滴加 1:1 氨水至溶液呈黄色，并略有氨味后，再加热煮沸，取下。待溶液澄清后，趁热用快速滤纸过滤，沉淀用 1% NH_4NO_3 热溶液充分洗涤，至流出液中无 Cl^- 为止。滤液盛于 250mL 容量瓶中，冷至室温，用水稀释至刻度，供测定 Ca^{2+}、Mg^{2+} 用。

滴加 1:1 HCl 于滤纸上，使氢氧化物沉淀溶解于原烧杯中，滤纸用热水洗涤数次后弃去。将溶液煮沸以溶解可能存在的氢氧化物沉淀。冷却、滴加 1:1 氨水至溶液的 pH 值为 2 ~ 2.5（用 pH 试纸检验），加热至 50 ~ 60℃，加 10 滴磺基水杨酸指示剂，用稀释 10 倍的 EDTA 标准溶液滴定至溶液由紫红色变为淡黄色为终点。记下 EDTA 用量，计算试样中 Fe_2O_3 的含量，重复操作两次。测 Fe 后的溶液供测 Al 用。

（3）Al_2O_3 的测定

在方法一滴定 Fe^{3+} 后的溶液中，准确加入 50.00mL EDTA 标准溶液，滴加 1:1 氨水至溶液 pH 值约为 4，加入 10mL HAc-NaAc 缓冲溶液，煮沸 1min，取下稍冷。加 6 ~ 8 滴 PAN 指示剂，用稀释 10 倍的 $CuSO_4$ 标准溶液滴定溶液由淡黄色至显红色即为终点。记下 $CuSO_4$ 溶液的用量，计算试样中 Al_2O_3 的含量。重复操作三次。

（4）CaO、MgO 含量的测定

在方法二测 Fe_2O_3 后的滤液中移取 25mL 分离 SiO_2 后的滤液，中和后，加 20mL pH ≈ 10 的 NH_3-NH_4Cl 缓冲溶液，2 ~ 3 滴 K-B 指示剂，用 EDTA 标准溶液滴定至由紫红色转变为纯蓝色即为终点。记下 EDTA 滴定 Ca^{2+}、Mg^{2+} 的用量。

1）CaO 含量的测定：移取 25mL 分离氢氧化物沉淀后的滤液，用 20% NaOH 溶液调节溶液的 pH 值为 12 ~ 12.5（用 pH 试纸检验），加 2 ~ 3 滴 K-B 指示剂，用 EDTA 标准溶液滴定至溶液由紫红色变为纯蓝色即为终点。记下 EDTA 的用量，计算 CaO 的量。

2）MgO 含量的测定：采用差减法计算。

（5）硫酸盐-三氧化硫的测定

在酸性溶液中，用氯化钡溶液沉淀硫酸盐，经过灼烧后，以硫酸钡形式称量。测定结果以三氧化硫计。

具体步骤：称取约 0.5g 试样（m_1）精确至 0.0001g，置于 300mL 烧杯中，加入 30 ~ 40mL 水使其分散。加 10mL 盐酸（1:1），用平头玻璃棒压块状物，慢慢地加热溶液，直至水泥全部溶解。将溶液加热微沸 5min，用中速滤纸过滤，用热水洗涤 10 ~ 12 次。调整滤液体积至 200mL，煮沸，在搅拌下滴加 10mL 热的氯化钡溶液（100g/L），继续煮沸数分钟，然后移至温热处静置 4h 或过夜（此时溶液的体积应保持在 200mL）。用慢速滤纸过滤，用温水洗涤，直至检验无氯离子为止。

将沉淀及滤纸一并移入已灼烧恒重的瓷坩埚中，灰化后在 800℃ 的马弗炉内灼烧 30min，取出坩埚置于干燥器中冷却至室温，称量。反复灼烧，直至恒重（m_2）。

三氧化硫的质量百分数 X_{SO_3} 按下式计算：

$$X_{SO_3} = \frac{m_2 \times 0.343}{m_1} \times 100$$

式中，m_2 为灼烧后沉淀的质量(g)；m_1 为试料的质量(g)；0.343 为硫酸钡对三氧化硫的换算系数。

（6）一氧化锰的测定

在硫酸介质中，用高碘酸钾氧化高锰酸，于波长 530nm 处测定溶液的吸光度，用磷酸掩蔽三价铁离子的干扰。

具体步骤：称取约 0.1g 试样（m_3）精确至 0.0001g，置于铂坩埚中，加 3g 碳酸钠-硼砂（2:1）混合熔剂，混匀，在 950 ~ 1000℃ 下熔融 10min，用坩埚钳夹持坩埚旋转，使熔融物均匀地附着于坩埚内壁，放凉。将坩埚放在已盛有 50mL 硝酸（9:1）及 100mL 硫酸（5:95）并加热至微沸的 400mL 烧杯中，保持微沸状态，直至熔融物全部溶解。洗净坩埚和盖，用快速滤纸将滤液过滤至 250mL 容量瓶中，并用热水洗涤数次。将溶液冷却至室温，用水稀释至标线，摇匀。此溶液供测定一氧化锰及二氧化钛使用。

从上述溶液中，吸取 50mL 溶液放入 150mL 烧杯中，依次加入 5mL 磷酸（1:1）、10mL 硫酸（1:1）及 0.5 ~ 1g 高碘酸钾，加热微沸 10 ~ 15min，至溶液达到最大的颜色深度，冷却至室温，转入 100mL 容量瓶中，用水稀释至标线，摇匀。使用分光光度计，10mm 比色皿，以水为参比，于波长 530nm 处测定溶液的吸光度。在工作曲线上查出一氧化锰的含量（m_4）。

一氧化锰的质量百分数 X_{MnO} 按下式计算：

$$X_{MnO} = \frac{m_4 \times 5}{m_3} \times 100 = \frac{m_4 \times 500}{m_3}$$

式中，m_4 为 100mL 测定溶液中一氧化锰的质量(g)；m_3 为试料的质量(g)。

（7）二氧化钛的测定

在酸性溶液中 TiO_2 与二安替比林甲烷生成黄色配合物，于波长 420nm 处测定其吸光度。用抗坏血酸消除三价铁离子的干扰。

具体步骤：从测定一氧化锰配备的溶液中吸取 25mL 溶液放入 100mL 容量瓶中，加入 10mL 盐酸（1:2）及 10mL 抗坏血酸（5g/L），放置 5min。加 5mL 95%（V/V）乙醇、20mL 二安替比林甲烷溶液（30g/L），用水稀释至标线，摇匀。放置 40min 后，使用分光光度计，10mm 比色皿，以水作参比，于波长 420nm 处测定溶液的吸光度。在工作曲线上查出二氧化钛的含量(m_5)。

二氧化钛的质量百分数 X_{TiO_2} 按下式计算：

$$X_{TiO_2} = \frac{m_5 \times 10}{m_3 \times 1000} \times 100 = \frac{m_5}{m_3}$$

式中，m_5 为 100mL 测定溶液中二氧化钛的质量(g)；m_3 为试料的质量(g)。

（8）氯化钾与氯化钠的测定

水泥经氢氟酸-硫酸蒸发处理除去硅，用热水浸取残渣。以氨水和碳酸铵分离铁、铝、钙、镁。滤液中的钾、钠用火焰光度计进行测定。

具体步骤：称取约 0.2g 试样（m_6）精确至 0.0001g，置于铂皿中，用少量水润湿，加 5～7mL 氢氟酸及 15～20 滴硫酸（1:1），置于低温电热板上蒸发。近干时摇动铂皿，以防溅出。待氢氟酸蒸尽后逐渐升高温度，继续待三氧化硫白烟散尽。取下放凉，加入 50mL 热水，压碎残渣使其溶解。加 1 滴甲基红指示剂溶液（2g/L），用氨水（1:1）中和至黄色，加入 10mL 碳酸铵溶液（100g/L），搅拌，置于电热板上加热 20～30min。用快速滤纸过滤，以热水洗涤，滤液及洗液盛于 100mL 容量瓶中，冷却至室温。用盐酸（1:1）中和至溶液呈微红色，用水稀释至标线，摇匀。在火焰光度计上，按仪器使用规程进行测定。在工作曲线上分别查出氧化钾和氧化钠的含量 m_7、m_8。

氧化钾和氧化钠的质量百分数 X_{K_2O} 和 X_{Na_2O} 按下式计算：

$$X_{K_2O} = \frac{m_7}{m_6 \times 1000} \times 100 = \frac{m_7 \times 0.1}{m_6}$$

$$X_{Na_2O} = \frac{m_8}{m_6 \times 1000} \times 100 = \frac{m_8 \times 0.1}{m_6}$$

式中，m_7 为 100mL 测定溶液中氧化钾的质量（g）；m_8 为 100mL 测定溶液中氧化钠的质量（g）；m_6 为试料的质量（g）。

5. 数据记录及结果分析

$X_{SiO_2} =$ _____；$X_{Fe_2O_3} =$ _____；$X_{Al_2O_3} =$ _____；$X_{CaO} =$ _____；

$X_{MgO} =$ _____；$X_{SO_3} =$ _____；$X_{MnO} =$ _____；$X_{TiO_2} =$ _____；

$X_{K_2O} =$ _____；$X_{Na_2O} =$ _____。

6. 思考题

1）在 Fe^{3+}、Al^{3+}、Ca^{2+}、Mg^{2+} 共存时，能否用 EDTA 标准溶液控制酸度法滴定 Fe^{3+}？滴定 Fe^{3+} 的介质酸度范围是多少？

2）EDTA 滴定 Al^{3+} 时，为什么采用回滴法？

3）EDTA 滴定 Ca^{2+}、Mg^{2+} 时，怎样消除 Fe^{3+}、Al^{3+} 的干扰？

4）EDTA 滴定 Ca^{2+}、Mg^{2+} 时，怎样利用 GBHA 指示剂的性质调节溶液 pH 值？

5）为什么三氧化二铁的测定 pH 值应控制在 1.8～2.0？温度控制在 60～70℃有什么作用？

6）通常情况下，怎样估计某离子能否用 EDTA 进行配合滴定？

7. 注意事项

1）在滴定 Fe^{3+} 时，近终点应放慢滴定速度，注意操作，仔细观察。滴定终点随铁的含量不同而不同，特别是含铁量低的样品，终点更难观察。当滴定至淡紫色时，每加入一滴，应摇动片刻，必要时再加热（滴完时溶液温度约 60 ℃），小心滴定至亮黄色。因为此处滴定不佳，不但影响 Fe 的测定，还影响 Al 的测定结果。

2）以 PAN 为指示剂，用 $CuSO_4$ 滴定 EDTA 时，终点往往不清晰，应该注意操作条件。滴定温度控制在 80~85℃ 为宜，温度过低，PAN 指示剂和 Cu-PAN 在水中溶解度降低；温度太高，终点不稳定。为改善终点，还可以加入适量的乙醇。PAN 指示剂加入的量也要适当。

实验 3.12　　水泥熟料的制备

1. 实验目的

1）掌握水泥烧成实验方法。
2）掌握水泥熟料所用原料的配料计算。
3）了解不同配料对熟料煅烧的影响因素。
4）理解 KH、IM、SM 对水泥熟料煅烧及性能的影响。

2. 实验原理

水泥主要是由水泥熟料和部分混合材料、少量石膏一起粉磨而成的。因此水泥的质量主要取决于水泥熟料的质量，而熟料的质量除水泥生料的质量（原料的配料、均匀性）有影响外，主要取决于煅烧设备和煅烧质量。因此，在水泥研究与生产中往往通过实验来了解和研究熟料的煅烧过程，为优质、高产、低消耗提供依据。

硅酸盐水泥高温制备的实质：具有一定化学组成的水泥生料，经磨细、混合均匀，在从常温到高温的煅烧过程中，随着温度的升高，经过原料水分蒸发、黏土矿物脱水、碳酸盐分解、固相反应等过程。当到达最低共熔温度（约 1300℃）后，物料开始出现（主要由铝酸钙和铁铝酸钙等组成的）液相，进入熟料烧成阶段。随着温度继续升高，液相量增加，黏度降低，物料经过一系列物理、化学、物理化学的变化后最终生成以硅酸盐矿物（C_3S、C_2S）为主的熟料。

在煅烧过程中出现液相后，贝里特（$\beta\text{-}C_2S$）和游离石灰都开始溶于液相中，并以 Ca^{2+} 与 SiO_4^{4-} 离子状态进行扩散。通过离子扩散与碰撞，一部分 Ca^{2+} 与 SiO_4^{4-} 离子参与贝里特的再结晶，另一部分 Ca^{2+} 与 SiO_4^{4-} 等离子则参与贝里特吸收游离石灰形成阿里特（C_3S）：

$$C_2S(液) + CaO(液) \longrightarrow C_3S(固)$$

在 1300~1450℃ 的升温过程中，阿里特晶核形成、晶体长大，并伴随熟料结粒。阿里特的形成受游离石灰的溶解过程所控制。

在 1450～1300℃ 的冷却过程中，阿里特晶体还将继续长大和完善。随着温度的降低，熟料相继进行液相的凝结与矿物的相变。因此，在冷却过程中要根据熟料的组成与性能的关系决定熟料的冷却制度。为了保证熟料的质量，多采用稳定剂和适当快冷的办法来防止阿里特的分解和 β-C$_2$S 向 γ-C$_2$S 的转变。

3. 仪器和药品

（1）仪器

需要的仪器有电子天平、高温电阻炉（最高温度≥1500℃）、球磨罐（或研钵）、成型模具、压力机、高温匣钵、垫砂（刚玉砂）、坩埚钳、石棉手套、长钳、护目镜等。

（2）药品

需要的药品有石灰石、黏土、铁粉。

4. 实验步骤

（1）试样制备

1）可采用纯化学试剂，也可用已知化学成分的工业原料配料。

2）确定水泥的品种、熟料的组成和选用的原料。

3）进行配料计算：求熟料的石灰饱和系数 KH、硅率 SM、铝氧率 IM、原料配合比、液相量 P 以及确定煅烧最高温度。

4）将已配合的原料在研钵中研磨，或置入球磨罐中充分混磨，直至全部通过 0.08mm 的方孔筛。

5）按配方将称好的粉料加入 5%～7% 的水，放入成型模具中，置于压力机机座上以 30～35MPa 的压力压制成块，压块厚度一般不大于 25mm。

6）块试样在 105～110℃ 下缓慢烘干。

（2）水泥熟料烧成实验

1）检查高温炉是否正常，并在高温炉中垫隔离垫砂（刚玉砂等）。

2）将干燥试样置入高温匣钵中，试样与匣钵间以混合均匀的生料粉或煅烧过的 Al$_2$O$_3$ 粉隔离。

3）将匣钵放入高温炉中，以 350～400℃/h 的速度升温至 1450℃ 左右，保温 1～4h 后停止供电。水泥烧成温度和保温时间与水泥生料的组分、率值有关。一般工业原料配置的生料在 1450℃ 左右时需保温 1h 左右。

4）保温结束后，戴上石棉手套和护目镜，用坩埚钳从电炉中拖出高温匣钵，稍冷后取出试样，立即用风扇吹风冷却（在气温较低时在空气中冷却）。防止 C$_3$S 的分解、β-C$_2$S 向 γ-C$_2$S 转变，并观察熟料的色泽等。

5）将冷却至室温的熟料试块砸碎磨细，装在编号的样品袋中，置于干燥器内。

（3）重烧

取一部分样品，用甘油乙醇法测定游离氧化钙，以分析水泥熟料的煅烧程度。若游离氧化钙较高，需将熟料磨细后重烧。

在实验室研究中，为了使矿物充分合成，也需将第一次合成的产物磨细后，再按上述步骤进行第二次合成。

5. 数据记录及结果分析

（1）实验记录

实验数据和观察情况记录在表 3-12-1 中。

表 3-12-1　水泥制备实验记录

试样名称			测试人		实验日期	
加料方式					保温时间	
升温阶段	0~600℃	600~900℃	900~1200℃	1200℃以上		
升温速度						
冷却速度						
熟料观察	色泽	熔融态	密实性			
产率及液相量	KH	SM	IM	P	KH⁻	
分析						

（2）矿物合成分析

取一部分样品，用 X 射线衍射或光学显微镜物相分析等方法测定矿物的合成情况。

6. 思考题

1）水泥的 KH、IM、SM 及液相量 P 对熟料煅烧质量有何影响？
2）如何判定水泥烧成质量？
3）水泥烧成制度对水泥烧成有何影响？

7. 注意事项

注意高温防护。

实验3.13　氧化镁部分稳定的氧化锆微细粉末的制备

1. 实验目的

1）了解氧化锆晶型转变的特点及其稳定晶格的方法。

2）掌握共沉淀法制备氧化镁部分稳定的氧化锆固体电解质超细粉末的方法。

2. 实验原理

纯氧化锆的烧结体晶型是不稳定的，在升温过程中，在 1140℃ 会发生单斜相→四方相的转变，同时产生 7% 的体积收缩；在 1400℃ 时发生四方相→立方相的转变；降温时又会发生反方向的相变，如图 3-13-1 所示。如果在氧化锆中掺入足够的氧化钇、氧化钙或氧化镁，可以使氧化锆在室温时也能保持稳定的立方相结构，晶型不再随温度变化，称为全稳定的氧化锆（FSZ）。

同时，由于掺入的低价金属离子（Ca^{2+}、Mg^{2+}、Y^{3+}）进入氧化锆晶格后，产生大量的氧离子空位，所以，氧化锆在高温（>550℃）时，允许氧离子通过氧离子空位迁移，形成氧离子导体。如果原料很纯净（特别是没有变价的金属离子杂质），可以得到电子导电很低的氧离子导体用于制作高温传感器（气体中的氧传感器）。

为了制作测定钢液中氧含量的传感器，要求氧化锆固体电解质管状元件（$\varphi 5mm \times 1mm \times 35mm$）具有很好的抗热冲击能力，在突然插入 1700℃ 钢液的情况下，不允许产生裂纹。这时，需要采用部分稳定的氧化锆材料。

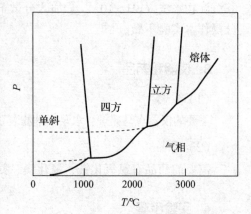

图 3-13-1　氧化锆多晶转变相图

减少氧化锆中稳定剂的含量，可以得到部分稳定的氧化锆（PSZ）。在常温下，在部分稳定的氧化锆烧结体中，三种晶型（单斜、四方和立方）混合存在，使升温过程中元件的热膨胀，可以被单斜相→四方相转变时的体积收缩所抵消（如果单斜相的比例合适时）；如果原料粉末很细小、烧结体中的晶粒也很细小，微小的单斜晶粒可以在低一些的温度（600～1000℃）时提前、逐步地发生相转变，大大地减缓了热冲击来的热应力；并且，微细的四方相晶粒（<0.2μm 的四方相晶粒才能在室温下存在）有助于提高材料的韧性；另外，烧结后相变时产生的微裂纹，也有助于阻止裂纹扩展的作用；烧结体晶粒很细小，使得元件强度得到了提高，这些因素都有利于提高元件的抗热冲击能力。

为了控制三相比例，除了严格遵守烧结、热处理制度外，还必须准确地控制氧化锆中稳定剂（MgO）的含量；另外，要求粉末粒度很细小并且不允许带杂质。因此，我们采用共沉淀法制备氧化镁部分稳定的氧化锆（MgO-PSZ）超细粉末。

氧氯化锆（$ZrOCl_2 \cdot 8H_2O$）不溶于酸和碱，所以可以用酸来提纯（除去铁离子等杂质）。提纯后，将氧氯化锆溶于水，过滤，除去灰尘、氧化硅等杂质，按需要的成分配入氧化镁，形成锆、镁的混合盐溶液。加入过量的氨水形成氢氧化锆和氢氧化镁均匀混合的细小颗粒沉淀物。

$$ZrCl_4 + NH_4OH \longrightarrow Zr(OH)_4 \downarrow + NH_4Cl$$

$$MgCl_2 + NH_4OH \longrightarrow Mg(OH)_2 \downarrow + NH_4Cl$$

因为氢氧化镁比较容易溶于水，因此，必须保持较高的碱性（pH>10），不使氢氧化镁流失。过滤后，用 pH>10 的氨水淋洗沉淀物，除去多余的氯化铵；沉淀物中加入分散剂

（高分子溶剂如正丁醇、聚乙二醇等）；避免在热分解时粉体结团。

沉淀物烘干后，在加热分解过程中，低温时首先脱水，然后是剩余的氯化铵分解，最后是锆、镁氧化物的生成：

$$NH_4Cl \longrightarrow NH_3\uparrow + HCl\uparrow$$

$$Zr(OH)_4 \longrightarrow ZrO_2 + 2H_2O\uparrow$$

$$Mg(OH)_2 \longrightarrow MgO + H_2O\uparrow$$

氧化镁部分稳定的氧化锆超细粉体的制备过程如下：

①称取原料；②加水溶解；③过滤固体杂质；④加入稳定剂氧化镁；⑤加入氨水共沉淀；⑥沉淀物水洗（pH > 10）；⑦加入分散剂；⑧干燥；⑨热分解。整个流程很长，其中后三部分操作本实验不做。

3. 仪器和药品

（1）仪器

需要的仪器有马弗炉、水泵、抽滤装置、布氏漏斗、烘箱、电子天平、烧杯（2000mL）等。

（2）药品

需要的药品有氯氧化锆、氯化镁、氨水、聚乙二醇、蒸馏水。

4. 实验步骤

（1）氯氧化锆提纯

取500g氯氧化锆置于2000mL的烧杯中，加入360mL蒸馏水，搅拌使之溶清。抽滤，除去固体杂质：洗净布氏漏斗和抽滤用的锥形瓶，垫好湿滤纸，缓慢倒入溶清的氯氧化锆溶液，用水泵抽滤，抽干后用少许蒸馏水（约20mL）淋洗布氏漏斗。

（2）共沉淀法制备$Zr(OH)_4$和$Mg(OH)_2$的混合物

为得到含氧化镁质量比为2.2的氧化锆，计算需加入氧化镁的重量；按500g氯氧化锆中含有的氧化锆的重量计算（按分子量计算；也可以用实验的方法测定单位体积溶液中的氧化锆含量，按溶液的浓度和体积来计算）。

在上述溶液中加入计量的氯化镁，搅拌，溶清。缓慢加入300mL氨水，同时不停地搅拌，不使沉淀结团，可补加到400mL氨水，直到沉淀完全，并将被沉淀包裹的水放出，可将搅拌澄清的清液取出少量，在清液中加入氨水后，不再产生沉淀，表明沉淀完全。在布氏漏斗中再垫滤布和滤纸，将沉淀物倒入布氏漏斗内，用水泵抽滤，滤饼用氨水溶液（1:15）淋洗三次，每次50mL。

为进一步除去氯化铵，将滤饼倒在2000mL烧杯中，加入300mL氨水溶液浸泡，搅拌澄清后，倒掉清液，再次抽滤除水。

（3）化学分析

测定沉淀物中镁的含量。计算相应的氧化锆中氧化镁的含量。

（4）干燥和热分解

将滤饼中加入分散剂，搅匀，蒸馏，干燥沉淀物、回收分散剂。

将干燥的沉淀物盛在氧化铝坩埚中,放在马弗炉内,升温至 480℃,保温 1h,将剩余的氯化铵分解、排除,再升温至 600℃,保温 1h,使氢氧化物分解完全。冷却后得到氧化镁部分稳定的氧化锆超细粉末。

称重,计算氧化锆的收率。

5. 数据记录及结果分析

1)加入氧化镁量的计算过程。
2)计算氧化镁收率、氧化锆收率。
3)对实验现象的记录与分析。

6. 思考题

1)用什么方法制备陶瓷细粉和超细粉末?
2)制备超细粉末对材料性能有何影响?
3)在升温过程中,如何保持氧化锆材料体积不变?

7. 注意事项

1)马弗炉使用温度高,冷却后才能打开,需注意安全。
2)滴加氨水时一定要缓慢,同时要不停地搅拌,使沉淀分散均匀,若出现沉淀结团,马上补加氨水。
3)滤饼需要氨水充分浸泡。

实验 3.14 水解法制备 α-Al_2O_3 超细粉末

1. 实验目的

1)掌握水解法制备超细粉末的工艺流程。
2)了解 α-Al_2O_3 超细粉末制备的主要影响因素。

2. 实验原理

水解法是利用金属盐在一定条件下水解生成氧化物、氢氧化物或水合物,经洗涤、干燥、煅烧等处理后制备超细粉末的方法。根据所用金属盐的种类可将其分为无机盐水解法和金属醇盐水解法。金属醇盐水解法由于不需要添加碱就能进行加水分解,且没有有害阴离子和碱金属离子,是制备高纯超细颗粒的理想方法之一,但其成本高,过程不易有效控制。无机盐水解法所用原料价低易得,通过配制无机盐的水合物,控制其水解条件,可合成单分散性的球、立方体等形状的超细颗粒。

本实验以 $Al(NO_3)_3 \cdot 9H_2O$ 为原料，铝盐溶解于纯水中电离出 Al^{3+}，并溶剂化，其存在状态受溶液 pH 值的影响。在酸性溶液中，铝以 $[Al(H_2O)_n]^{3+}$ $(n = 1 \sim 6)$ 水合离子的形式存在；在碱性溶液中，其主要存在形式为 $Al(OH)_n^{3-n}$，pH 值达一定值后，形成 $Al(OH)_3$ 沉淀。沉淀经洗涤去杂质离子，干燥去水。最后经热处理得到一定晶相的超细氧化铝粉。

3. 仪器和药品

(1) 仪器

需要的仪器有恒温磁力搅拌器、真空泵、锥形瓶、布氏漏斗、滤纸、离心机、分析天平、烘箱、高温炉、烧杯、带塞试管、X 射线衍射仪、透射电镜、粒度分析仪、酸度计、马弗炉。

(2) 药品

需要的药品有 $Al(NO_3)_3 \cdot 9H_2O$、尿素、十二烷基硫酸钠、氨水、蒸馏水。

4. 实验步骤

(1) $\alpha\text{-}Al_2O_3$ 超细粉末的制备

按照 $Al(NO_3)_3 \cdot 9H_2O$、$CO(NH_2)_2$、水物质的量比为 $1:X:Y$ 进行投料，其中 $X = 10$、20、30，$Y = 60$、90。$Al(NO_3)_3 \cdot 9H_2O$ 为 $0.02mol$。共 6 个配方的实验。

准确称取各物料，同组物料置于同一烧杯中，加入十二烷基硫酸钠 $0.1g$。将烧杯置于磁力搅拌器上，$40℃$ 水浴加热下搅拌 $1h$ 至透明均匀溶液，测其 pH 值。将上述溶液倒入试管中，密闭后放入烘箱恒温，烘箱温度为 $80℃$ 时，开始计时，放置 $24h$，并每隔一定时间测样品的 pH 值，注意观察出现胶体状态的时间。

将上述水解后的样品用离心机离心分离，所得沉淀用蒸馏水洗涤多次，抽滤固体粉末。将洗涤过的沉淀物放入烘箱中干燥，$100℃$ 干燥至恒重。干燥后粉体放入马弗炉中，在 $500℃$ 进行煅烧。

(2) 煅烧后粉体分析

其晶体结构用透射电镜观察粉体颗粒大小、形状、团聚状态，用粒度分析仪测定粉体粒度及其粒度分布。

5. 数据记录及结果分析

(1) 实验记录

将实验测定的反应时间与 pH 值记录表 3 - 14 - 1 中。

表 3 - 14 - 1　反应时间与 pH 值记录

样号	$Al(NO_3)_3 \cdot 9H_2O/g$	$CO(NH_2)_2/g$	H_2O/g	pH-t(h_1)	pH-t(h_2)	pH-t(h_3)	pH-t(h_4)
1							
2							
3							

（续）

样号	Al(NO₃)₃·9H₂O/g	CO(NH₂)₂/g	H₂O/g	pH-t(h₁)	pH-t(h₂)	pH-t(h₃)	pH-t(h₄)
4							
5							
6							

（2）数据处理与分析

以 pH 值为纵坐标，以时间 t 为横坐标，画出所测样品的 pH-t 关系图。根据透射电镜、粒度分析仪、XRD 测试结果，分析配料比对粉体性能的影响，并解释。

6. 思考题

1）实验中是否可用氨水代替尿素？用尿素有何优点？

2）水解沉淀法中影响颗粒大小的因素有哪些？

3）加表面活性剂的作用是什么？

7. 注意事项

1）抽滤时要正确使用真空泵，并注意滤纸不被抽破。用离心机离心时，要注意离心管及所盛样品总量的平衡。

2）测样品 pH 值前，注意用标准液校对，测量时要快。

3）高温炉中取放样品时，注意安全操作。

实验 3.15　溶胶-凝胶法制备纳米二氧化钛及其光催化性能

1. 实验目的

1）掌握溶胶-凝胶法合成纳米级半导体材料 TiO_2。

2）熟悉无机化学的水解反应理论，物理化学的胶体理论。

3）掌握纳米二氧化钛光催化降解甲基橙水溶液的原理及方法。

2. 实验原理

纳米 TiO_2 具有许多独特的性质，如表面张力大、熔点低、吸收紫外线的能力强、表面活性大、热导性能好、分散性好等，具有广阔的应用前景。例如，利用纳米 TiO_2 作为光催化剂，可处理有机废水，其活性比普通 TiO_2（约 10μm）高得多；利用纳米 TiO_2 透明性和散射紫外线的能力，可用于食品包装材料、木器保护漆、人造纤维添加剂、化妆品防晒霜等；利用其光电导性和光敏性，可开发一种 TiO_2 感光材料。目前合成纳米二氧化钛粉体的方法主要有液相法和气相法。由于传统的方法难以制备纳米级二氧化钛，而溶胶-凝胶法则可以在低温下制备高纯度、粒径分布均匀、化学活性大的单组分或多组分分子级纳米催化剂，因此，本实验采用溶胶-凝胶法来制备纳米二氧化钛光催化剂。

制备溶胶所用的原料为钛酸四丁酯 [Ti(OC₄H₉)₄]、水、无水乙醇（C₂H₅OH）以及冰醋酸。反应物为 Ti(OC₄H₉)₄ 和水，分相介质为 C₂H₅OH，冰醋酸可调节体系的酸度以防止钛离子水解过速。使 Ti(O-C₄H₉)₄ 在 C₂H₅OH 中水解生成 Ti(OH)₄，脱水后即可获得 TiO₂。在后续的热处理过程中，只要控制适当的温度条件和反应时间，就可以获得金红石型和锐钛型二氧化钛。

钛酸四丁酯在酸性条件下、在乙醇介质中的水解反应是分步进行的，总水解反应表示为下式，水解产物为含钛离子的溶胶。

$$Ti(OC_4H_9)_4 + 4H_2O \longrightarrow Ti(OH)_4 + 4C_4H_9OH$$

一般认为，在含钛离子溶液中，钛离子通常与其他离子相互作用形成复杂的网状基团。上述溶胶体系静置一段时间后，由于发生胶凝作用，最后形成稳定凝胶。

$$Ti(OH)_4 + Ti(OC_4H_9)_4 \longrightarrow 2TiO_2 + 4C_4H_9OH$$
$$Ti(OH)_4 + Ti(OH)_4 \longrightarrow 2TiO_2 + 4H_2O$$

3. 仪器和药品

（1）仪器

需要的仪器有 X 射线衍射仪、马弗炉、光催化反应器、可见分光光度计、高速冷冻离心机、超声波细胞粉碎机、恒温磁力搅拌器、搅拌子、三口烧瓶（250mL）、恒压漏斗（50mL）、量筒（10mL、50mL）、烧杯（1000mL）。

（2）药品

需要的药品有钛酸四丁酯（分析纯）、无水乙醇（分析纯）、冰醋酸（分析纯）、盐酸（分析纯）、蒸馏水、甲基橙。

4. 实验步骤

（1）溶胶-凝胶法制备纳米二氧化钛

以钛酸四丁酯 [Ti(OC₄H₉)₄] 为前驱物，无水乙醇（C₂H₅OH）为溶剂，冰醋酸（CH₃COOH）为螯合剂，制备二氧化钛溶胶。

室温下量取 10mL 钛酸四丁酯，缓慢滴入到 35mL 无水乙醇中，用磁力搅拌器强力搅拌10min，混合均匀，形成黄色澄清溶液，标记为 A 组分。将4mL 冰醋酸和10mL 蒸馏水加入到35mL 无水乙醇中，剧烈搅拌，滴入 1~2 滴盐酸，调节 pH 值使 pH≤3，得到溶液，标记为 B 组分。室温水浴中，在剧烈搅拌下通过恒压漏斗将 A 组分缓慢滴入 B 组分中，滴速大约为 2~3mL/min。滴加完毕后得到浅黄色溶液，继续搅拌半小时后，升温至40℃水浴加热2h，得到白色凝胶（倾斜烧瓶凝胶不流动）。再在60℃保温4h后放入烘箱中，80℃干燥20h，得黄色晶体，研磨，得到淡黄色粉末。在不同的温度下（300℃、400℃、500℃、600℃）热处理2h，得到不同的二氧化钛（纯白色）粉体。

（2）产物结构表征

X 射线衍射测定：将二氧化钛粉末放置到衍射仪样品台上，Cu-Kα 辐射，管电压40kV，管电流 30mA，扫描范围 20°~80°，扫描速度 4deg/min。

（3）催化降解甲基橙水溶液

1）配制起始浓度为 20mg/L 的甲基橙水溶液 500mL 置于 1000mL 烧杯中，在玻璃棒搅拌下加入 0.05g 纳米二氧化钛。

2）将上述悬浊液移入光催化反应器中，开通循环冷凝水，在黑暗状态下磁力搅拌约 20min 后，取样 5mL，高速离心（16000 转/s）10min 后，取上层清液用分光光度法测定其吸光度 A_0。

3）开启紫外灯，每隔 20min 取样 5mL 进行高速离心分离，取上层清液用分光光度法测定其吸光度 A_t。

5. 数据记录及结果分析

（1）X 射线衍射数据分析

根据同种晶体的粒径大小与其衍射峰的宽度成反比关系，依据谱图中衍射峰的宽度定性判断所检测物质（粉末或薄膜）的粒径大小。

锐钛矿相的特征峰出现在 $2\theta = 25.14°$、$37.18°$、$47.16°$；金红石相的特征峰出现在 $2\theta = 27.14°$、$36.10°$、$54.13°$。将经 300℃、400℃、500℃、600℃ 热处理的纳米二氧化钛的 X 射线衍射谱图与标准谱图进行比较，分析产物相态结构。

（2）光催化降解甲基橙数据记录及计算结果填入表 3-15-1

按公式 $D = \dfrac{A_0 - A_t}{A_0} \times 100\%$ 计算降解率。

表 3-15-1　实验数据

t/min	0	20	40	60	80	100
A_t						
D（%）						

（3）作图

利用降解率 D（%）对降解时间 t（min）作图。

6. 思考题

1）为什么所有的仪器必须干燥？

2）加入冰醋酸的作用是什么？

3）为什么本实验中选用钛酸四丁酯 $[Ti(OC_4H_9)_4]$ 为前驱物，而不选用四氯化钛 $TiCl_4$ 为前驱物？

4）简述 TiO_2 作为光催化剂降解废水的原理。

7. 注意事项

1）所有仪器必须干燥。

2）滴加溶液的同时应剧烈搅拌，防止溶胶形成的过程中产生沉淀。

Part 4 第 4 部分

复合材料制备与性能实验

实验 4.1 蒙脱石/有机胺夹层材料的制备

1. 实验目的

1）了解夹层化合物的结构特点，掌握层间反应的原理。
2）掌握制备夹层材料的基本操作方法。

2. 实验原理

拓扑化学也叫局部化学，是一种重要的软化学处理方法，通过应用这种方法可以转变一个化合物而维持其显著的特征。这种方法要求主体化合物有一些特殊的结构特征以便于拓扑处理。接受性化合物经常包括一些相异键，即共价键、离子键、范德华力以及氢键，这些键合作用可以使化合物形成一维、二维或三维结构碎片，而这些结构碎片特别适合拓扑化学。图 4-1-1 给出了一些适合拓扑化学操作的化合物，如具有一维金属硫属化合物链结构的 $KFeSe_2$ 和 $Tl_2Mo_6Se_6$；层状化合物，如石墨、$LiCoO_2$、蒙脱石和水滑石；多孔化合物，如 β-氧化铝和八面沸石等。一些密堆结构的化合物如锐钛矿和一些简单立方钙钛矿等都可以进行拓扑化学反应。

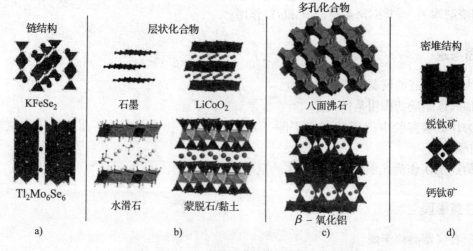

图 4-1-1 一些适合局部化学处理的典型结构

典型的拓扑化学操作有离子交换、嵌入、脱嵌以及其他拓扑化学技术，包括：① 层抽出，即在主体层间物质的抽出；② 嫁接，在主体层间形成共价键，经常包括有机分子；③ 剥离，即主体层部分或全部的分离或溶解；④ 层的构建，即主体层间的金属-非金属层的延伸；⑤ 柱撑，即在主体层间构建柱状特征；⑥ 取代反应，在主体内的离子取代，尤其是阴离子，经常作为氧化还原反应的一部分。

嫁接和嵌入是两种重要的拓扑手段，可以将各种有机分子（客体分子）有效地安置在层状化合物（主体分子）的层间空间，从而可以达到赋予主体化合物崭新的性能等。

蒙脱石拥有良好的膨胀性、吸附性和阳离子交换性，且资源丰富、价格低廉，已成为制备聚合物-层状硅酸盐复合材料填充剂的重要原料。国产天然膨润土中，蒙脱石的含量通常只有 50%～70%，且多为钙基蒙脱石，其阳离子交换性能和片层剥离效果较差，不能直接应用于制备聚合物-层状硅酸盐复合材料，必须先对其进行钠化、提纯，使其阳离子交换容量超过 85meq/100g 和蒙脱石含量达到 95% 以上才能满足要求。此外，蒙脱石层间的水合无机阳离子（Na^+ 和 Ca^{2+}）属亲水性，而大多数聚合物属亲油性，二者的相容性较差。利用蒙脱石层间阳离子的可交换性，采用长碳链的有机季铵盐阳离子与蒙脱石层间吸附的水合无机阳离子进行置换，将有机季铵盐阳离子嵌入到蒙脱石层间，层间的长碳链烷基使其具有很好的亲油性，能与聚合物基体形成强相互作用界面，更加有利于其剥离分散在聚合物基体中，得到性能优异的聚合物——蒙脱石复合材料。

3. 仪器和药品

（1）仪器

需要的仪器有 X 射线衍射仪一台，WQ-510 红外光谱仪一台，Q600 热重分析仪一台，万分之一电子天平一台，250mL 烧杯五个，100mL 量筒两个，100mL 容量瓶两个，实验用分散机一台，高速离心机一台，普通烘箱一台，200 目筛子一套，100mL 烧瓶一个，广泛 pH 试纸一包，恒温水浴锅一个，电动搅拌器一台，真空干燥箱一台，玛瑙研钵一套等。

（2）药品

需要的药品有天然膨润土、碳酸钠、10wt% 六偏磷酸钠水溶液（分散剂）、硫酸、十六烷基三甲基溴化铵（CTAB）等，均为分析纯。

4. 实验步骤

（1）天然膨润土的钠化、提纯

准确称取 10g 天然膨润土及 0.5g 碳酸钠，置于 250mL 烧杯中，加入 100mL 蒸馏水以及 0.3～1mL 的 10%（质量百分比）分散剂，制成 10% 的悬浮液。转入高速分散机中，高速搅拌 1h，置于离心机中，高速离心 5min，除去底部较粗的沉渣。加水稀释 1 倍后置于高速分散机中分散 30min，离心 3min，除去上部细粒及清液，再离心脱水 30min。取底部沉淀物，在 105℃下干燥 4 h，研磨过筛（200 目筛子），筛下物备用，即制得钠基蒙脱石。

（2）蒙脱石/有机胺夹层材料的制备

在 100mL 烧瓶中加入钠基蒙脱石（1g）、十六烷基三甲基溴化铵（1～2g）、蒸馏水（10～20g），并滴加少量稀硫酸调整 pH 值为 3～6，放于 60℃恒温水浴中加热搅拌约 2h，使其充分交换。将插层后的蒙脱石料浆在常温下离心分离后用蒸馏水洗涤 3 次以上，至洗出液中检测不到 Br^-。40℃下减压干燥，105℃烘干 30min，磨碎，即制得蒙脱石/有机胺夹层材料。

（3）分析测试

对制得的样品进行 X 射线衍射、红外光谱和热重分析测试。

5. 数据记录及结果分析

记录 XRD、IR 和 TG 数据，并对蒙脱石/有机胺夹层材料的晶体结构、表面有机物含量和组成进行讨论分析。

6. 思考题

1）有机胺为什么可以嵌入到蒙脱石的层间？
2）如何判断有机胺是嵌入到蒙脱石的层间，而不是表面吸附？
3）改性后的蒙脱石可能发生哪些性质的变化？

7. 注意事项

1）水质要求高，要用去离子水。
2）严格控制温度。

实验 4.2 智能聚合物修饰的金纳米粒子的制备及性能

1. 实验目的

1）了解智能聚合物修饰金纳米粒子的相关制备方法及其应用。
2）掌握配体置换法制备智能聚合物修饰金纳米粒子的制备原理及方法。
3）熟悉智能聚合物修饰金纳米粒子的表征方法。

2. 实验原理

智能聚合物包覆的金纳米粒子由于具有独特的光电性能，引起了人们广泛的研究兴趣，在光电器件、生物医学、智能催化、分析检测、开关控制、纳米机器等领域有着巨大的潜在应用价值。将智能聚合物用于修饰金纳米粒子，不仅可以增强金纳米粒子的长期稳定性，调节金纳米粒子的亲水亲油性、溶解性、相容性和可加工性等，也使得金纳米粒子具有可控开关、智能催化、靶向治疗等一些独特的智能特性。根据环境刺激的不同，智能聚合物包覆的金纳米粒子主要有温度敏感型、pH 敏感型、光敏感型、pH/电解质双重敏感型和 pH/温度双重敏感型等几类。在合成方法上，主要有原位合成法、配体置换法、表面引发聚合法、表面接枝聚合法和表面接枝反应法等。原位合成法、配体置换法和表面接枝反应法可归为"grafting to"技术,表面引发聚合法称作"grafting from"技术,表面接枝聚合法称作"grafting through"技术。目前,在制备结构可控的聚合物杂化纳米粒子方面,"grafting from"技术结合活性自由基聚合得到了广泛深入的研究。

本实验中,采用水溶性的 4-二甲氨基吡啶(DMAP)稳定的金纳米粒子与端基含三硫代碳酸酯(TTC)基团的聚 N-异丙基丙烯酰胺(PNIPAM - TTC)进行配体置换,制备聚 N-异丙基丙烯酰胺修饰的金纳米粒子,并对其形貌结构和水溶液的温敏特性进行研究,如图 4-2-1 所示。

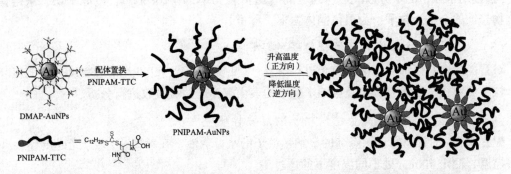

图 4 - 2 - 1　PNIPAM 智能聚合物修饰的金纳米粒子的制备及温敏性响应示意图

3. 仪器和药品

(1) 仪器

需要的仪器有 250mL 三口烧瓶一个,100mL 三口烧瓶一个,100mL 容量瓶两个,100mL 量筒一个,10mL 量筒一个,1mL 移液管三支,胶头滴管五支,分液漏斗一个,100μL 的微量进样器一只,机械电动搅拌器一台,冷冻干燥机一台,磁力搅拌加热套一台,磁力搅拌子一个,紫外-可见分光光度计一台,激光纳米粒度仪一台,红外光谱仪一台,0.45μm 水系微孔滤膜,透析袋(MWCO = 10000),透析袋(MWCO = 100000)。

(2) 药品

需要的药品有氯金酸、甲苯、硼氢化钠、四辛基溴化铵、端基含三硫代碳酸酯基团的聚 N-异丙基丙烯酰胺、无水硫酸钠、4-二甲氨基吡啶、超纯水。

4. 实验步骤

(1) 4-二甲氨基吡啶稳定的金纳米粒子的制备

1) 将 5mL 的 1% $HAuCl_4$ 水溶液加入到 100mL 三口烧瓶中,再加入含有 340mg 四辛基溴化铵的甲苯溶液(12mL),强烈搅拌 30min 后,观察水层和甲苯层的颜色。

2) 在 10 min 内缓慢滴加新鲜配制的硼氢化钠水溶液(60mg,7mL 水),反应混合物继续在室温下强烈搅拌 2h。记录整个反应过程中颜色的变化。

3) 用分液漏斗将溶液用去离子水水洗两次,获得含金纳米粒子的甲苯分散液。

4) 在金纳米粒子的甲苯分散液中加入与之等体积的含 250mg 的 4-二甲氨基吡啶水溶液,

在分液漏斗中剧烈混合 30s，静止 30min 后收集水层，用甲苯洗涤水层两次后再采用 0.45μm 微孔滤膜过滤。

5）获得的金纳米粒子水分散液在水中透析 1 周（透析袋 MWCO = 10000），获得 4-二甲氨基吡啶稳定的金纳米粒子水分散液。

（2）智能聚合物修饰的金纳米粒子的制备

取之前制备的 4-二甲氨基吡啶稳定的金纳米粒子水分散液，在冰水浴条件和强烈机械搅拌下加入 0.7g 端基含三硫代碳酸酯基团的聚 N-异丙基丙烯酰胺的水溶液 10mL，继续搅拌 12h。含金纳米粒子的水分散液透析约 2 周（透析袋 MWCO = 100000），冷冻干燥，获得智能聚合物修饰的金纳米粒子，为黑色固体粉末，称重。

（3）智能聚合物修饰的金纳米粒子的结构表征

对智能聚合物修饰的金纳米粒子进行紫外–可见吸收光谱、红外光谱和粒度分析测定。对纳米粒子的粒径、表面有机物及金纳米粒子的表面等离子共振吸收进行分析。

（4）智能聚合物修饰的金纳米粒子的温敏性研究

配置 0.5% 的智能聚合物修饰的金纳米粒子的水分散液，在紫外–可见分光光度计上（带水浴控温）测定 700nm 处不同温度下的透过率。

5. 数据记录及结果分析

1）紫外–可见吸收光谱、红外光谱和粒度数据的收集及分析。

2）温敏性测试数据记录及作图分析，见表 4 - 2 - 1。

表 4 - 2 - 1　温敏性数据

温度/℃	25	26	27	28	29	30	31	32	33	34	35	36	37	38	39	40
透过率（%）																

以透过率对温度作图，并以透过率降为原来 50% 时的温度确定为相转变温度（LCST）。

6. 思考题

1）在 4-二甲氨基吡啶稳定的金纳米粒子制备中，当加入四辛基溴化铵的甲苯溶液后，上层溶液变为金黄色，进一步加入 4-二甲氨基吡啶后，上层溶液变为无色，为什么？

2）为什么聚合物能够将金纳米粒子表面的 4-二甲氨基吡啶分子置换掉？

3）为什么聚合物修饰的金纳米粒子水溶液的光学性质具有温度依赖性？

7. 注意事项

1）反应混合物需要剧烈搅拌，硼氢化钠水溶液应缓慢滴加，防止过快加入。

2）透析时，盛装液体不应超过透析袋容积的 1/2。

3）温敏性测试时，控制升温速度为 0.5 K/min。

实验 4.3　PVC/纳米 TiO$_2$ 复合材料的制备及力学性能测试

1. 实验目的

1）了解无机纳米材料改性 PVC 塑料的原理。
2）掌握纳米 TiO$_2$/PVC 复合材料的制备方法。
3）掌握塑料力学性能的测试方法。

2. 实验原理

凡通过物理的、化学的或者物理化学相结合的方法，促使塑料材料的性能得到改善，或发生变化，或赋予树脂材料具有新的功能的新塑料材料，都可称之为塑料改性。塑料改性的方法很多，如共混改性、填充改性、增强改性、复合改性、交联改性、发泡改性、表面改性、添加改性、嵌段共聚改性及接枝共聚改性等。

填充改性是指在树脂基材中，添加一定量的无机或有机填充料、助剂等添加剂，通过热-机械物理共混，促使填充料、助剂等添加剂均匀地混炼，并均匀地分散在聚合物基材的母体中，从而改变塑料基材的性能，或降低塑料制品的原料成本，达到预期效果或增量的目的。

由于无机纳米粒子粒径小、比表面积大、活性高，而且纳米粒子粒径越小，曲率越大，对应力的分散就越好，与基体树脂的接触面积也就越大。无机纳米粒子同基体 PVC 模量及泊松比的巨大差异，当外部拉力作用于材料时，在分散相周围形成一个球形应力集中区域，其内层为刚性无机粒子，外层为有机高分子层，此时，刚性无机纳米粒子的两极受到拉应力，在赤道位置受到压应力的作用。由于力的相互作用，在赤道位置的基体上也受到压应力的作用，根据 Misse 屈服判据，当 $(\sigma_x - \sigma_y)^2 + (\sigma_y - \sigma_z)^2 + (\sigma_z - \sigma_x)^2 \geqslant 6k$ 时（其中 σ_x、σ_y 和 σ_z 为三个主应力，k 为材料常数），球附近基体发生屈服，吸收能量；另外，由于两极受到较高的拉应力，则在两极附近易发生界面脱黏。对于表面偶联剂接枝改性的无机粒子，可起到多向分散负荷的作用，使得应力能更好地传递给无机粒子。如果某个链断裂，其他链仍可起作用，而不致整体破坏；同时，无机纳米粒子模量较大，本身能够承担一定的负荷，使拉伸强度进一步提高。因此，两极处热塑性大分子链形变脱缠结就需要更大的应力，这有利于大分子的韧化，两极脱黏后，会继续扩展到填料的大部分面积，从而在填料周围形成空穴。同时，赤道方向的压应力又促使基体树脂向界面区平移，这一方面弥补了脱黏的危险，一方面使基体处于"拉—压"复合作用，这样易于产生微裂纹吸收能量而不致破坏。空穴形成后，在基体赤道面受到的是拉应力，大小是本体应力的三倍。因此，在本体应力尚未达到基体屈服应力时，局部已开始屈服，这同样促进基体屈服；同时大分子链由无规状态伸长，产生滑动，应力通过缠结点分散传递，由大多数伸直链共同承担，趋向于均匀分布，防止分子链的剧烈移动，从而使拉伸强度和断裂伸长率有所提高，达到增韧的目的。

3．仪器和药品

（1）仪器

需要的仪器有转矩流变仪、扣压摇摆式小型粉碎机、冲片机、压片机、万能拉力机、哑铃型标准裁刀、游标卡尺、电热鼓风干燥箱。

（2）药品

需要的药品有 PVC 树脂、纳米 TiO_2、邻苯二甲酸二辛酯（DOP）、三碱式硫酸铅、二碱式硬脂酸铅、硬脂酸铅、硬脂酸钙、硬脂酸。

4．实验步骤

1）按 PVC 100 份、DOP 40 份、三碱式硫酸铅 2.5 份、二碱式硬脂酸铅 1.5 份、硬脂酸铅 0.5 份、硬脂酸钙 0.5 份、硬脂酸 0.5 份、纳米 TiO_2 4 份的顺序依次加入到扣压摇摆式小型粉碎机中，高速搅拌混合 5min。

2）混合料在烘箱中 85℃预塑化 2h。

3）预塑化后的粉料在转矩流变仪中熔融混合塑化，工艺条件见表 4-3-1。

表 4-3-1   转矩流变仪工艺条件

M_1 温度/℃	M_2 温度/℃	M_3 温度/℃	转子转速/r·min^{-1}	密炼时间/min
170	170	170	60	10

4）将从转矩流变仪中密炼后拿出的 PVC 塑料趁热压成片状。

5）在压片机上将片状 PVC 塑料压延成约 1mm 厚度的 PVC 薄膜，工艺条件见表 4-3-2。

表 4-3-2   压片机工艺条件

上板温度/℃	中板温度/℃	下板温度/℃	预热时间/s	压延时间/s	压力/MPa
170	170	170	120	240	5

6）用哑铃形标准裁刀在冲片机上将 1mm 左右厚度的 PVC 薄片冲取成符合 GB/T 1040.3—2006 要求的测力学性能的试样，沿横向和纵向各取 4 条，精确测量试样细颈处的宽度和厚度，并在细颈部分划出长度标记。

7）在万能拉力机上测量 PVC 塑料的拉伸强度和断裂伸长率。

5．数据记录及结果分析

（1）实验数据记录填入表 4-3-3

表 4-3-3   实验数据

试样	宽度/mm	厚度/mm	拉伸速率/mm·min^{-1}	拉伸强度/MPa	断裂伸长率（%）
1					
2					

（续）

试样	宽度 /mm	厚度 /mm	拉伸速率 /mm·min^{-1}	拉伸强度 /MPa	断裂伸长率（%）
3					
4					
5					
6					
7					
8					

（2）实验结果处理

计算测试样的平均拉伸强度和平均断裂伸长率。

6. 思考题

1）为什么在 PVC 塑料的制备中要加入热稳定剂和润滑剂？

2）增塑剂在 PVC 塑料中起什么作用？

3）纳米 TiO$_2$ 为什么能对塑料起韧化和强化作用？

7. 注意事项

1）PVC 树脂和添加剂在转矩流变仪中密炼时，当转矩对时间的曲线走平时结束密炼。

2）用哑铃形标准裁刀在冲片机冲取薄片测试样时，细颈处测量部分的厚度和宽度要求均匀，并且不能有缺口、缝隙和塑化不均匀等缺陷。

实验4.4　氧化锌晶须增强聚丙烯复合材料的制备及性能

1. 实验目的

1）熟悉常用偶联剂对氧化锌晶须增强体的处理原理及方法。

2）掌握氧化锌晶须增强聚丙烯复合材料的制备方法。

3）掌握复合材料力学性能及导电性能的测试方法。

2. 实验原理

聚丙烯（PP）作为五大通用塑料之一，具有质优价廉的特点，被广泛应用于化工、建筑、轻工、家用电器、包装和汽车等领域。但 PP 也存在低温脆性、机械强度和硬度较低、成型收缩率大、易老化、耐温性差等缺点，而且 PP 具有较高的体积电阻和表面电阻，属于高绝缘的易燃材料，其制品在使用过程中容易产生静电积累，导致火花放电，进而引发燃爆灾害事故，因而大大限制了它在石化、采矿、电子等领域的广泛应用。

为了改善聚丙烯的力学及电学性能，人们进行了大量的研究工作。利用无机（金属）颗粒、纤维对聚丙烯进行填充改性或将其他聚合物与聚丙烯进行共混改性是人们采用较多的方法。利用无机粉体或金属微粒对聚丙烯进行填充改性时，为获得较好的导电性能，通常需要较大的填充量（其体积分数通常在 20% 以上），这使得微粒粉体在基体中的均匀分散变得极为困难，所制备复合材料的加工性能也较差。采用一维金属纤维或无机纤维填充 PP 时，虽然可在较低的纤维含量下制备力学性能和电学性能较好的复合材料，但通常的复合成型工艺容易导致这类复合材料的性能呈现各向异性，从而在一定程度上限制了它的广泛应用。利用添加导电高分子（如聚苯胺、聚乙炔等）进行共混也可以制备导电高分子复合材料，但这类共混复合材料通常难以同时获得较好的力学性能和电学性能。

四角状氧化锌晶须（T-ZnO$_w$）作为一种新型无机功能材料，是自 20 世纪 40 年代以来发现的唯一具有三维立体结构的晶须。因其独特的立体四针状结构、高强度及半导体等性质，被认为是一种性能优良的填料，可广泛用作金属、合金、陶瓷、塑料、橡胶等材料的增强剂、导电填料等。作为聚合物增强体使用时，由于 T-ZnO$_w$ 是从 4 个不同的空间方向与聚合物接触的，可以各向同性地改善基体材料的力学性能和电性能，这一特性不同于一维纤维。此外，以 T-ZnO$_w$ 作为添加剂可以保持基体聚合物的原色，这是炭黑类导电添加剂所不能及的。同时，由于 T-ZnO$_w$ 的耐高温性、导热性和低膨胀系数能提高材料在高温下的化学和尺寸稳定性，因此，T-ZnO$_w$ 被认为是一种性能优良的填料，在抗静电高分子复合材料和增强复合材料等领域中具有非常诱人的应用前景，其相关研究已引起了人们的广泛关注。

3. 仪器和药品

（1）仪器

需要的仪器有注塑机、万能试验拉力机、转矩流变仪、悬臂梁冲击实验机、超高电阻仪、平板硫化机。

（2）药品

需要的药品有氧化锌晶须、聚丙烯、KH－570 硅烷偶联剂、无水乙醇。

4. 实验步骤

（1）氧化锌晶须的表面偶联剂改性

将 5g KH－570 硅烷偶联剂加入到盛有 200mL 无水乙醇的烧杯中，超声振荡，使偶联剂完全溶解分散在无水乙醇中。将 100g 干燥后的 T-ZnO$_w$ 倒入上述烧杯中，超声振荡，然后在 40℃搅拌 30min，过滤，再在 40℃下真空干燥 1d 后得到处理好的氧化锌晶须。

（2）氧化锌晶须增强聚丙烯复合材料的制备

力学性能测试用复合材料样条的制备：按 4%、8%、12%、16% 和 20% 的比例，将改性及未改性的 T-ZnO$_w$ 加入到 PP 基体中，混合均匀后注塑成标准样条。注射温度：喷嘴 185℃、机筒一段 180℃、机筒二段 180℃、机筒三段 170℃。注射压力 35 MPa。

电学性能测试用复合材料样条的制备：按 4%、8%、12%、16% 和 20% 的比例，将改性及未改性的 T-ZnO$_w$ 加入到 PP 基体中，在转矩流变仪中混炼一定时间出料，然后将料加入到模具中，将电极预埋在试样中一起在平板硫化机上 200℃模压成型制备样条。

（3）力学性能测试

拉伸强度和断裂伸长率的测试按 GB/T 1040.1—2006 进行，拉伸速率为 50mm/min；弯曲强度的测试按 GB/T 9341—2008 进行，弯曲速率为 2mm/min。

（4）体积电阻率测定

测试方法参照国标 GB/T 1410—2006，测试电压为 500V，充电时间为 15s，测试温度为 (20±2)℃，相对湿度为 (65±5)% 。电极在模压前预埋在试样中一起成型。复合材料的体积电阻率由下式计算：

$$\rho = Rhd/L$$

式中，R 为测得的电阻值(Ω)；h 为试样的厚度(cm)；d 为试样的宽度(cm)；L 为两电极间的距离(cm)。

5. 数据记录及结果分析

性能测试数据记录在表 4-4-1 中。

表 4-4-1　性能测试数据

T-ZnO$_w$含量（%）	试样	拉伸强度/MPa	断裂伸长率(%)	弯曲强度/MPa	体积电阻率/$\Omega \cdot cm$
4	1				
	2				
	3				
8	1				
	2				
	3				
12	1				
	2				
	3				
16	1				
	2				
	3				
20	1				
	2				
	3				

计算平均值，并将性能数据对 T-ZnO$_w$含量作图，分析最佳 T-ZnO$_w$使用量。

6. 思考题

1）加入 KH-570 硅烷偶联剂的作用是什么？
2）氧化锌晶须增强聚丙烯复合材料的导电机理是什么？

7. 注意事项

1）在注塑制样中需配戴手套取样条，防止烫伤。

2）在体积电阻率测试中，人体不可接触红色接线柱，不可取试样，因为此时"放电-测试"开关处在"测试位置"，该接线柱与电极上都有测试电压，危险。

3）在体积电阻率测试中，试样与电极应加以屏蔽（将屏蔽箱合上盖子），否则，会由于外来电磁干扰而产生误差，甚至因指针的不稳定而无法读数。

实验4.5　HBC/PMMA 复合膜的制备及发光性能

1. 实验目的

1）熟悉 HBC 的性质。

2）掌握溶液成膜法制备 HBC/PMMA 复合膜的方法。

3）掌握薄膜材料发光性能的表征方法。

2. 实验原理

六苯并蔻（HBC）是由 7 个苯环组成的正六边形结构的平面盘状共轭分子，是由 42 个碳原子构成的最小的石墨烯基元，被称为"超苯"。HBC 分子存在面-面排列的 π-π 堆积效应，导致其在溶液、液晶态和固体中均容易形成柱状相，具有优良的一维传导性能，呈现出新奇的光电功能材料特性。但是，HBC 这种强的 π-π 堆积作用也导致其溶解性很差，不利于 HBC 一些物化性质的研究，所以需要对其进行化学修饰和结构拓展。例如，在 HBC 的外围引入柔性侧链，可以改善溶解性、控制热致行为和自组装性能等；利用聚合物出色的结构可设计性和易成型加工特性，发展聚合物功能化的六苯并蔻衍生物；用聚酰胺-胺（PAMAM）树枝状聚合物修饰 HBC，并研究这种六苯并蔻衍生物的光物理性质；将 HBC 基元引入到聚合物侧链中，获得含六苯并蔻侧基的聚乙烯或聚甲基丙烯酸甲酯的共聚物。

在本实验中，选择四氢呋喃（THF）作为溶剂，使 PMMA 和 HBC 在 THF 溶剂中完全混合溶解，然后采用真空干燥的方法制取不同六苯并蔻含量的六苯并蔻/聚甲基丙烯酸甲酯（HBC/PMMA）复合膜，探讨复合膜中 HBC 质量分数与复合膜发光性能之间的关系。

3. 仪器和药品

（1）仪器

需要的仪器有 FluoroMax 4 荧光分光光度计（美国 HORIBA Jobin Yvon 公司）一台，普通烘箱一台，真空烘箱一台，HDM250 型磁力搅拌加热套一台，25mL 平底烧杯十个，50mL 三口烧瓶两个，250mL 三口烧瓶两个，抽滤装置一套，水泵一台，氮气一瓶，玻璃棒三根，

100mL 烧杯四个，500mL 烧杯两个。

（2）药品

需要的药品有聚甲基丙烯酸甲酯（PMMA）、四氢呋喃、四苯基环戊二烯酮、二苯乙炔、二硫化碳、二苯甲酮、二苯醚、$CuCl_2 \cdot 2H_2O$、无水三氯化铝、正己烷、二氯甲烷、甲醇等。

4. 实验步骤

（1）六苯并蒄（HBC）的制备

将 10g 二苯甲酮、3.85g（10 mmol）四苯基环戊二烯酮和 1.78g（10mmol）二苯乙炔加入到 50mL 三口烧瓶中，通氮气，升温至 300℃反应 4h。反应结束后加入 3mL 二苯醚，冷却至室温有晶体析出，抽滤，用正己烷洗涤晶体，50℃真空干燥 24h，称量六苯基苯，计算产率。将 0.3g（0.56mmol）六苯基苯加入到 250mL 三口烧瓶中，加入 20mL 二硫化碳，搅拌溶解，加入 4.8g（28mmol）$CuCl_2 \cdot 2H_2O$ 和 3.7g（28mmol）无水三氯化铝，氮气气氛下室温反应 20h。向混合物中加入 120mL 无水甲醇，继续搅拌反应 48h，混合物用二氯甲烷与甲醇的混合液（100mL）稀释，抽滤，用甲醇→二氯甲烷→甲醇→蒸馏水→甲醇→二氯甲烷反复洗涤晶体，干燥后得到深黄色固体，计算产率。反应如下：

（2）HBC/PMMA 复合膜的制备

将一定质量比的 HBC 和 PMMA 溶解在四氢呋喃中，溶液在平底烧杯中于 60℃成膜 72h，然后在真空条件下于 200℃干燥 30min。冷却，取出复合膜，制备的一系列浓度的复合膜的厚度为 0.38~0.46mm，HBC 质量分数（HBC 与 PMMA 的质量比）为 1.0×10^{-3}、5.0×10^{-4}、2.5×10^{-4}、1.3×10^{-4}、6.3×10^{-5}、3.1×10^{-5}、1.6×10^{-5}、8.0×10^{-6}、4.0×10^{-6} 和 2.0×10^{-6}。

（3）复合膜发光性能及绝对量子产率的测定

1）复合膜荧光光谱的测定

采用 FluoroMax 4 荧光分光光度计上的薄膜荧光附件测定复合膜的荧光光谱，激发波长为 353nm，激发和狭缝宽度均为 2nm，记录荧光光谱数据。

2）复合膜绝对量子产率的测定

采用 FluoroMax 4 荧光分光光度计配置的绝对量子产率附件测定复合膜的绝对量子产率。具体步骤如下：首先，测定空白的散射光谱（Bs），激发波长为 353nm（为复合膜的激发波长），散射光谱范围 343~363nm，狭缝宽度为 2.2nm（强度在 60 万~100 万 CPS），即空白发射光谱、复合膜的散射光谱和发射光谱的狭缝宽度固定为 2.2nm，然后测定空白的发射光谱

（Be），条件与复合膜的发射光谱相同。其次，测定复合膜的发射光谱（Le），发射光谱范围430～550nm。再次，测定复合膜的散射光谱（Ls），条件与空白散射光谱相同。最后，通过绝对量子产率计算软件确定复合膜的绝对量子产率。

5. 数据记录及结果分析

作481nm处的荧光强度与HBC质量分数曲线图，以及绝对量子产率与HBC质量分数曲线图。

6. 思考题

1）HBC及其复合膜制备过程中应注意什么？
2）为什么要将HBC与PMMA复合？
3）复合膜发光性能与哪些因素有关？

7. 注意事项

1）由于四氢呋喃具有毒性，应在通风橱中制备，溶剂先在通风橱中初步挥发干净，然后再在真空烘箱中除去微量的四氢呋喃。
2）测试发光性能时，为防止复合膜表面污染，用镊子装测试样。
3）为获得可靠的荧光绝对量子产率，在本实验采用的FluoroMax 4荧光分光光度计（带绝对量子产率附件）测试时，通过调节狭缝宽度使空白的散射光谱强度在60万～100万CPS。

实验4.6 碳纤维增强环氧树脂的制备及性能

1. 实验目的

1）熟悉环氧树脂的制备方法及固化机理。
2）掌握环氧值的测定方法。
3）掌握碳纤维增强环氧树脂的制备方法及性能测试方法。
4）掌握环氧树脂固化时固化剂用量的计算。

2. 实验原理

环氧树脂是分子中含有环氧基团的树脂的总称。在环氧树脂中，环氧基一般在分子链的末端，分子主链上还含有醚键、仲羟基等。醚键和仲羟基为极性基团，可与多种表面之间形成较强的相互作用，而环氧基则可与介质表面的活性基，特别是无机材料或金属材料表面的活性基起反应形成化学键，产生强力的黏结，因此环氧树脂具有独特的黏附力，配制的胶黏剂对多种材料具有良好的黏接性能，而且耐腐蚀、耐溶剂、力学性能和电性能良好，广泛应用于金属防腐蚀涂料、建筑工程中的防水堵漏材料、灌缝材料、胶黏剂、复合材料等领域。

工业上考虑到原料来源和产品价格等因素，最广泛应用的是由环氧氯丙烷和双酚 A 缩聚而成的双酚 A 型环氧树脂。其反应机理一般认为是逐步聚合反应，是在碱（氢氧化钠）存在下不断进行开环和闭环的反应，总反应方程式如下：

$$(n+1)\text{HO}-\!\!\!\bigcirc\!\!\!-\overset{\overset{\text{CH}_3}{|}}{\underset{\underset{\text{CH}_3}{|}}{\text{C}}}-\!\!\!\bigcirc\!\!\!-\text{OH} \;+(n+2)\; \text{H}_2\text{C}\!\!-\!\!\!\overset{O}{\overset{}{\triangle}}\!\!\!-\!\!\text{CH}-\text{CH}_2-\text{Cl} \xrightarrow{\text{NaOH}}$$

$$\text{H}_2\text{C}\!\!-\!\!\text{CH}-\text{CH}_2\!-\!\!(\text{O}\!-\!\!\!\bigcirc\!\!\!-\overset{\overset{\text{CH}_3}{|}}{\underset{\underset{\text{CH}_3}{|}}{\text{C}}}-\!\!\!\bigcirc\!\!\!-\text{O}-\text{CH}_2\!-\!\!\overset{\overset{\text{OH}}{|}}{\text{HC}}\!-\!\text{CH}_2\!)_n\text{O}\!-\!\!\!\bigcirc\!\!\!-\overset{\overset{\text{CH}_3}{|}}{\underset{\underset{\text{CH}_3}{|}}{\text{C}}}-\!\!\!\bigcirc\!\!\!-\text{O}-\text{CH}_2\!-\!\text{HC}\!-\!\text{CH}_2$$

反应方程式中，n 一般为 $0 \sim 12$，分子量相当于 $340 \sim 3800$，$n=0$ 时为淡黄色黏滞液体，$n \geqslant 2$ 时则为固体。n 值的大小由原料配比（环氧氯丙烷和双酚 A 的摩尔比）、温度条件、氢氧化钠的浓度和加料次序来控制。为使产物分子链两端都带环氧基，必须使用过量的环氧氯丙烷。树脂中环氧基的含量是反应控制和树脂应用的重要参考指标，根据环氧基的含量可计算产物分子量，环氧基含量也是计算固化剂用量的依据。环氧基含量可用环氧值或环氧基的百分含量来描述。环氧基的百分含量是指每 100g 树脂中所含环氧基的质量。而环氧值是指每 100g 环氧树脂中所含环氧基的物质的量。环氧值采用滴定的方法来获得。环氧树脂的分子量越高，环氧值就越低。分子量小于 1500 的环氧树脂，其环氧值可用盐酸-丙酮法测定，高分子量的可用盐酸-吡啶法测定。

环氧树脂使用时必须加入固化剂，并在一定条件下进行固化反应，生成立体网状结构的产物，才会显现出各种优良的性能，成为具有真正使用价值的环氧材料。因此，固化剂在环氧树脂的应用中是不可缺少的，甚至在某种程度上起着决定性的作用。环氧树脂的固化剂种类很多，常用的主要有两大类：①有机多元胺，如乙二胺、丙二胺、三乙烯三胺、三乙烯四胺、间苯二胺等，其中脂肪族胺类能在室温下反应，为室温固化剂，芳香族胺类常在加热下固化；②酸酐，如邻苯二甲酸酐、顺丁烯二酸酐、苯酐、均苯四酐，一般需要在较高温度下固化。所用固化剂不同，固化机理也不同。使用胺固化时，固化反应为多元胺的氨基与环氧树脂中的环氧端基之间的加成反应，反应式如下：

$$\text{NH}_2\text{CH}_2\text{CH}_2\text{NH}_2 + 4\,\text{H}_2\text{C}\!-\!\!\overset{O}{\overset{}{\triangle}}\!\!\!-\!\!\text{CH}-\text{CH}_2\!\sim\!\!\sim \longrightarrow$$

用酸酐固化时，交联固化反应是羧基与环氧树脂上仲羟基及环氧基之间的反应，反应式如下：

碳纤维具有高强度、高模量、高弹性模量、高的硬度-重量比和在相对较高温度下性质稳定等特点，能够对复合材料的力学性能的提高产生很好的效果。将环氧树脂（EP）与碳纤维（CF）复合得到的材料具有更加优异的性能，其比强度、比模量以及疲劳强度均比钢强，既可作为结构材料承载负荷，又可作为功能材料发挥作用。它还具有密度小、热膨胀系数小、耐腐蚀和抗蠕变性能优异及整体性好、抗分层、抗冲击等特点。在加工成型过程中，CF 增强 EP 复合材料具有易大面积整体成型等独特优点。EP/CF 复合材料作为一种新型的先进复合材料，在重量、刚度、疲劳特性等有严格要求领域以及要求高温、化学稳定性高的场合，成为重要结构材料，广泛用于航空航天、电子电力、交通、运动器材、建筑补强、压力管罐、化工防腐等领域。

本实验首先制备双酚 A 环氧树脂，然后将氧化处理的碳纤维布与之复合，制备碳纤维增强环氧树脂复合材料。

3. 仪器和药品

（1）仪器

需要的仪器有万能制样机、平板硫化机、万能材料试验机、Q600 同步热分析仪、恒温水浴、机械搅拌器、四口烧瓶、三口烧瓶、冷凝管、温度计、恒压滴液漏斗、分液漏斗、移液管、滴定管、表面皿。

（2）药品

需要的药品有双酚 A、环氧氯丙烷、乙二胺、氢氧化钠、甲苯、盐酸-丙酮溶液［将 2mL 浓盐酸溶于 30mL 丙酮中混合均匀即得（即用即配）］、酚酞指示剂（0.1% 乙醇溶液）、硝酸、丙酮。

4. 实验步骤

（1）环氧树脂的合成

参照实验 2.4 制备双酚 A 环氧树脂。

（2）环氧值的测定

准确称取环氧树脂约 0.5g（精确到 1mg）于锥形瓶中，用移液管加入 25mL 盐酸-丙酮溶液，微微加热，使树脂完全溶解后，放置阴暗处 1.5h，加酚酞指示剂 3 滴，用 0.1mol/L 的 NaOH 标准溶液滴定至粉红色为终点。平行试验一次，同时按上述条件作空白对比。

环氧值 E 按下式计算：

$$E = \frac{(V_1 - V_2)c}{1000m} \times 100 = \frac{(V_1 - V_2)c}{10m}$$

式中，V_1 为空白滴定所消耗 NaOH 溶液体积（mL）；V_2 为样品消耗的 NaOH 溶液体积（mL）；c 为 NaOH 溶液的浓度（$mol \cdot L^{-1}$）；m 为树脂质量（g）。

（3）碳纤维增强环氧树脂复合材料的制备

1）碳纤维预处理。将碳纤维布裁剪成长 12cm×12cm 方块，于装有丙酮的 1000mL 烧杯中浸泡 2 天，取出烘干后用 60% 硝酸浸泡 30～50min，晾干待用。

2）环氧树脂液的配置。按一定用量将上述合成的环氧树脂和乙二胺固化剂迅速混合配胶，固化剂用量比理论值大 10%。固化剂理论用量按下式计算得到：

$$G = \frac{M \times m}{100 \times H} \times E$$

式中，G 为每 m（g）的环氧树脂所需固化剂的理论用量；M 为所用胺的分子量；H 为胺分子上活泼氢原子的总数；E 为环氧树脂的环氧值。实际固化剂使用量为 $G \times 1.1$。

3）复合材料的制备。在 20cm×20cm 的玻璃板上铺上聚丙烯薄膜，再在上面涂上一层液状石蜡，将处理后的碳纤维布于室温用毛刷将树脂胶液均匀涂抹在试样的两面，平铺在玻璃板上，每铺一层碳纤维布再用毛刷均匀刷涂胶液，总共铺 7～9 层。在烘箱中于 60℃烘干 3 h。将此碳纤维预浸布剪裁成模具成型区尺寸大小，放入平板硫化机中热压成型。

（4）复合材料性能测试

在万能材料制样机上制成标准样条，在万能材料试验机上测试力学性能。拉伸性能，参照 ASTM D3039—2000 标准测定；复合材料弯曲性能，参照 GB/T 3356—1982 标准测定；复合材料热稳定性，TGA 法，氮气气氛，升温速度为 20℃/min。

5. 数据记录及结果分析

环氧树脂环氧值_____；固化剂用量_____；
弯曲强度_____；弯曲模量_____；拉伸强度_____；
拉伸模量_____；断裂伸长率_____；热失重 5% 温度_____。

6. 思考题

1）环氧树脂的反应机理及影响合成的主要因素是什么？
2）试将 50g 自己合成的环氧树脂用乙二胺固化，如果乙二胺过量 10%，则需要等当量的乙二胺多少克？
3）环氧树脂的固化机理是什么？
4）为什么要对碳纤维进行预处理？
5）碳纤维增强环氧树脂有哪些优点？

7. 注意事项

1）在环氧树脂制备中，碱液滴加速度应根据反应温度及反应凝聚情况来调整。若发生凝聚，可暂停滴加，等聚合物溶解后再滴加。
2）环氧氯丙烷和环氧树脂具有反应活性，可与皮肤中胶原蛋白中的活性氢反应，应该减少与皮肤接触，注意洗手。
3）在刷胶过程中要均匀。

实验 4.7　热塑性酚醛树脂模塑板的制备

1. 实验目的

1）了解反应物的配比和反应条件对酚醛树脂结构的影响。

2）掌握热塑性酚醛树脂的制备方法及工艺。

3）掌握酚醛模塑板的制备方法。

2. 实验原理

凡是以酚类化合物与醛类化合物经缩聚反应制得的树脂统称为酚醛树脂。常见的酚类化合物有苯酚、甲酚、二甲酚、间苯二酚等；醛类化合物有甲醛、乙醛、糠醛等。合成时所用的催化剂有氢氧化钠、氨水、盐酸、硫酸、对甲苯磺酸等。其中，最常用的酚醛树脂是由苯酚和甲醛缩聚反应而成的苯酚-甲醛树脂（PF）。酚醛树脂因价格低廉、原料丰富、性能独特而获得迅速发展，其目前产量在塑料中排第六位，在热固性塑料中排第一位，产量占塑料的5%左右。但是，纯 PF 因性脆及机械强度低等缺点，很少单独加工成制品。一般酚醛树脂的制品在树脂中加入大量填料进行改性，并因填料的品种不同而具有不同的优异性能，应用在不同的领域。用酚醛树脂制得的复合材料耐热性高，能在 150～200℃ 范围内长期使用，并具有吸水性小、电绝缘性能好、耐腐蚀、尺寸精确和稳定等特点。它的耐烧蚀性能比环氧树脂、聚酯树脂及有机硅树脂都好。因此，酚醛树脂复合材料已广泛地在电机、电器及航空、航天工业中用作电绝缘材料和耐烧蚀材料。

酚醛树脂用量较大的产品是酚醛模塑料，其作为最早开发的酚醛产品，如今已赋予新的内容，不仅用于制造电气绝缘器件，而且用于制造汽车、飞机用部件或制品等。酚醛模塑料通常由酚醛树脂、填料、固化剂、固化促进剂、脱模剂、增塑剂、增韧剂、着色剂等组成。

（1）酚醛树脂

在酚醛树脂塑料的生产中，酚醛树脂作为黏结剂与填料起着黏结作用。树脂的性质也在一定程度上决定了模塑料的性能，树脂的质量也直接影响模塑料的公艺操作、模塑料的质量和压制品的性能，因此树脂的质量是制品性能好坏的关键。酚醛树脂主要有两种类型：线形酚醛树脂和可熔性酚醛树脂。制造酚醛模塑料用的线形酚醛树脂，绝大多数在固态下应用的。可熔性酚醛树脂可采用固态或液态树脂来制造模塑料。树脂在模塑料中的含量通常为 35%～55%，随着树脂含量的增加，模塑料的性能和用途有明显变化，不同类型的改性酚醛树脂也会直接影响模塑料的性能。以线形酚醛树脂为例，其主要技术指标如下：

1）软化点：一般控制在 85～95℃ 为宜。

2）聚合速度：即凝胶时间一般要求 40～60s（150℃）。

3）黏度：16.0～18.0mPa·s。

4）游离酚含量：≤6%。

5）水分含量：≤1%。

由于指标的范围幅度比较大，因此在使用中还应该根据检验后的实际数据考虑使用，为确保质量，在工厂中还应该制定相应的内控指标。

（2）填料

填料在酚醛模塑料中起着骨架的作用，填料的性质影响产品的机械强度、耐热性、电性能、吸水性等，同时填料又能使模塑料的成本降低。填料在模塑料中的含量为 30%～60%，填料的选择和用量主要根据对无机产品的物性要求，通过试验而定。填料的种类繁多，可分为有机填料和无机填料两大类。有机填料最主要是木粉（其他是竹粉、棚纤维等），木粉一般占全部组成的 20%～40%。加入木粉可以克服酚醛树脂的脆性，提高机械强度和改善流动性，同时又降低了成本。无机填料主要有碳酸钙、滑石粉、云母粉、石英粉、氢氧化铝、高岭土、玻璃纤维等。

（3）固化剂

线形酚醛树脂加入六亚甲基四胺（乌洛托品）后可使树脂固化，这是因六亚甲基四胺与树脂热熔的过程中分解出亚甲基起交联作用，同时放出的氨又能作为促进树脂固化的催化剂，其反应式如下：

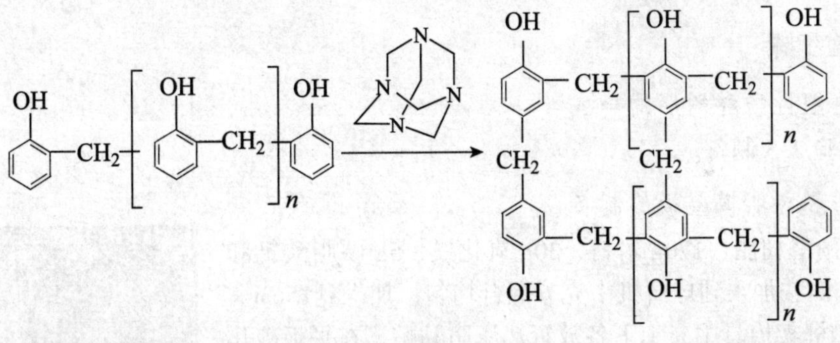

六亚甲基四胺的加入量，通常为热塑性酚醛树脂的 10%～15%。如果固化剂加入量不足，会使固化速度及制件的耐热性下降。如果过量，虽然可以提高固化速度，但是耐水性及电性能降低，并可使制件发生肿胀现象。

（4）润滑剂

在模塑料制造中加入润滑剂主要是消除模塑料在压片与压制时对模具的黏附性，此外也可以增进模塑料的可塑性和流动性。在注塑料中加入润滑剂能稍稍提高树脂的热稳定性，这是因为由于润滑剂的存在减轻了料筒中的摩擦性。润滑剂主要有硬脂酸和硬脂酸锌等。

（5）增塑剂

模塑料生产中加入增塑剂是为了改善树脂的可塑性及流动性，这是在注塑性模塑料的生产中常用的方法。通常使用水、糠醛等外增塑剂和二甲苯、苯乙烯等内增塑剂，其用量为1%～3%，但是无论增塑剂还是润滑剂的大量加入都会影响树脂的固化速度。

（6）增韧剂

为了提高电木制品的韧性，在组成中可以掺入某些韧性聚合物，如尼龙或丁腈橡胶等作为增韧剂。掺用方式是先将酚醛树脂与增韧剂进行混炼（共泥），在造粒后与其他组分配合生产电木粉。

此外，在模塑料生产中还可加入固化促进剂如有氧化镁（重质）和氢氧化钙，着色剂如油黑和氧化铁红。

本实验采用线形酚醛树脂（热塑性酚醛树脂）、六亚甲基四胺、木粉、氧化镁、硬脂酸钙等原料，热压成型制备热塑性酚醛树脂模塑板。

3. 仪器和药品

（1）仪器

需要的仪器有平板硫化机、烘箱、集热式搅拌器、机械搅拌器、球磨机、三口烧瓶、冷凝管、温度计、量筒、烧杯、电子天平、15cm×15cm不锈钢框架模具、热压防黏贴、万能材料制样机、摆锤冲击试验机、游标卡尺。

（2）药品

需要的药品有苯酚、甲醛、草酸、蒸馏水、六亚甲基四胺、木粉、氧化镁、硬脂酸钙。

4. 实验步骤

（1）热塑性酚醛树脂的合成

参照实验2.5制备。

（2）酚醛树脂模塑板的制备

将50g酚醛树脂、170g木粉、30g氧化镁、5g硬脂酸钙和4g六亚甲基四胺加入到球磨机中充分混合均匀，加入到15cm×15cm不锈钢框架模具中，上下各放置热压防黏贴，在平板硫化机中140℃、10MPa压力压制10～20min，然后取出脱模即得到酚醛树脂模塑板。

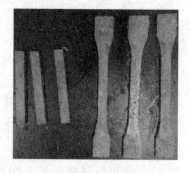

（3）力学性能测试样条制备

采用万能材料制样机裁剪拉伸样条3根，冲击样条3根，测定拉伸强度和冲击强度，如图4-7-1所示。

图4-7-1　样条

5. 数据记录与结果分析

1）平板硫化机参数。

2）拉伸强度测试。

试样尺寸：_____；

拉伸速度：_____；断裂强度：_____；断裂伸长率：_____。

3）冲击强度测试。

试样尺寸：_____；试样缺口处横截面积：_____；

冲击能量：_____；冲击强度：_____。

6. 思考题

1）能否用环氧树脂作为热塑性酚醛树脂的固化剂？
2）六亚甲基四胺固化剂的固化机理是什么？
3）酚醛树脂模塑料中的各个成分的作用是什么？

7. 注意事项

1）原料要研磨混合均匀，木粉使用前要进行干燥。
2）热压过程中，可上下各放一张 PTFE 热压防黏贴，有利于脱模。

实验4.8　热固性酚醛树脂纸层压板的制备

1. 实验目的

1）掌握热固性酚醛树脂的碱法合成原理和方法。
2）掌握酚醛树脂纸层压板的制备方法和工艺。
3）了解影响热固性酚醛树脂纸层压板性能的因素。

2. 实验原理

（1）热固性酚醛树脂的制备原理

热固性酚醛树脂是由醛类和酚类在醛类过量时（物质的量的比为 1.1 ~ 1.3），在碱性催化剂作用下（pH = 8 ~ 11），经缩聚反应而成的。热固性酚醛树脂固化过程大致经历三个阶段，随缩聚反应程度不同，各阶段树脂性能也有所不同。甲阶酚醛树脂，由苯酚与甲醛经缩聚或干燥脱水后制得的线形树脂（带支链），能溶于乙醇、丙酮及碱的水溶液中，由于甲阶酚醛树脂带有活泼氢原子和可反应的羟甲基，对其加热时可熔化并能转变为不溶不熔的固体。乙阶酚醛树脂，对甲阶酚醛树脂加热获得，不溶于碱的水溶液中，但能在乙醇或丙酮中溶胀，对其加热只能软化而不熔化，由于仍然含有可反应的羟甲基继续转变为不溶不熔的产物。丙阶酚醛树脂，由乙阶酚醛树脂进一步加热后转变为不溶不熔的立体网状结构的固体。

在制备热固性酚醛树脂时，必须控制好甲阶酚醛树脂阶段，平均分子量为 300 ~ 700，它们含有羟甲基，在加工成制品时不需添加甲醛，继续加热即可将甲阶酚醛树脂逐渐经过乙阶而转变为体型结构的制品，酚醛层压树脂、黏合树脂、铸型树脂等都是用此法生产的。大概生产过程如下：

$$苯酚+甲醛 \xrightarrow[\text{酚<醛}]{\text{pH>7 加热}} \begin{matrix}甲阶树脂\\可熔可溶\end{matrix} \xrightarrow{\text{加热}} \begin{matrix}乙阶树脂\\半溶半熔\end{matrix} \xrightarrow{\text{加热}} \begin{matrix}丙阶树脂\\不溶不熔\end{matrix}$$

（2）酚醛胶布的制备及性能

酚醛胶布是用经热处理或表面化学处理的玻璃纤维布，通过酚醛树脂浸渍、烘干等一系列的工艺过程制得的，这一工艺流程通常称为浸胶。酚醛胶布是酚醛层压板、酚醛层压管和酚醛层压棒的原材料，它与制品的质量关系密切。

制备酚醛胶布的主要原料是整卷的玻璃布以及酚醛树脂溶液；主要设备是浸胶机；整个工艺过程是连续进行的。玻璃布（首先通过热处理炉，在 350～450℃高温的作用下除去浸润剂）以一定的速度均匀地向前移动，然后通过贮放有酚醛树脂溶液的浸胶槽，浸渍一定的树脂溶液，再通过烘干炉，以除去大部分溶剂等挥发物，并使树脂发生一定程度的聚合反应，最后裁剪成胶布块。酚醛胶布的质量指标主要有三项：树脂含量、不溶性树脂含量和挥发物含量。

1）玻璃布的浸胶。为了确保浸胶的质量，合理地选择和控制影响浸胶质量的主要因素是至关重要的，影响浸胶质量的主要因素是胶液的浓度、黏度和浸胶时间。此外，还应注意浸渍过程中的张力、挤胶辊、刮胶辊等的密切配合。

胶液的浓度是指树脂溶液中酚醛树脂的含量。胶液的浓度大小直接影响树脂溶液对玻璃布的渗透能力和纤维表面附着的树脂量，即影响胶布含胶量是否均匀一致。在实践中，由于测定胶液的浓度比较麻烦，通常利用胶液的浓度和相对密度之间的函数关系，通过测定胶液相对密度来控制胶液的浓度，常用的酚醛树脂胶液一般控制其相对密度在 1.00～1.10 范围内。但要注意胶液的浓度与相对密度的关系还受温度的影响，因此在实际生产中，需要根据环境条件来确定所采用的胶液的相对密度。为了保证玻璃布上胶均匀，需调节胶槽内胶液的相对密度（溶液）。若直接加入溶剂稀释会出现上胶严重不均匀，甚至出现白布现象。在正常生产时，为了保持胶槽内基本恒定的胶液量，必须每隔 20～30min 往胶槽内添加胶液。往胶槽内添加的胶液相对密度一般要比较槽内胶液的相对密度低 0.01～0.02。这是因为玻璃布不断地带动树脂，促使溶剂挥发，胶槽内胶液的相对密度有所增高。

胶液的黏度直接影响胶液对玻璃布的浸透能力和玻璃布表面胶层的厚度。胶液的黏度过大，玻璃布不易被胶液浸透；黏度过小，则玻璃布表面不易挂住胶（酚醛树脂）。在生产实践中，由于黏度测定不方便，所以采用胶液的浓度和温度来控制胶液的黏度。

玻璃布浸渍时间是指在胶液中通过的时间，浸渍时间的长短是根据玻璃布是否已经浸透来确定的。浸渍时间长，虽然可以确保这些材料充分浸透，但却限制了设备的生产能力。浸渍时间短，则玻璃布不能被充分浸透，上胶量达不到要求，或使胶液大部分仅仅浮在玻璃布表面，影响玻璃布质量。但最深度的浸渍通常是在压制过程中完成的。

在生产实践中，要得到质量合格的玻璃布，除了应严格控制好上述三个工艺参数外，还必须在机械设备上加以密切配合。其中主要的是玻璃布在运行过程中的张力控制和刮胶或挤胶控制，以保证预期的上胶量和均匀性。玻璃布在运行过程中的张力应根据材料的规格和特性来决定，不宜过大，也不应使玻璃布在运行过程中产生纵向伸长（横向收缩）和变形，应使玻璃布在运行过程中各部分张力基本保持一致，不致出现一边松一边紧或中间紧、两边松等情况，以使玻璃布平整地进入胶槽。如果张力不一，一方面会造成浸胶时上胶量不均匀，另一方面玻璃布在浸胶液进入烘箱时会倾斜或横向弯曲过大，因树脂的流动而会使玻璃布的一边胶量过多或两边胶量过少、中间树脂积聚。

选择适宜的稀释剂即溶剂对玻璃布的浸透与上胶量的多少也是相当重要的，一般要求稀释剂满足：能迅速充分溶解酚醛树脂；在常温下挥发速度较慢，且沸点低，达到沸点后挥发速度快，无毒或低毒，价廉。如果一种溶剂不能同时满足上述要求时，可采用混合溶剂。

2）玻璃布的烘干。玻璃布浸胶后，为了除去胶液中含有的溶剂、水分等挥发性物质，并使树脂进一步聚合，应将已浸胶的玻璃布烘干。在烘干过程中主要控制烘干温度和烘干时间两个参数。烘干温度过高或烘干时间过长，会使不溶性树脂含量迅速增加，严重影响玻璃布的质量，无法压制出合格的层压板；反之，如烘干温度过低或烘干时间过短，则会使树脂初步固化不良及玻璃布的挥发分含量过高，给压制工艺带来麻烦。因此，合理地选择烘干温度和烘干时间是保证玻璃布质量以及压制工艺顺利进行的关键。

（3）影响热固性酚醛树脂及其层压制品性能的因素

1）单体配料比及酚的官能度对树脂结构的影响。热固性酚醛树脂苯酚和甲醛的摩尔比应小于 1，才能生成体型网状结构的产物。酚类必须使用 2 官能度或 3 官能度的原料，在成型加工中才能进一步交联生成热固性酚醛树脂，如果是单官能度的酚类，则起封端作用，不能发生交联反应。增加甲醛的用量可提高树脂滴度、黏度、凝胶化速度，可增加树脂的产率以及减少游离酚的含量。

2）催化剂种类对树脂结构的影响。催化剂是影响树脂生成物结构的关键。在碱性条件下，即使酚比醛的摩尔比大，也同样生成热固性酚醛树脂，而多余的一部分酚以游离的形式存在于树脂中。由此可见，催化剂的影响远大于原料配比的影响。氨催化的热固性酚醛树脂主要用于浸渍增强填料，如玻璃纤维或布、棉布和纸等，用以制备增强复合材料。用氢氧化钠作催化剂可制备水溶性的热固性酚醛树脂，催化剂用量小于 1%。水溶性热固性酚醛树脂主要用于矿棉保温材料的黏合剂、胶合板和木材的黏合剂、纤维板和复合板的黏合剂等。

3）浸胶坯布的树脂反应程度对层压制品性能的影响。热固性酚醛树脂层压制品是以纤维材料为填料制成的复合材料。纤维填料有布、纸、木片、竹片、玻璃丝、玻璃布等。在浸渍结束后的烘焙过程中，附于浸胶坯布上的树脂还会进一步反应，部分形成乙阶段酚醛树脂。这一阶段的工艺控制，是层压制品质量好坏的关键，一般在 110℃ 左右，通过 15min 烘焙，测定其可溶性树脂含量、挥发物含量、浸胶坯布树脂含量，这三个指标是衡量浸胶坯布的主要性能指标。浸胶坯布树脂含量过高或过低对所压制的层压板的性能都不好。挥发物含量太高，表明树脂中的低分子物较多，压制时层压板容易起泡。

4）温度、压力和压制时间对层压制品性能的影响。在压制成型过程中，为了使树脂固化完全，压制温度应大于 150℃，同时保温保压一段时间，一般为 60min。如果层压制品较厚，其保温保压的时间还要相应延长，压力还要相应加大。如果温度低于 150℃，压力低于 6 MPa 时，制品的机械性能、电性能都要受到严重的影响。

3. 仪器和药品

（1）仪器

需要的仪器有平板硫化机、烘箱、恒温加热套、机械搅拌器、胶化板、搪瓷盘、三口烧瓶、冷凝管、温度计、量筒、烧杯、电子天平、不锈钢模板。

（2）材料

需要的材料有苯酚、甲醛、牛皮纸、玻璃纸、氢氧化钠、蒸馏水、凡士林。

4. 实验步骤

（1）热固性酚醛树脂的制备

参照实验 2.6 制备。

（2）纸层压板的制备

将一张比搪瓷盘略大的玻璃纸放在搪瓷盘上，将牛皮纸放在玻璃纸内，把上述合成的树脂溶液倒在牛皮纸上，充分浸渍后，将牛皮纸挂起滴去多余的树脂溶液，放入鼓风烘箱中 110℃ 的烘焙 15~20min 后取出，一般控制浸胶牛皮纸冷却后不黏手为宜。

将 8~15 张裁好叠整齐的浸胶牛皮纸放在两块加了凡士林的不锈钢模板内，放入温度 110℃ 左右的平板硫化机中，然后缓慢施加压力，待流出的树脂被拉成细丝至断丝前应将压力调到 8MPa，温度升至 170℃，保温保压 10min，降温冷却到 50℃ 以下，泄压出模获得纸层压板。

（3）浸胶牛皮纸性能测定

1）浸胶牛皮纸树脂含量测定。取 3 张浸胶牛皮纸在天平上称重为 m_1，则浸胶牛皮纸树脂含量为：

$X = (m_1 - m_2)/m_1 \times 100\%$，其中 m_1 为浸胶牛皮纸质量，m_2 为未浸胶牛皮纸质量。

2）浸胶牛皮纸挥发物含量的测定。取浸胶牛皮纸试样三张称重为 $m_1(g)$。放入 160℃ 的恒温烘箱中，保温 20min。然后将烘干过的试样迅速从烘箱中取出放入干燥器中，待其冷却 5~8min 后，迅速称取重量为 $m_2(g)$。计算公式如下：

$$X = (m_1 - m_2)/m_1 \times 100\%$$

3）浸胶牛皮纸可溶性树脂含量测定。取浸胶牛皮纸三张称重为 m_1，浸入丙酮中经过 20min 后，取出在空气中晾干，再放在 160℃ 的恒温烘箱中 5min，取出放入干燥器冷却至室温，称重为 m_2，则浸胶牛皮纸中的树脂中可溶性树脂含量计算公式如下：

$$X = (m_1 - m_2)/(m_1 - m_0) \times 100\%$$

式中，X 为可溶性树脂含量；m_1 为浸胶牛皮纸试样原重量(g)；m_2 为经丙酮处理烘干后试样重量(g)；m_0 为浸胶牛皮纸重量(g)。

5. 思考题

如何控制纸层压板中的树脂含量？树脂含量对纸层压板的性能有什么影响？

6. 注意事项

1）注意对苯酚和甲醛的使用和防护，反应在通风橱中进行。

2）在浸渍牛皮纸制备中，应充分将牛皮纸用树脂溶液浸润，并且挂起滴去多余的树脂溶液。

3）在平板硫化机中压制纸层压板时应缓慢施加压力至恒定，注意平板硫化机操作步骤及安全。

实验 4.9　玻璃纤维增强不饱和聚酯复合材料的制备及性能

1. 实验目的

1）熟悉不饱和聚酯树脂及玻璃纤维增强复合材料的制备原理和影响因素。
2）掌握线形不饱和聚酯及其增强复合材料的制备工艺。
3）掌握树脂的特性测试和玻璃钢试样的性能测试方法。

2. 实验原理

不饱和聚酯树脂主要是由不饱和二元酸（酐）、饱和二元酸（酐）和二元醇缩聚反应的产物，是分子链中含有不饱和结构的高分子聚酯的总称。不饱和聚酯树脂主链具有杂链结构（酯基位于主链上），而且不饱和碳碳双键也在主链上，在引发剂存在下，这类聚酯中的不饱和碳碳双键能与烯类单体进行共聚反应，形成有交联结构的热固性树脂。不饱和聚酯树脂为黏稠状液体，树脂黏度低，平均分子量在 2000～3500，聚合度相当于 15～25，浸润性好，透明度高，并且有一定的黏附力，能在常温下交联，使用十分方便。改变聚合过程中原料和单体的成分，可使不饱和聚酯树脂的性能在很大范围内变化，从而获得广泛的用途。例如，可用于制造装饰涂料和油漆、压塑粉与片状和块状模压复合材料制品。以玻璃纤维为填料的不饱和聚酯树脂增强塑料（俗称玻璃钢），是不饱和聚酯树脂在过氧化物存在下，与烯类单体交联之前，涂覆在经过预处理的玻璃布上，在适当温度下低压接触成型固化得到的。玻璃钢具有极其优良的机械性能，可以用来制造飞机上的大型部件、船体、火车车厢、化工设备和管道等，目前已成为十分重要的塑料品种之一。

最常用的不饱和聚酯树脂，是由顺丁烯二酸酐、邻苯二甲酸酐和微过量的乙二醇通过加热熔融缩聚制备的。反应过程中，要经常测定体系酸值，或以脱水量来控制聚合度。当酸值降到 50 左右时，可以得到低黏度液体聚酯。将此步产物和含阻聚剂的苯乙烯混合，储备待用。苯乙烯既是稀释剂，又是交联剂。其反应式如下：

合成不饱和聚酯常用的试剂有二元酸、二元醇、多元醇、交联剂单体、引发剂等。

1) 二元酸。含不饱和二元酸（酐）和饱和二元酸（酐）。常用的不饱和二元酸（酐）有顺丁烯二酸酐、反丁烯二酸、衣康酸、甲基丙烯酸等。饱和二元酸（酐）有邻苯二甲酸酐、间苯二甲酸酐、对苯二甲酸、己二酸、葵二酸、四氯邻苯二甲酸酐、四溴邻苯二甲酸酐等。

2) 二元醇和多元醇。常用的二元醇有乙二醇、一缩二乙二醇、二缩二乙二醇、1，2—丙二醇、一缩丙二醇、二缩丙二醇、1，3-丁二醇、2，3丁二醇等；多元醇有丙三醇（甘油）、季戊四醇、四溴双酚 A、新戊二醇、双酚 A、氢化双酚 A 等。

3) 交联剂单体。乙烯基单体是不饱和聚酯配方设计中常用的活性交联剂单体，该类单体与聚酯树脂混溶性较好，能够顺利地进行加成共聚反应，生成的聚合物与玻璃纤维或织物等增强材料之间有着良好的浸润性。常用的有苯乙烯、甲基苯烯酸甲酯、丙烯酸酯、醋酸乙烯酯、邻苯二甲酸二丙烯酯、顺丁烯二丁酯等。除个别特殊性能要求外，所用乙烯基单体中 90% 以上的都是苯乙烯。

4) 其他添加剂　指引发剂、促进剂、加速剂和阻聚剂等。引发剂的功能是产生高活性的游离基，游离基攻击交联单体（苯乙烯等）和聚酯分子链中的不饱和双键，使之活化，从而发生交联反应。引发剂的品种有很多，过氧化环己酮、过氧化甲乙酮和过氧化苯甲酰等是广泛应用的常温固化型引发剂。

合成不饱和聚酯的原料配方，是针对所设计的聚酯的性能和使用要求而确定的。对于只选用二元酸与二元醇的体系，在不形成环化低分子物的情况下，只要原料（饱和酸与不饱和酸、二元醇与二元酸）用量比严格地控制在官能团等摩尔比的条件下，就能形成分子量足够高的中等反应活性的聚酯。任一组分过量都会导致分子量急剧下降。但实际生产中，由于原料纯度（如醇中含有水、酐中含酸），缩聚反应过程中醇的蒸出和酐的升华，尤其醇的蒸发损失不可忽视，或缩聚过程中局部过热引起脱羧和醇的氧化等反应，导致原料组分间不能维持严格等当量比而影响缩聚反应的进行。因此投料时醇的当量往往过量 5% ~ 10%，这样制得的液体聚酯的聚合度通常在 15 ~ 25，分子量约在 1000 ~ 3000，聚酯树脂交联固化成型后的分子量可达 10000 ~ 30000。分子量的大小对机械力学性能起决定性作用，分子量在 10000 以上的网状结构聚酯树脂的机械强度容易满足各种用途及性能的要求。

3. 仪器和材料

（1）仪器

需要的仪器有万能制样机、万能试验拉力机、摆锤式冲击试验机、恒温加热套、电动搅拌器、旋转黏度计、磨口三口烧瓶（250mL）、直型冷凝管、油水分离器、温度计、氮气保护装置、电热鼓风干燥箱、玻璃板（100mm×100mm）。

（2）材料

需要的材料有乙二醇、顺丁烯二酸酐、邻苯二甲酸酐、对苯二酚、苯乙烯、甲苯、乙醇、氢氧化钾、1%酚酞指示剂、过氧化苯甲酰、过氧化甲乙酮、邻苯二甲酸甲酯、环烷酸钴、玻璃纤维布、凡士林。

4. 实验步骤

（1）不饱和聚酯的合成工艺

按图4-9-1安装好实验仪器，在250mL磨口三口烧瓶中，加入36.6g乙二醇、24.5g顺丁烯二酸酐、37g邻苯二甲酸酐和30mg对苯二酚，缓缓加热升温至100℃左右，使反应物熔化呈半透明时，开始搅拌，并通入氮气保护。继续加热升温至反应物回流，开始让其回流液都返回瓶内，并维持此温度反应1h左右，再继续加热升温。在180~190℃进行酯化反应，在油水分离器中取水，反应过程中的升温速度可通过油水分离器中冷凝液的取出速度加以控制。以取水升温的方法，于2h内逐渐升温至190~200℃，在此温度维持反应1h后，开始取样测定反应物的酸值；再反应2h后测定第二次酸值；以后每反应1h测定一次酸值。反应过程中，当醇的挥发损失较大时，致使酸值难以下降，应及时补充适量的乙二醇，使反应继续进行下去。当反应物的酸值降至70mgKOH/g以下时，则可升温至200~210℃，每反应1h测定一次酸值，直至反应物酸值达到要求（50mgKOH/g左右）后停止加热。计量反应过程脱出的水，并与理论值相比较，估算其反应程度。

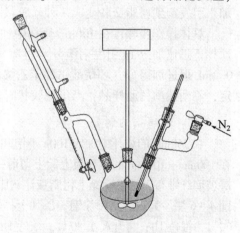

图4-9-1 合成实验装置图

搅拌冷却至100℃以下，加入含0.03%对苯二酚的50g苯乙烯，搅拌混合均匀后，冷却到室温，即得黏稠透明的不饱和聚酯树脂苯乙烯溶液。

（2）不饱和聚酯树脂的成分性能分析

1）聚酯酸值的测定。酸值表示不饱和聚酯反应进行程度，是重要质量指标之一。

酸值的测定：用取样管吸取聚酯1g左右置于已知重量的锥形瓶中，在分析天平上称重后，加入15mL中性混合溶剂（甲苯:乙醇=2:1体积）溶解，轻微加热使树脂溶解，待冷却近室温后，加入5滴1%酚酞酒精指示剂，以0.1mol/L的KOH乙醇标准溶液滴定至粉红色，约5s不褪色为止，按下式计算酸值：

$$酸值 = \frac{56.1N\ (V-V_0)}{W}\ (mgKOH/g)$$

式中，56.1 为 KOH 的相对分子质量；N 为 KOH 标准溶液的浓度；V 为试样滴定时所耗用 KOH 溶液的体积数（mL）；V_0 为空白滴定时所消耗 KOH 溶液的体积数（mL）；W 为试样聚酯的重量（g）。

2）聚酯树脂的黏度测定。不饱和聚酯树脂黏度是流动性及表面张力等性能的反映，表征树脂液对填料、增强材料穿透与浸润的能力。采用旋转黏度计测定树脂黏度，测试温度为 25℃。

3）聚酯树脂的固含量测定。聚酯树脂液的固含量测定方法是将树脂溶解在丙酮或其他溶剂中，让溶剂连同苯乙烯等交联单体共同挥发，剩余的不挥发物为聚酯的酯化产物。称量原试样聚酯树脂重量和挥发后的剩余重量，经计算得固体含量 = 聚酯树脂剩余重量/原试样聚酯树脂重量×100%。

4）聚酯树脂的贮存期。不饱和聚酯树脂的贮存期规定为半年以上，贮存期的检测采用加速法，即将树脂置于 80℃，直至出现凝胶现象的时间定为聚酯树脂的 80℃贮存期。一般 80℃贮存 24 小时，可能相当于 20℃贮存一年。但是，不同类型的聚酯不完全相同，可能同一温度（80℃）的贮存期只相当于 20℃时三个月的贮存期。

具体操作步骤：在磨口瓶中倒入约 100mL 树脂，塞上玻璃塞，放入（80 ± 1）℃恒温烘箱中，记下时间。以后每隔 1h（或 2h）检查一次树脂的流动性。树脂出现凝胶现象时，记下总贮存时间，取出样品瓶，将树脂倒出，清洗样品瓶。合格的树脂在 80℃、24h 后，应保持透明流动性且无明显变化。

5）室温胶凝时间测定。树脂胶液在引发剂和促进剂的作用下，开始交联固化反应。自加入引发剂到树脂交联变成一种软胶状态、失去流动性，所经历的时间即为胶凝时间。

具体操作步骤：在 100mL 烧杯中加入 20g 树脂液，放入恒温水浴锅中，保持温度 25℃，搅拌下迅速加入 1g 引发剂组分（过氧化甲乙酮的邻苯二甲酸甲酯溶液，质量浓度 40%）和 0.2mL 促进剂组分（环烷酸钴的苯乙烯溶液，质量浓度 1%）。用秒表计时，保持树脂温度恒定，不断搅动树脂样品，当出现胶状时，记下时间，即为胶凝时间。

（3）玻璃钢的制备

在 250mL 的烧杯中加入 100g 不饱和树脂、2g 过氧化甲乙酮和 0.02g 环烷酸钴，搅匀备用。在 100mm × 100mm 的玻璃板上涂上薄薄一层凡士林，用毛刷将树脂液涂布在玻璃板上，铺上一层玻璃纤维布，用毛刷涂上树脂液让树脂液润湿整个玻璃纤维布后，即可铺复第二层、第三层，铺 4~6 层。完成后，用涂铺一层凡士林的玻璃板压平，室温固化 4h。放入烘箱中，从室温升至 60℃，维持 1h；再升温至 80℃，维持 1h；最后升至 100~120℃，维持 1h，冷却至室温。

（4）玻璃钢性能力学测试

采用万能制样机将玻璃钢制成标准样条，测试拉伸强度、弯曲强度、压缩强度、断裂伸长率、冲击强度等力学性能。

5. 数据记录及结果分析

（1）酸值计算结果（见表 4 - 9 - 1）

表 4 - 9 - 1　酸值计算结果

时间/h	1	2	3	4	5	6	7
酸值							

（2）树脂液性能

黏度_____；固含量_____；贮存时间_____；室温胶凝时间_____。

（3）玻璃钢性能（见表 4-9-2）

每种测试试样各 3 个，结果计算平均值。

测试条件：_____；试样尺寸_____。

表 4-9-2　玻璃钢性能

拉伸强度/MPa	压缩强度/MPa	冲击强度/MPa	弯曲强度/MPa	断裂伸长率（%）

6. 思考题

1）加入乙二醇、顺丁烯二酸酐、邻苯二甲酸酐和对苯二酚，其作用各是什么？为什么向反应瓶装置中充入氮气除尽空气？

2）何谓熔融缩聚反应？线形不饱和聚酯的缩聚反应有哪些特点？

3）合成不饱和聚酯过程中最重要的质量跟踪手段是什么？

4）如何通过改变化学组成的方法提高不饱和聚酯树脂的韧性，这种方法有何优缺点？

5）复合材料的界面结合程度对材料的力学性能影响极大，可以通过哪些方法提高树脂基体与增强材料的结合强度？

7. 注意事项

1）在玻璃钢制备中，树脂液配合操作中不允许将促进剂和引发剂互相混合，否则会因反应猛烈而引起爆炸。

2）顺丁烯二酸酐、邻苯二甲酸酐、过氧化苯甲酰具有反应活性，不要与皮肤接触。顺丁烯二酸酐、邻苯二甲酸酐具有升华特性，使用时应注意。对苯二酚、苯乙烯等试剂具有毒性，防止吸入。

实验 4.10　三聚氰胺甲醛树脂层压板的制备

1. 实验目的

1）掌握三聚氰胺甲醛树脂的合成方法及层压板制备。

2）了解热固性预聚物进行热压成型的操作要点。

2. 实验原理

三聚氰胺甲醛树脂俗名蜜胺树脂，是由三聚氰胺和甲醛缩聚而成的热固性树脂，是氨基塑料的重要品种之一。三聚氰胺甲醛树脂具有优良的耐热性、耐水性、耐候性、介电性、阻燃性及力学性能，因此，广泛用作生产胶合板、强化木地板及层压塑料的黏合剂，以及其他复合材料的基体树脂。除此之外，用蜜胺树脂制作的日用餐具安全无毒，外观与瓷器几乎完全一样，几乎可以以假乱真。

三聚氰胺和甲醛的反应首先生成可溶性预聚物，即羟甲基化合物。根据原料配比的不同，预聚物上的羟甲基可有 1~6 不等，其中以三羟甲基和六羟甲基化合物最为重要。反应方程式表示如下：

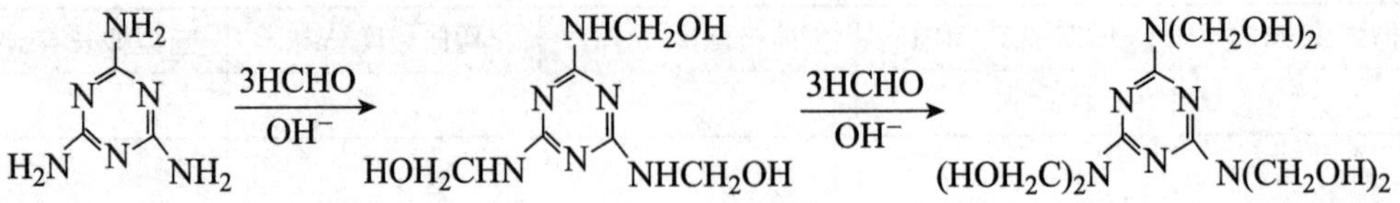

当三聚氰胺和甲醛的摩尔比为 1:3、体系的 pH 值为 8~9 时，预聚物较为稳定，此时预聚物中以三羟甲基化合物为主。这些预聚物在催化剂和热的作用下进一步发生缩聚反应，主要是羟甲基化合物与三聚氰胺之间的缩水、羟甲基之间的醚化等，最后生成不溶、不熔的交联产物。

预聚反应的反应程度可通过沉淀比来控制。预聚反应结束后，将其他增强体（棉布、纸张、纤维织物等）浸入到预聚体中，充分浸渍和晾干后在平板硫化机上加热、加压交联固化成型，最终获得各种不同用途的三聚氰胺甲醛层压板复合材料制品。

3. 仪器和材料

（1）仪器

需要的仪器有平板硫化机、恒温加热套、电动搅拌器、磨口三口烧瓶（250mL）、冷凝管、试管、温度计、蒸发皿、电热鼓风干燥箱、不锈钢板磨具。

（2）材料

需要的材料有三聚氰胺、甲醛溶液（37%）、六次甲基四胺、三乙醇胺、硅油、滤纸。

4. 实验步骤

（1）预聚体的合成

在装有搅拌器、冷凝管、温度计的 250mL 磨口三口烧瓶中加入 50mL 甲醛溶液和 0.15g 六次甲基四胺，搅拌，使反应混合物溶解，用试纸检查溶液的 pH 值在 8~9。加入 30g 三聚氰胺、搅拌溶解后升温至 80℃，反应 1h 后，进行沉淀比的测定。每 10min 取样测定 1 次，当沉淀比达到 2:2 时，立即加入 0.2g 三乙醇胺，搅拌均匀后停止反应。

沉淀比测定方法：从反应瓶中用吸管吸取 2mL 反应液放入试管中，冷却至室温，摇动情况下加入 2mL 去离子水，试样变浑浊，并且维持不变，则沉淀比达到 2:2。

（2）纸层压板的制备

1）浸渍干燥。将冷却的树脂液倒入大的平底蒸发皿中，将定性滤纸一张一张地平放浸渍 2min，注意要浸渍透彻。用镊子取出并悬挂固定在蒸发皿上部以回收滴落的树脂。待其自然晾干到干燥不黏手后即可进行热压成型。

2）热压成型。将上述晾干的 15～20 张滤纸层叠整齐，放在预涂有硅油的光滑不锈钢板上，放入平板硫化机，开启硫化机使温度达到 140℃，压力在 5～10MPa 维持 15～20min，趁热取出，得到层纸压板。

5. 思考题

1）简述三聚氰胺甲醛树脂的合成原理及工艺特点。
2）本实验中加入六次甲基四胺和三乙醇胺的作用是什么？

6. 注意事项

1）应控制预聚体的合成条件，温度不能太高，时间不能太长，否则会出现凝胶。
2）浸渍过程应充分，浸渍液应自然滴落。树脂液黏度大时滴落太慢，应在树脂液中添加水稀释。

实验 4.11　高分子导电复合材料的制备及导电性测定

1. 实验目的

1）加深对复合型导电高分子材料的制备方法和导电原理的理解。
2）了解制备高分子导电复合材料的实验方法。
3）掌握测试高分子材料电阻的方法，并计算电阻率或电导率。
4）分析工艺条件与测试条件对电阻的影响。

2. 实验原理

材料按照导电性能可分为导体、半导体和绝缘体三大类。区分标准一般以 $10^6\,\Omega\cdot cm$ 和 $10^{12}\,\Omega\cdot cm$ 为基准，电阻率低于 $10^6\,\Omega\cdot cm$ 称为导体，高于 $10^{12}\,\Omega\cdot cm$ 称为绝缘体。介于两者之间的称为半导体。然而，在实际中材料导电性的区分又往往随应用领域的不同而不同，材料导电性能的界定是比较模糊的。

根据导电机理的不同，导电高分子材料可分为结构型（本征型）和复合型（填充型）两类。结构型导电高分子（又称本征型导电高分子）自身具有导电性，其大分子链中的共轭键可提供导电载流子，如聚乙炔、聚吡咯、聚苯胺等。结构型导电聚合物由于刚性大而难于溶解和熔融、成型较困难、成本高昂，而且掺杂剂多属剧毒、强腐蚀物质，导电的稳定性、重复性以及导电率的变化范围比较窄等诸多因素限制了结构型高分子导电材料的发展。复合型导电高分子（又称填充型导电聚合物），其聚合物本身无导电性。主要依靠渗入聚合物基体中的导电填料提供自由电子载流子以实现导电。常用的导电填料有：碳炭系列，如石墨、炭黑和碳纤维等；金属系列，如金属粉末、碎片和纤维、镀金属的粉末和纤维等；其他系列，如无机盐和金属氧化物粉末等。其中，由于炭黑原料易得，品种齐全，价格低廉，质轻，是目前广泛采用的导电填料。

典型的高分子导电复合材料的体积电阻率与炭黑填料含量的关系如图 4 - 11 - 1 所示，可以看出，高分子导电复合材料的导电性随着炭黑含量的增加，其体积电阻率起初略微下降，当炭黑含量增大到某一临界值时，高分子导电复合材料的电阻率突然急剧减小。在一个很窄的区域内，炭黑含量的略微增加会导致高分子导电复合材料电阻率大幅度下降，这种现象通常被称为"渗滤"效应（Percolation effect），炭黑含量的这一临界值称为"渗滤阈值"（Percolation threshold）。在突变之后，高分子导电复合材料的体积电阻率随着炭黑含量的增加而下降的幅度又恢复平缓。在图 4 - 11 - 1 中体积电阻率急剧下降的区域（B 区）称为渗滤区，A 区、C 区分别称为绝缘区和导电区。

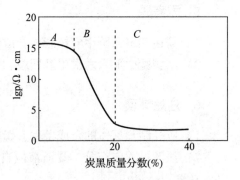

图 4 - 11 - 1   高分子导电复合材料的
体积电阻率与炭黑填料含量的关系

高分子导电复合材料的导电机理有如下几种理论：

1）导电通道学说：此学说认为导电填科加入聚合物后，不可能达到真正的多相均匀分布，总有部分带电粒子相互接触而形成链状导电通道，使复合材料得以导电。这种理论已被大多数学者所接受。

2）隧道效应学说：尽管导电粒子直接接触是导电的主要方式，但研究发现炭黑填充橡胶的复合体系中，存在炭黑尚未成链但在橡胶延伸状态下也可以导电的现象。通过对电阻率与导电粒子间隙的关系研究发现，粒子间隙很大时也有导电现象，这被认为是分子热运动和电子迁移的综合结果，即隧道效应。

3）电场发射学说：该学说认为由于界面效应的存在，当电压增加到一定值后，导电粒子间产生的强电场引起了发射电场，促使电子越过能垒而产生电流，导致电流增加而偏离线性关系，即存在电压-电流非欧姆特性。

高分子导电复合材料的实际导电机理是相当复杂的，现阶段主要认为是导电填料的直接接触和间隙之间的隧道效应的综合作用。

本实验以低密度聚乙烯为基体材料，加入经偶联剂处理的导电炭黑，制备导电复合材料并测定其导电性能。

3. 仪器和材料

（1）仪器

需要的仪器有 XSS 转矩流变仪、Keithley 236 仪（或 6517A 静电计/高阻表）、真空烘箱、平板硫化机、真空油泵机、加热器、四探针测试仪、电阻夹头、电阻率仪、导线。

（2）材料

需要的材料有低密度聚乙烯（LDPE）、偶联剂 KH - 550、导电炭黑（CB）（Cabot X - 72）、乙醇。

4. 实验步骤

（1）高分子导电复合材料的制备

1）原料的制备。将溶于乙醇的偶联剂 KH‐550（质量分数为 1%）加入 CB 中，充分搅拌，待混合均均匀后，于 80℃ 下真空干燥 5 h。

2）导电复合材料的制备。称取一定量的 LDPE 和以上制备的 CB，投入转矩流变仪进行共混，时间 10min，温度 120℃，转速 50r/min，当转矩流变仪的转矩在 5min 内不发生变化时，停止共混。通过改变炭黑的含量，可得到一系列的共混试样。

将共混物放在钢板模框中，在平板硫化机中模压成膜，温度 130℃，热压时间 3min，冷压时间 5min，压成厚度为 150～300μm 的薄膜。

（2）高分子导电复合材料的导电性能的测定

对材料导电性能的测定方法有多种，常采用二探针法或四探针法，可根据所调出的电阻值或电压、电流值分别计算材料的电导率。Keithley236 仪可以测定材料的电阻，可以测定施加在材料上的电压和电流。此外，国内也有多种仪器可以使用，操作方法有所不同，但测试原理和计算方法基本相同。

1）采用 Keithley236 仪测定电阻的操作步骤：开机预热 20min，将两红色电极连接待测电阻两端，设置输入电压，设定 COMPLIANCE 参数或选择 AUTORANGE，启动 OPERATE（安全提示：此时已接通电源，谨防触电），启动 TRIGGER，读出电流值，仪器显示 Stand By 后，方可读数、分解电路，计算电阻值。

2）采用四探针法测电阻率的方法。如图 4‐11‐2 所示，当 1、2、3、4 四根金属探针排成一直线时，并以一定压力压在半导体材料上，在 1、4 两处探针间通过稳定电流 I，则 2、3 探针间产生电位差 U。图中 S_1、S_2、S_3 分别为探针 1 与 2、2 与 3、3 与 4 之间的间距，单位 cm。探针系数 C 计算式如下：

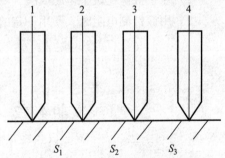

图 4‐11‐2 四探针法电阻测定原理图

$$C = \frac{20\pi}{\dfrac{1}{S_1} + \dfrac{1}{S_2} - \dfrac{1}{S_1 + S_2} - \dfrac{1}{S_2 + S_3}}$$

为测试方便，一般探针间距均相等，当 $S_1 = S_2 = S_3 = 0.1$cm 时，$C = 6.28$cm。$\rho = UC/I$，若电流取 $I = C$ 时，则 $\rho = U$，可由数字电压表直接读出。

3）采用二探针法测电阻的方法。电导率 σ 是电阻率 ρ 的倒数：$\sigma = 1/\rho$，反映了物体导电能力的大小。电导率越大表明物体的导电性能越好，常用单位为 S/cm。

由电阻公式：$R = \rho L/S$，可以推导出电阻率公式：$\sigma = L/RS$，本实验对长方体聚合物试样进行测试，则

$$\sigma = l/(Rdw)$$

式中，d 为试样厚度（cm），w 为试样宽度（cm），l 为试样长度（cm），R 为试样电阻（Ω）。

按照如图4-11-3所示，将试样夹持在导电性能良好的夹头间，接上电阻率仪测其电压、电流，测出电阻率并计算出电导率。每个样品在不同的位置测试5次，取其平均值。

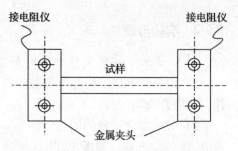

图4-11-3　二探针法电阻测定原理图

5. 数据记录及结果分析

1）绘制不同含量填料的高分子导电复合材料的电导率曲线图，讨论填料含量对材料导电性能的影响。

2）绘制同一试样不同电压下的电导率曲线图，讨论电压对材料导电性能测试结果的影响。

6. 思考题

1）简述高分子导电复合材料的导电机理。

2）测定高分子导电复合材料的电导率的方法有哪些？各有什么特点？

7. 注意事项

1）在平板硫化机中模压成膜，冷压时间要足够长，一定要冷却到室温再将薄膜取出。

2）用探针测电阻时，要用一定的压力使探针与薄膜表面接触。

实验4.12　聚酯型人造大理石的制备

1. 实验目的

1）了解人造大理石的种类及应用。

2）了解聚酯型人造大理石中各成分的作用。

3）掌握聚酯型人造大理石的制造方法。

4）掌握浇铸体力学性能和耐腐性能的测试方法。

2. 实验原理

天然大理石材高雅、美观、装饰性强，是高档建筑和民居装修的主要装饰材料之一。由于天然大理石出板率较低、价格较贵，而且天然高档石材资源毕竟有限，利用废弃资源或其他低价原料，研制成本低、工艺简单的人造板材具有较大的经济效益和社会效益。人造大理石不仅可以达到天然大理石的质感和美感，而且能够克服天然石材色泽不均和裂隙较多的缺点。另外，它还便于造型，适合制作复杂型材和器具等，因此人造大理石必将有较大的发展空间。自从20世纪50年代美国首次出现人造大理石以来，人造大理石就受到普遍重视。我国人造大理石的研究始于 70 年代，80 年代开始批量生产，其发展情况一直很好。

　　人造大理石种类较多，根据所用材料的不同，人造大理石一般可以分为四类：水泥型人造大理石、聚酯型人造大理石、复合型人造大理石和烧结型人造大理石。水泥型人造大理石是以各种水泥为黏合剂，加入一定量的粗细骨料、颜料和添加剂经配料搅拌、成型、养护、磨光、抛光等工艺过程制成。聚酯型人造大理石是以不饱和聚酯为黏合剂，加入一定量固化剂和粗细骨料、颜料等制成。复合型人造大理石是指在制造过程中所使用的黏合剂既有有机材料，又有无机材料。烧结型人造大理石是采用陶瓷生产工艺，使制品表面具有大理石纹理和图案。上述四种人造大理石中，以聚酯型最常用，其物理、化学性能最好，花纹容易设计，有重现性，适用多种用途，但价格相对较高。水泥型最便宜，但抗腐蚀性能较差，容易出现微裂纹，只适合于作板材。其他两种生产工艺复杂，应用很少。此外，新品种的人造大理石正在不断地出现，如石膏人造大理石、芳香人造大理石、钢渣人造大理石等。

　　聚酯型人造大理石是以不饱和聚酯树脂（UPR）作为黏结剂，掺入无机填料、固化剂以及其他辅助试剂，经过一定的固化成型工艺所得到的一种复合材料。UPR 型人造大理石与无机型人造大理石相比具有独特的优点。首先，具有良好的抗折能力和低吸水率，极大改善天然石材脆性问题；其次，具有质量轻，质感好，耐酸、碱的特点；最后，容易二次或无缝拼接加工，可制成具有特殊形状或各种颜色花纹的装饰品。

　　人造大理石常用的不饱和聚酯是由不饱和二元酸或酸酐混以一定量的饱和二元酸或酸酐，在高温和引发剂存在条件下与饱和二元醇或二元酚经缩聚而制得的线形聚酯树脂。线形聚酯树脂的分子通式如下：

$$H \left(O - R_1 - O - \overset{\overset{\displaystyle O}{\|}}{C} - R_2 - \overset{\overset{\displaystyle O}{\|}}{C} \right)_x \left(O - R_1 - O - \overset{\overset{\displaystyle O}{\|}}{C} - R_3 - \overset{\overset{\displaystyle O}{\|}}{C} \right)_y OH$$

其中，R_1 是二元醇，可用丙二醇、一缩二丙二醇、氢化双酚 A 或二溴新戊二醇等基团；R_2 是不饱和二元酸、顺（反）丁烯二酸或酐等基团；R_3 是饱和二元酸、间苯二甲酸、己二酸等基团。

　　改变聚酯的分子链可以得到性能各异的聚酯树脂，由此可以制得不同要求的人造大理石。当 R_1 为氢化双酚 A，R_2 为 α 和 β 烯不饱和二元酸，并加入不饱和醇及低分子量马来酸酐与苯乙烯的共聚物（平均分子量小于 5000），这样得到的不饱和聚酯树脂，经模压制成的人造大理石具有较好的耐水性。当在不饱和聚酯树脂中添加热塑性树脂，可制成具有较低收缩性的人造大理石模塑产品。常用的热塑性树脂有聚苯乙烯及其共聚物、改性聚氨酯、聚甲基丙烯酸的 $C_1 - C_4$ 的酯、聚苯二甲酸二烯丙酯等。若将不同透光率的不饱和聚酯和填料（如氢氧化铝、玻璃纤维等）、硬化剂以及其他添加剂混合后再注入模具中，通过热压即可制得具有奇异外观，颜色较深，但透光率较好的人造大理石制品。若在填料中添加一定比例的玻璃纤维，可以使人造大理石制品的机械强度大幅度提高，硬度上升，伸长率下降。近年来还开发了一种以微波固化的不饱和聚酯人造大理石，抗拉强度和抗热性均有所改进。随着不饱和聚酯性能的不断改进与完善，聚酯型人造大理石的用途将不断扩展，它的性能将会不断改进与完善。

　　本实验以不饱和聚酯树脂为黏合剂，氢氧化铝和氢氧化钙为填料，苯乙烯为固化剂，采用过氧化甲乙酮—环烷酸钴引发体系，在常温常压浇铸制备了人造大理石。

3. 仪器和药品

（1）仪器

需要的仪器有万能材料试验机、浇铸模具、烘箱。

（2）药品

需要的药品有945#不饱和聚酯树脂（UPR）、苯乙烯、过氧化甲乙酮、环烷酸钴、氢氧化铝和氢氧化钙混合填料（质量比4:1）。

4. 实验步骤

（1）不饱和聚酯型人造大理石的制备

在烧杯中加入 105g 不饱和聚酯树脂、39g 氢氧化钙、156g 氢氧化铝、45g 苯乙烯和 1.06g 过氧化甲乙酮，混合均匀后加入 0.2g 环烷酸钴，混合均匀，室温搅拌 10min 后，将混合物倒入模具中，室温固化脱模；将脱模后的产品放入 60℃烘箱中保温 10h，得到不饱和聚酯型人造大理石材料。

（2）力学性能测试

参照 GB/T 8237—2005 制备试样。压缩强度测试按照 GB/T 2567—2008 进行，弯曲强度测试按照 GB/T 2570—1995 进行。

（3）耐腐蚀性能测试

腐蚀介质分别为 10% 氢氧化钠溶液、20% 硫酸溶液和甲苯。实验条件：按 GB/T 3857—2005 将试样浸没在实验介质中 30d 后取出，将其干燥，测量尺寸、测试弯曲强度。

5. 数据记录及结果分析

（1）力学性能和耐腐蚀性能数据（见表 4-12-1）

表 4-12-1　实验数据

弯曲强度/MPa				压缩强度/MPa	
无	甲苯试剂	20% H_2SO_4 溶液	10% NaOH 溶液	强度极限	屈服极限

（2）分析人造大理石的力学性能和耐腐蚀性能。

6. 思考题

1）简述聚酯型人造大理石的固化机理。
2）简述氢氧化铝和氢氧化钙混合填料在大理石中的作用。

7. 注意事项

1）不饱和聚酯树脂和添加剂要充分混合均匀，加入环烷酸钴后，室温搅拌时间不可过长，不能超过 15min，否则会发生固化反应。

2）试样力学性能测试过程中，样条应平行制备 3~5 根，测试结果取平均值。

3）使用氢氧化钠溶液和硫酸溶液要注意安全。

实验 4.13　环保型脲醛树脂基人造板的制备

1. 实验目的

1）掌握脲醛树脂胶黏剂及其胶合板的制备工艺。

2）掌握脲醛树脂和人造板游离甲醛测定方法。

3）了解脲醛树脂基人造板甲醛释放量的影响因素。

2. 实验原理

当今社会，经济飞速发展，技术日益更新，每个行业都有其代表性的衡量标准。在人造板领域，胶黏剂的应用已经成为衡量一个国家或一个地区人造板技术发展水平的重要标志之一。人造板胶黏剂不仅用量大，而且品种多，按照原料特点可分为合成树脂胶、天然树脂胶和无机胶黏剂三类。合成树脂胶的甲醛系胶黏剂中脲醛树脂、酚醛树脂、三聚氰胺—甲醛树脂是人造板工业应用最多的三大胶种，其中脲醛树脂胶黏剂占 70% 以上。水泥、石膏等无机胶黏剂虽然用量也较大，但主要作为填充物质改善人造板的功能特性。在众多胶种的人造板应用中，脲醛树脂以其物美价廉的优点占据最主要的位置，几乎对人造板工业的发展起到了不可替代的作用。

人造板具有很多优点，但如果使用脲醛树脂作为胶黏剂，便对产品环保性能提出了要求，用脲醛树脂胶黏剂制造的人造板产品是否安全可靠成为检验程序中最为重要的一环。欧洲将木制品按甲醛释放含量分为四个级别：E_0（甲醛含量小于 4mg/100g，为最高级别）、E_1（甲醛含量小于 10mg/100g）、E_2（甲醛含量小于 40mg/100g）、E_3（甲醛含量小于 100mg/100g）。只有获得 E_1 级、E_0 级认证才被称为绿色环保产品，对人体绝无任何伤害。脲醛树脂胶黏剂应用中存在一些制约其发展的缺点，最突出的是其生产、加工过程及胶黏制品中释放出游离甲醛。因此，研究如何降低脲醛树脂游离甲醛含量、提高产品综合性能，已成为人造板工业发展的重要课题。

脲醛树脂基人造板的甲醛释放主要来源有：未反应的残余甲醛、不稳定基团释放的甲醛、半纤维分解出的甲醛。首先是人造板胶黏剂中含有游离甲醛，在制板过程中，游离甲醛从板中释放出来。其次，在脲醛树脂合成中形成的醚键和半缩醛等不稳定基团，在树脂固化过程中羟甲基活性基团之间也易形成不稳定的醚键，这些不稳定基团在人造板热压或使用过程中分解释放出甲醛。再次，人造板及其制品在使用过程中由于水分和光的作用使树脂老化，不断分解产生甲醛。最后，木材中纤维素与胶黏剂的反应，即纤维素分子中含有羟甲基，在较高温度和酸性条件下，与脲醛树脂中含有的甲醛发生反应生成半缩甲醛，再进一步与别的纤维素羟基形成缩甲醛交联；甲醛的低聚物也可直接与纤维素羟基形成聚合缩甲醛交联，以上反应生成的各种缩甲醛，一定条件下会逐步分解释放出甲醛分子。因此，可以通过优化脲醛树脂的合成配方工艺、加入游离甲醛捕捉剂、加入改性剂、改进人造板的制板工艺、进行人造板后期处理等来降低人造板中甲醛的释放。

　　本实验采用尿素、甲醛为主要原料，聚乙烯醇、三聚氰胺为改性剂，在弱碱—弱酸—弱碱的传统工艺基础之上，分级、分步聚合反应制备微游离醛脲醛树脂并用于人造板的制造。脲醛树脂合成工艺如下：

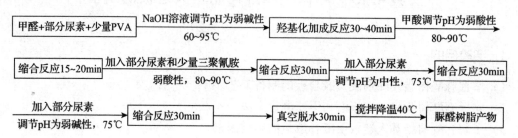

3. 仪器和材料

（1）仪器

需要的仪器有平板硫化机、恒温加热套、电动搅拌器、三口烧瓶（250mL）、冷凝管、温度计、不锈钢板、抽真空装置、毛刷。

（2）材料

需要的材料有甲醛溶液（37%）、尿素、三聚氰胺、聚乙烯醇（PVA）1788、88%甲酸溶液、氢氧化钠、氯化铵、杨木单板（300mm×300mm×2mm）。

4. 实验步骤

（1）改性脲醛树脂的合成

先称取100g甲醛溶液置于250mL三口烧瓶中，装上冷凝管和温度计，机械搅拌下加入第一批尿素22g和0.8g的PVA，采用10%的氢氧化钠水溶液调节pH为弱碱性（pH=7~8），升温至60~65℃加成反应30~40min；然后，采用甲酸溶液调节pH至弱酸性（pH=6），升温至85℃进行缩聚反应15~20min，加入第二批尿素22g和8g的三聚氰胺，继续在弱酸性条件下缩聚反应30min；再加入第三批尿素22g，调节pH为中性，降温至75℃反应30min；调节pH至弱碱性，加入第四批尿素22g，继续反应30min，改用减压蒸馏装置，真空脱水30min。然后搅拌降温至40℃出料，得脲醛树脂产物。

（2）人造板的制备

事先将杨木单板干燥至含水率在5%~9%。固化剂氯化铵添加量占胶液质量的1%，与脲醛胶液混合均匀，陈放10min。采用人工刷涂法进行施胶，双面施胶量350g/m²。施胶量准确均匀，涂胶后闭合陈放30min。

本实验压制3层胶合板，热压温度为125℃，热压压力为1.0MPa，热压时间按1min/1mm板厚，计算用时6min。热压结束后，将压制成型的胶合板竖直摆放散热冷却后进行后续检测。

（3）改性脲醛树脂游离甲醛含量测定

游离甲醛含量测定按照 GB/T 14074—2006 中 3.16 要求测定。

（4）人造板性能检测

胶合板强度按照 GB/T 9846.7—2004 中规定测定，胶合板的甲醛释放量应按照 GB/T 9846.3—2004 中 9 规定进行。试件数量 10 块，结果精确到 0.1mg/L。

5. 思考题

1）通过哪些方法可以降低脲醛树脂基人造板的甲醛释放？

2）本实验中加入氯化铵的固化机理是什么？

3）脲醛树脂合成中，加入 PVA 和三聚氰胺的作用是什么？

6. 注意事项

1）甲醛有毒，合成脲醛树脂应在通风橱中进行。

2）杨木单板要干燥充分。

3）热压机注意安全操作。

实验 4.14　复合材料 RTM 工艺

1. 实验目的

1）掌握 RTM 工艺的原理及工艺特点。

2）掌握 RTM 工艺的技术要点、操作程序和技巧。

3）能分析制品质量的主要影响因素。

2. 实验原理

RTM（Resin Transfer Molding）是树脂传递模塑成型的简称，是指低黏度树脂在闭合模具中流动、浸润增强材料并固化成型的一种工艺技术，属于复合材料的液体成型或结构液体成型技术范畴，是航空航天先进复合材料低成本制造技术的主要发展方向之一。其具体方法是在设计好的模具中，预先放入经合理设计、剪裁或经机械化预成形的增强材料，模具需有周边密封和紧固，并保证树脂流动顺畅；闭模后注入定量树脂，待树脂固化后即可脱模得到所期望产品。本实验采用的 RTM 设备主体结构如图 4-14-1 所示。

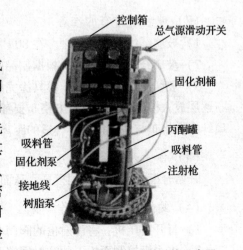

控制箱
总气源滑动开关
固化剂桶
丙酮罐
吸料管
吸料管
固化剂泵
注射枪
接地线
树脂泵

图 4-14-1　RTM 设备主体结构示意图

由于其具有产品质量好、生产效率高、设备及模具投资小，易于生产整体复合材料构件等突出特点得到了迅速发展，可应用于汽车（在我国已成功应用于多种型号汽车部件的制造上，如轿车硬顶总成、扰流板和尾翼等）、建筑、体育用品、航空航天及医疗器械等领域，能规模化生产出高品质复合材料的制品。

树脂的选择要求：

1）室温或工作温度下具有较低的黏度（低于1Pa·s），对增强材料浸润性好。能顺利地、均匀地通过模腔，浸透纤维，快速充满整个型腔。

2）固化放热低（80～150℃），防止损伤玻璃钢模具。

3）固化时间短，一般凝胶时间为5～30min，固化时间不超过60min。

4）树脂固化收缩率小，防止产品变形。

5）固化时无低分子物析出，气泡能自身消除，能和固化体系很好的匹配。

3. 仪器和材料

（1）仪器

需要的仪器有RTM设备、空压机、有大剪刀（裁剪纤维布）、锉刀、不同规格砂纸、注射管（外径12mm）及手套等防护用品。

（2）材料

需要的材料有不饱和聚酯树脂、过氧化甲乙酮、环烷酸钴、玻璃纤维方格布（包括轴向布和夹芯毡）、硅脂（脱模）、丙酮（清洗）等。

4. 实验步骤

RTM成型工艺流程主要包括：模具清理、涂脱模剂→玻璃纤维布的剪裁、铺设、定型→合模夹紧→树脂注入→树脂固化→开模→脱模→二次加工→制品。

（1）模具的准备

模具的清理，并涂覆硅脂脱模剂。

（2）玻璃纤维布的准备

1）玻璃纤维布的预处理。在80℃的温度条件下，热处理半小时。

2）玻璃纤维布的剪裁。根据制品的尺寸，用剪刀剪裁适合的玻璃纤维方格布。

3）玻璃纤维布的铺设。模具涂完脱模剂后，等待10min左右，把裁剪好的玻璃纤维方格布逐层放入模腔中。注意：方格布要铺设平整，并且每铺完一层后要将其压紧，另外应使玻璃纤维方格布与注胶口留有合适的距离，以防堵塞注胶口。

（3）合模夹紧

开始合模，用螺栓紧固模具，从而起到密封作用，然后安装好相应的注射管及溢出管。

（4）树脂注射主要操作步骤

1）打开空压机，将注射枪的阀门和固化剂阀门置于注射位置。

2）将主机控制面板上的注射回流开关置于注射位置，设置好固化剂泵的比例位置。

3）按住注射枪上的气动阀门，开始注射。

4）释放注射枪上的气动阀门，停止注射。

5）清洗枪头，然后将注射枪的阀门置于回流位置。

（5）固化、脱模

固化 1.5～3h，然后脱模，如制品固化不完全放入 80℃烘箱中，继续固化一段时间。

（6）质量评定

检查表面质量是否均一、光滑，有无肉眼可见的气泡、分层。

5. 数据记录及结果分析

记录下每个操作步骤及工艺参数的设置，分析主要工艺参数对试样成型效果（包括生产效率及产品质量）的影响。

6. 思考题

根据实际成型操作，以及制品的质量，分析制品缺陷产生的原因，讨论并总结出制品性能改善的方法和措施。

7. 注意事项

1）在操作过程中勿将身体靠近 RTM 主体结构。

2）长时间不用时，要注意用丙酮彻底清洗所有管路。

实验 4.15　复合材料层压成型工艺

1. 实验目的

1）掌握预浸料的制作过程和技术要点。

2）掌握层压板生产工艺和层压板制作过程的技术要点。

3）了解纤维织物铺层方式对层压板性能的影响。

2. 实验原理

层压成型技术是把一定层数的浸胶布（纸）叠在一起，送入多层液压机，在一定温度和压力的作用下压制成板材的工艺。层压成型工艺属于干法、压力成型范畴，是复合材料的一种主要成型工艺。该工艺生产的制品包括各种绝缘材料板、人造木板、塑料贴面板、覆铜箔层压板等。层压成型工艺的优点是制品表面光洁、质量较好且稳定以及生产效率较高；缺点是只能生产板材，且产品的尺寸大小受设备的限制。复合材料层压生产基本工艺流程：预浸布→铺层→层压→脱模修边。层与层之间完全靠树脂在压力帮助下加温固化而黏结在一起形成一定厚度的板。生产中除温度、压力因素外，增强材料预浸布的浸胶工艺对复合材料的性能影响较大。

(1) 增强材料的浸胶工艺

增强材料浸渍树脂、烘干等的工艺过程称之为浸胶。对于不同性能要求的制品，可以采用纸、棉布、玻璃布、碳纤维布等不同增强材料浸渍各种树脂胶液（如酚醛树脂、环氧树脂、三聚氰胺甲醛树脂、有机硅树脂等），以制得胶纸、胶布，供压制、卷管或布带缠绕用。树脂基体、增强材料、浸胶工艺等因素都对复合材料制品的质量有直接的影响，如果上胶工艺掌握不当，会导致制品起泡、分层、起壳、黏皮、发花等现象，影响制品的机械性能和绝缘性能。因此，根据制品的性能要求，既要选择合适的树脂基体和增强材料，又要掌握最佳的浸胶工艺。

浸胶的工艺过程是：增强材料经过导向辊进入盛有树脂胶液的胶槽内，经过挤胶辊，使树脂胶液均匀地浸渍增强材料，然后连续地通过热烘道干燥，以除去溶剂并使树脂反应至一定程度（B 阶），最后将制成的胶布或胶纸裁剪成块。影响浸胶质量的主要因素是胶液的浓度、黏度和浸渍的时间，另外，浸渍过程中的张力、挂胶辊、挤胶辊等也会影响浸胶质量。因此，只有合理地选择和控制这些影响因素，才能确保浸胶的质量。

1）树脂胶液的黏度的影响。树脂胶液的黏度会直接影响树脂胶液对增强材料的渗透能力和增强材料表面附着胶液的多少，即影响胶布的含胶量。胶液的黏度过大，增强材料不易被胶液浸透；黏度过小，则增强材料的浸胶量不足。树脂胶液的黏度主要与胶液的浓度和温度有关。为方便起见，在生产中，一般通过控制胶液的浓度来控制胶液的黏度。

树脂胶液的浓度是指树脂溶液中树脂的含量。在生产中，由于测定胶液的浓度比较麻烦，通常利用浓度和密度之间的函数关系，通过测试密度从而得到胶液的浓度，对于常用的酚醛树脂胶液和环氧酚醛树脂胶液，一般将其密度控制在 $1.00 \sim 1.10 \mathrm{g/cm^3}$。

为了保证增强材料上胶均匀，在调节胶槽内胶液的密度时，应该采用稀树脂溶液，不能将溶剂直接加入到胶槽中去。直接加入溶剂会出现上胶严重不均，甚至出现白布现象。在正常生产时，为了保持胶槽内一定的胶液浓度，必须经常往胶槽内添料。添加的胶液浓度一般要比胶槽内的胶液密度低 $0.01 \sim 0.02 \mathrm{g/cm^3}$，这是因为溶剂挥发，胶槽内胶液密度有所增高的缘故。

2）增强材料的浸渍时间的影响。增强材料通过胶液的时间称为浸渍时间。浸渍时间的长短应根据增强材料是否浸透来确定的。浸渍时间过短，材料不能充分浸透，上胶量达不到要求，或使胶液浮在增强材料的表面，影响浸胶质量；浸渍时间过长，材料虽能充分浸透，但限制了设备的生产能力。例如，对于 $0.1 \sim 0.2 \mathrm{mm}$ 厚的平纹玻璃布、$0.25 \mathrm{mm}$ 厚的高硅氧布，其浸渍时间以 $30 \sim 45 \mathrm{s}$ 为宜。

张力控制、挤胶辊的使用：增强材料在浸胶过程中的张力应根据其规格和特性来确定。在浸胶过程中张力不宜过大，否则，胶纸易拉断，胶布也会产生横向收缩（或纵向拉长）和变形。张力也不宜一边紧一边松，或者中间紧两边松。在运行的全过程中各部分的张力都应始终保持一致。挤胶辊的作用是帮助增强材料浸透胶液，控制调节挤胶辊的间隙大小和均匀度，可以使胶液浸透，并均匀上胶，以保证胶布、胶纸的质量。

3）烘干温度和时间的影响。增强材料浸胶后，为了除去胶液中的溶剂等挥发性物质，并使树脂从 A 阶反应至 B 阶，须将浸胶的胶布烘干。烘干主要控制烘干温度和烘干时间两个指标。烘干温度过高或烘干时间过长，会使不溶性树脂含量迅速增加，影响胶布的质量。因此，必须合理地选择烘干温度和烘干时间。在生产中，一般烘干温度宜偏低一点，这样生产控制较方便，也容易保证胶布的质量。

4）稀释剂的影响。稀释剂对增强材料的浸透与上胶量的多少有一定的影响。一般对稀释剂的要求是：对树脂的溶解性好；在常温下挥发速度慢，但沸点要低，达到沸点后挥发速度快；无毒或低毒。

（2）层压工艺过程

层压工艺过程大致是：叠料→进模→热压→冷却→脱模→加工→热处理。

1）叠料。叠料包括备料和装料两个操作过程。备料就是装料前准备料的过程，备料应做的工作有：①选料。为保证制品质量，在浸胶工序质量检验的基础上，再次检查胶布，将其中含胶严重不均、带有杂质、已经老化的挑出。②称量。按张数和质量准备装料。对于薄板一般按胶布的张数下料，对于厚板因制品厚度受胶布多少的影响较大而采用胶布的张数与质量相结合并以质量为主的方法下料，这样可以保证制品的厚度公差。③放表面胶布。每块板料两面均应放 2~3 张表面胶布，表面胶布含有硬脂酸锌脱模剂，其含胶量、流动量均比里层胶布大，能增加制品的防潮性和美观。

将备好的每块板料按一定的顺序叠合的过程称为装料。装料的顺序为：铁板→衬纸（50~100 张）→单面钢板→板料→双面钢板→板料→单面钢板→衬纸→铁板。放衬纸的目的是使制品能均匀受热、受压，防止加热、冷却时产生局部的过热过冷现象，也可弥补加压时铁板与热板或铁板与钢板间因接触不良而造成的压力不均。为了防止衬纸受压后松碎黏结钢板或铁板，在衬纸两面还各放一张同样面积的铜丝网，衬纸经长期使用、多次热压后，将失去弹性变脆，缓冲效果显著降低，因此衬纸需注意经常更换。

2）进模。将装好的板料组合逐格（或整体）推入多层压机的加热板间，并检查板料在热板间的位置，待升温加压。

3）热压。热压工艺中，温度、压力和时间是三个重要的工艺参数。在整个热压工艺过程中，增强材料除了被压缩外，没有发生其他变化，而树脂发生了化学反应，其化学性能和物料性能都发生了根本的变化。因此，热压工艺参数的选定，应从树脂的固化特性来考虑。此外，还应适当地考虑制品的厚薄、大小、性能要求以及设备条件等因素。

温度的确定主要取决于胶布中树脂的固化特性及胶布的含胶量、挥发物和不溶性树脂含量等质量指标。另外，还必须考虑传热速度问题，这对于厚板尤为重要。一般热压工艺的升温可分为五个阶段。第一阶段：预热阶段。一般从室温到开始反应的温度，这一段称为预热阶段。以环氧酚醛层压板热压为例，热压分两个阶段：预热阶段和热压阶段。预热阶段主要目的是使胶布中的树脂熔化，使熔化的树脂往增强材料的间隙中深度浸渍，并使挥发物再跑掉一些。此时压力一般为 1/3~1/2 全压。第二阶段：中间保温阶段。这一阶段的作用是使树脂在较低的反应速度下固化。保温时间的长短主要取决于胶布的老嫩程度以及板料的厚度。在这一阶段应密切注意树脂沿模板边缘流出的情况。当流出的树脂已经硬化，即不能拉成细丝时，应立即加全压，并随即升温。第三阶段：升温阶段。这一阶段的作用在于逐步提高反应温度，以加快固化反应速度。升温速度不宜过快，升温过快则使固化反应剧烈，在制品中容易产生裂缝、分层等缺陷。第四阶段：热压保温阶段。这一阶段的作用是使树脂获得充分的固化。该阶段的温度高低主要取决于树脂的固化特性，保温时间与层压板的厚度有关。第五阶段：冷却阶段。

在层压工艺中，成型压力有以下几个作用：用来克服挥发物的蒸气压力，这是主要作用；使黏稠的树脂有一定的流动性；使胶布受到一定的压缩，并使胶布层间有较好的接触；防止复合材料在冷却过程中变形。成型压力的大小是根据树脂的固化特性来确定的。如果树脂在固化过程中有小分子逸出，成型压力就要大一些；树脂的固化温度高，成型压力也要相应地增大。例如，对于酚醛树脂层压板，一般成型压力为 11 ~ 13MPa；对于环氧酚醛树脂层压板，成型压力为 6MPa 左右；对于邻苯二甲酸烯丙基酯树脂层压板，成型压力为 7MPa 左右。

4）冷却、脱模。保温结束后即关闭热源，通冷水冷却或自然冷却，并保持原压力，过早降压会因板温尚高而使制品表面起泡或翘曲。当温度降至 60 ~ 70℃ 时，即可降压出模，温度太低制品易黏钢板，如在钢板上涂上脱模剂，则也可在温度降至 40 ~ 50℃ 时出模。

5）加工。厚度为 3mm 以下的制品用切板机加工，厚度为 4mm 以上的制品要采用砂轮锯片加工。加工好的 4mm 以上的制品，可放入烘房进行热处理。例如，对于环氧酚醛绝缘板，可在 120 ~ 130℃ 下处理 8 ~ 10h，使树脂固化完全，以提高制品的物理机械性能、电性能和热性能。

3. 仪器和材料

（1）仪器

需要的仪器有平板热压机、浸胶机、不锈钢薄板。

（2）材料

需要的材料有 E51 环氧树脂、酚醛树脂、不饱和聚酯树脂、无碱玻璃纤维布、硅烷偶联剂 KH – 550、硅烷偶联剂 KH – 560、硅烷偶联剂 KH – 570、苯乙烯、丙酮、乙醇、邻苯二甲酸二丙烯酯（DAP）、过氧化二异丙苯、过氧化苯甲酰。

4. 实验步骤

（1）浸胶布制备

1）选择层压板用的无碱玻璃纤维布。国内的玻璃布分有碱和无碱，玻璃布规格分号，号越大，厚度和单位面积质量也越大。如 13 号布为 $160g/m^2$，18 号布为 $240g/m^2$。另外，还应注意经纬密度各是多少，布宽有 900mm 和 1200mm 等多种。

2）配置浓度为 1‰ ~ 3‰ 的偶联剂水溶液，对于不同的树脂选择相应的偶联剂，酚醛树脂选用 KH – 550 偶联剂；环氧树脂选用 KH – 550 或 KH – 560 偶联剂；不饱和聚酯树脂选用 KH – 570 偶联剂，不能选用 KH – 550 偶联剂。

3）配制树脂，对树脂要求是有明显的 B 阶段，并且浸胶布在常温下有 5 ~ 7 天以上的存放期。进行三组配方的浸胶实验：第一组配方，酚醛树脂的乙醇溶液，60% 的胶含量；第二组配方，环氧树脂（E-51）100 质量份与胶含量为 60% ~ 65% 的酚醛树脂 100 质量份混在一起，经 80℃ 搅拌反应脱水 90min，加少量丙酮调至含胶量 60%，可用于浸胶；第三组配方，不饱和聚酯树脂 184# 在聚合完毕时不加苯乙烯稀释就直接出料，冷却后为固体，取其 100 份用 40 份丙酮溶解，然后配入邻苯二甲酸二丙烯酯（DAP）20 份、过氧化二异丙苯 2 份、过氧化苯甲酰 0.3 份，搅匀即可用于浸渍玻璃布制备不饱和聚酯树脂浸胶布。

4）浸胶布制备按照玻璃布浸胶机的具体操作进行，如图 4-15-1 所示。脱蜡炉温度调至 400~430℃，偶联剂烘干炉为 110~120℃，浸胶槽后的烘干炉调至 70~90℃，即可开机预浸。在收卷处取样分析如下指标：挥发分高低、胶含量和不溶性树脂含量三项。如浸胶布发黏，收卷后不易退卷，应提高后烘干炉温度；挥发分过高，不溶性树脂含量低于 3%，也应提高后烘干炉温度；反之要降低温度；含胶量由控胶辊的压力控制，一般在 33%~37%。

浸胶机如图 4-15-1 所示，包括布卷、脱蜡炉、偶联剂浸槽、烘干炉、浸胶槽、控胶辊、烘至 B 阶树脂的后烘干炉、收卷等八部分。

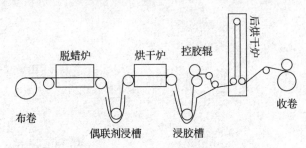

图 4-15-1　玻璃布浸胶机示意图

5）收卷密封装袋，待用。

（2）浸胶布的手工制作

若没有浸胶机，可采用手工法浸胶。其方法是将玻璃布剪成 15cm×15cm 的小块，将其高温脱蜡后浸偶联剂，晾干或烘干，在胶槽中浸透树脂，然后用圆管夹住玻璃布，再将玻璃布提抽而过，最后烘干至 B 阶段，待用。这样做的缺点是浸胶布含胶量不均匀。

（3）浸胶布铺层和层压成型

取浸胶布置于洁净平台上铺平，按规定尺寸剪裁，注意经纬密度不同的方向性，15mm、10mm、5mm 厚度的板各压制一块，以备其他实验用，按下面公式计算浸胶布用量。

$$G = \rho A h$$

式中，G 为浸胶布总量（g）；ρ 为层压板密度（g/cm³）；A 为层压板面积（cm²）；h 为板预定的厚度（cm）。

将单片浸胶布按预定次序逐层对齐叠合，上、下面各放一张聚酯膜，并置于两不锈钢薄板之间，然后一起放入热压机中。不锈钢板应对齐，以免压力偏斜，使试样厚度不均。加热、加压分三个阶段进行：预热阶段，温度 100℃，压力 5.0MPa，保温 30min；保温保压阶段，将温度升到 165~170℃，压力 6~10MPa，时间 60~80min；降温阶段，保压降温，随层压机冷却，待温度低于 60℃后可卸压脱模取板，最后修边，目测层压板内部分层等缺陷。

5. 思考题

1）预浸料可能出现的质量问题及解决办法。

2）浸胶工艺受哪些因素影响？

3）层压板可能出现哪些缺陷？如何解决？

4）层压板加压是否也有时机问题？

6. 注意事项

注意浸胶布牵引速度快慢对挥发分高低、胶含量和不溶性树脂含量有影响，一般控制在 $1.0 \sim 3.0 \mathrm{m/min}$ 的速度为宜，但不能一概而论，因为牵引速度受很多因素影响，如脱蜡炉的长度、浸胶槽的形式与浸渍时间、后烘干炉温度、树脂种类等。

第 5 部分
材料创新性研究实验

实验 5.1　RAFT 制备温敏性 PNIPAM 聚合物

1. 实验目的

1）熟悉 RAFT 机理。
2）掌握 RAFT 制备聚 N – 异丙基丙烯酰胺的方法。
3）了解聚 N – 异丙基丙烯酰胺的性能特点。
4）掌握温敏性测试方法。

2. 实验原理

可逆加成-断裂链转移自由基聚合（RAFT）是 1998 年发展起来的一种可控活性自由基聚合方法，这种活性自由基聚合具有广泛的适用单体、很强的分子设计能力，被认为是目前最具工业化应用前景的一种活性自由基聚合方法。所谓 RAFT，就是在传统自由基聚合体系中加入一种 RAFT 试剂作为链转移剂，通过增长自由基与链转移剂之间的可逆链转移反应，来控制聚合体系中增长自由基浓度，保持低的自由基浓度，达到活性/可控聚合的目的。RAFT 机理可分为链引发、链转移、链增长、链平衡、链终止 5 个步骤，如图 5－1－1 所示。

链引发

$$\text{I}^{\bullet} \xrightarrow{\text{单体}} \text{M} \rightarrow \text{P}_n^{\bullet}$$

链转移

$$\text{P}_n^{\bullet} + \text{X} = \text{X} - \text{R} \underset{-K_{add}}{\overset{K_{add}}{\rightleftarrows}} \text{P}_n - \text{X} - \overset{\bullet}{\text{C}} - \text{X} - \text{R} \underset{-K_f}{\overset{K_f}{\rightleftarrows}} \text{P}_n - \text{X} = \text{X} + \text{R}^{\bullet}$$

链增长

$$\text{R}^{\bullet} \xrightarrow{\text{单体}} \text{M} \rightarrow \text{P}_m^{\bullet}$$

链平衡

$$\text{P}_m^{\bullet} + \text{X} = \text{X} - \text{P}_n \rightleftarrows \text{P}_m - \text{X} - \overset{\bullet}{\text{C}} - \text{X} - \text{P}_n \rightleftarrows \text{P}_m - \text{X} = \text{X} + \text{P}_n^{\bullet}$$

链终止

$$\text{P}_m^{\bullet} + \text{P}_n^{\bullet} \longrightarrow \text{无活性聚合物}$$

图 5－1－1　RAFT 机理示意图

在图 5-1-1 中，m、n 为聚合度，M 为单体，$P_n^\bullet$ 和 $P_m^\bullet$ 为链长分别是 n 和 m 的活性自由基链，$R^\bullet$ 是由链转移剂产生的新的活性自由基，可以继续引发聚合反应；聚合物链段 $P_n^\bullet$ 和 $P_m^\bullet$ 不仅可以结合到链转移剂上形成休眠种，而且还可从链转移剂分子上断裂形成活性自由基链并且继续引发聚合反应，所以称这种活性聚合反应为"可逆加成—断裂链转移活性自由基聚合"。聚合物活性链自由基 $P_n^\bullet$ 由引发剂引发并通过链增长形成，它能与链转移剂发生可逆的反应，形成一种自由基中间体 $P_nXC^\bullet XZR$，即休眠种，休眠种可以再分解产生一种新的自由基 $R^\bullet$ 和新的链转移剂 $P_nXC=XZ$。这种新的链转移剂和初始链转移剂具有相同的链转移特性，它们可与其他活性自由基 $P_m^\bullet$ 发生加成反应再形成休眠种 $P_mXC^\bullet XZP_n$，并可以进一步分解产生自由基 $P_n^\bullet$ 和链转移剂 $P_mXC=XZ$，这里 $P_mXC=XZ$ 与 $RXC=XZ$ 具有相同的链转移特性。这一循环过程提供了一个链平衡机理，保证了聚合过程中低的自由基浓度，使得自由基聚合中的链增长得到控制。

在 RAFT 中，根据聚合反应机理，链转移剂的选择是实现 RAFT 可控的关键，对链转移剂要求具有高的链转移常数和好的离去基团。用于 RAFT 的链转移剂通常是一些有机含硫化合物（$Z-C(=S)S-R$），如二硫代羧酸酯、三硫代碳酸酯、二硫代氨基甲酸酯、黄原酸酯等及其衍生物。从反应机理来看，链转移剂（如双硫酯）分子结构中含有 Z 基团和 R 基团，Z 基团应是能够活化自由基对 $C=S$ 加成的基团，如芳基、烷基等；R 基团应是活泼的自由基离去基团，断键后生成的 $R^\bullet$ 自由基能够有效地再引发聚合反应，如异丙苯基、苄基、腈基异丙基等。

聚 N-异丙基丙烯酰胺（PNIPAM）是一种能够分散在水溶液中，对环境温度的变化能够做出响应的温敏性高分子材料。由于 PNIPAM 具有亲水性的酰胺键和疏水性的异丙基使得其具有低温亲水、高温疏水的特性。当温度低于其低临界溶解温度（LCST）时，由于酰胺键与水分子之间形成氢键，使得聚合物溶于水；当温度高于 LCST 时，氢键作用变弱，异丙基的疏水作用相对增强，疏水缔合作用占据主导，聚合物在水中产生沉淀。对于线形的 PNIPAM，在水溶液中表现为温度依赖的浑浊和透明的可逆变化，而交联的 PNIPAM 水凝胶则表现为室温溶胀，在相变点 32℃ 附近不到 1 ℃ 的窗口内，其体积收缩百倍。除了水凝胶溶胀体积的可逆变化外，PNIPAM 水凝胶的其他性质，如相互作用参数、模量、折光率、介电常数等也会在相变点附近发生突变，并且突变都具有温度可逆性。

本实验采用三硫代碳酸酯作为 RAFT 试剂，在偶氮二异丁腈引发剂作用下，引发 N-异丙基丙烯酰胺 RAFT 溶液聚合制备温敏性的聚合物。

3. 仪器和药品

（1）仪器

需要的仪器有循环水真空泵一台，集热式恒温磁力搅拌器一台，电动机械搅拌器一台，电子天平一台（精度为 0.1mg），真空干燥箱一台，TU-1901 双光束紫外可见光谱仪一台（配帕尔贴恒温附件及恒温池架），WRS-1B 数字熔点仪一台，三口烧瓶（100mL、250mL）各一只。

（2）药品

需要的药品有偶氮二异丁腈（AIBN），使用前经乙醇重结晶；N-异丙基丙烯酰胺（NIPAM），使用前经正己烷/甲苯重结晶；无水乙醚；四氢呋喃；十二硫醇；丙酮；四丁基溴化铵；氢氧化钠；二硫化碳；三氯甲烷；浓盐酸；异丙醇；正己烷；氮气；去离子水。

4．实验步骤

（1）RAFT 试剂 S–十二烷基–S'–（α，α'–二甲基–α"–乙酸）–三硫代碳酸酯的制备

$$NaOH + CH_3COCH_3 + CHCl_3 + CS_2 + n-C_{12}H_{25}SH \xrightarrow[\text{N}_2]{\text{TBAB}} \xrightarrow{\text{H}^+} C_{12}H_{25}-S-\overset{\overset{S}{\|}}{C}-S-\overset{\overset{CH_3}{|}}{\underset{CH_3}{C}}-COOH$$

将十二硫醇（20.19g，0.1mol）、丙酮（48.1g，60mL）和四丁基溴化铵（1.3g，4 mmol）加入到250mL 的三口烧瓶中，通氮气，机械搅拌溶解，温度冷却至8~12℃。逐滴加入50% 的氢氧化钠溶液（8.4g，0.105mol），20min 滴完。继续搅拌15min 后，滴加二硫化碳（7.6g，6mL）和丙酮（10.1g，13mL）组成的混合液，20min 滴完。接着一次性加入三氯甲烷（17.8g，0.15mmol），逐滴加入50% 的氢氧化钠溶液（40g、0.5mol），30min 滴加完。室温搅拌过夜，加入120mL 水和25mL 浓盐酸，加大氮气流量，约3h 将体系中残余的丙酮挥发。将反应混合物抽滤，收集黄色固体。将固体置于250mL 的异丙醇中溶解并过滤，得到橙红色的透明溶液。旋转蒸发除去溶剂，用正己烷重结晶，并将产物放入真空烘箱中室温干燥1 天，得到黄色固体。计算产率，测定熔点。

（2）RAFT 制备聚 N–异丙基丙烯酰胺

在100mL 的三口烧瓶中，依次加入9.6mg AIBN、150mg RAFT 试剂、7.91g N–异丙基丙烯酰胺和35mL 四氢呋喃，安装好实验装置后，磁力搅拌溶解。向烧瓶中通入 N_2 鼓泡（导管插入液面下，每秒2~3 个泡），半小时后将 N_2 管移出液面，开始加热使温度升至60℃，反应24h（恒温60℃）。24h 后取出三口烧瓶，常温冷却，将反应液逐滴加入到400mL 乙醚中沉淀，抽滤后再将固体溶解在30mL 四氢呋喃中。继续逐滴加入到400mL 乙醚中沉淀，重复三次溶解沉淀操作。将产品放入真空烘箱中，在40℃下干燥24h，称重，计算产率。

（3）聚 N–异丙基丙烯酰胺的温敏性测试

称取50mg 聚 N–异丙基丙烯酰胺溶解在10mL 去离子水中，使用TU–1901双光束紫外可见分光光度计外接帕尔贴恒温附件，测量600nm 处的溶液的透过率。温度从25℃升到40℃，升温速度为1℃/min，每隔1℃记录一次透过率数值。

5．数据记录及结果分析

作透过率—温度曲线图，当透过率降为50% 时对应的温度确定为所合成聚合物的 LCST 温度，求得 LCST 温度。

6. 思考题

1）RAFT 的原理是什么？与普通的自由基聚合相比，RAFT 的优点是什么？
2）实验过程中要进行严格的除氧操作，分析氧的存在对聚合反应的影响。
3）分析 PNIPAM 具有温敏性的原因。

7. 注意事项

1）由于实验气味难闻，需在通风橱中进行。
2）聚合过程需在无氧条件下进行，事先需除氧，反应需要用氮气保护。
3）要严格控制温敏性测试中的升温速度。

实验 5.2　ATRP 制备 PS-b-PMMA 嵌段共聚物

1. 实验目的

1）掌握 ATRP 聚合反应机理。
2）了解利用活性可控聚合制备嵌段共聚物的实验设计步骤及优缺点。

2. 实验原理

原子转移自由基聚合（Atom Transfer Radical Polymerization，ATRP）是以简单的有机卤化物为引发剂、过渡金属配合物为卤原子载体，通过氧化还原反应，在活性种与休眠种之间建立可逆的动态平衡，从而实现了对聚合反应的控制。聚合反应机理如图 5 - 2 - 1 所示。

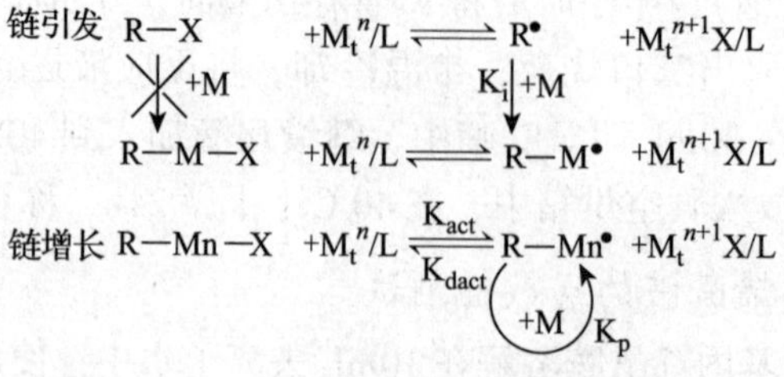

图 5 - 2 - 1　ATRP 机理示意图

X 为 Cl、Br、I；M_t^n 为过渡金属催化剂；L 为配合剂；M 为单体；K_i 为引发速率常数；K_p 为链增长速率常数；K_{act} 为活化（或氧化）速率常数；K_{dact} 为失活（或还原）速率常数。

链引发：引发剂 R - X 与 M_t^n 发生氧化还原反应变为初级自由基 R·，初级自由基 R· 与单体 M 反应生成单体自由基 R - M·，即活性种。

链增长：单体自由基 R - M·引发单体 M 进行链增长生成链增长自由基 R - Mn·，链增长自由基 R‑Mn˙ 与单体自由基 R‑M˙ 性质相似均为活性种，既可继续引发单体进行自由基聚合，也可与 $M_t^{n+1}X$ 发生氧化还原反应，夺取 $M_t^{n+1}X$ 上的卤原子，形成休眠种 R‑Mn‑X/R‑M‑X，从而在休眠种与活性种之间建立一个可逆平衡。

由此可见，ATRP 的基本原理其实是通过一个交替的"促活—失活"可逆反应使得体系中的游离基浓度处于极低，迫使不可逆终止反应被降到最低程度，从而实现"活性"可控自由基聚合。

ATRP 体系的引发剂主要是卤代烷 RX（X = Br、Cl）、苄基卤化物、α‑溴代酯、α‑卤代酮、α‑卤代腈等，另外也有采用芳基磺酰氯、偶氮二异丁腈等。RX 的主要作用是定量产生增长链。α‑碳上具有诱导或共轭结构的 RX，末端含有类似结构的大分子（大分子引发剂）也可以用来引发，形成相应的嵌段共聚物。另外，R 的结构应尽量与增长链结构相似。卤素基团必须能快速且选择性地在增长链和转移金属之间交换。Br 和 Cl 均可以采用，采用 Br 的聚合速率大于 Cl。

适用于 ATRP 的单体种类较多，大多数单体如甲基丙烯酸酯、丙烯酸酯、苯乙烯和电荷转移络合物等均可顺利地进行 ATRP，并已成功制得了活性均聚物、嵌段和接枝共聚物。另外，还可以合成梯度共聚物，例如 Greszta 等曾用活性差别较大的苯乙烯和丙烯腈，以混合一步法进行 ATRP，在聚合初期活性较大的单体进入聚合物，随着反应的进行，活性较大的单体浓度下降，而活性较低的单体更多地进入聚合物链，这样就形成了共聚单体随时间的延长而呈梯度变化的梯度共聚物。ATRP 适用于众多工业聚合方法，如本体聚合、溶液聚合和乳液聚合。ATRP 的最大缺点是过渡金属络合物在聚合过程中不消耗，难以提纯，残留在聚合物中容易导致聚合物老化和其他副作用。

本实验采用氯化苄、氯化亚铜和配体五甲基二乙烯三胺作为 ATRP 引发剂。PS-b-PMMA 嵌段共聚物合成示意图如图 5‑2‑2 所示。

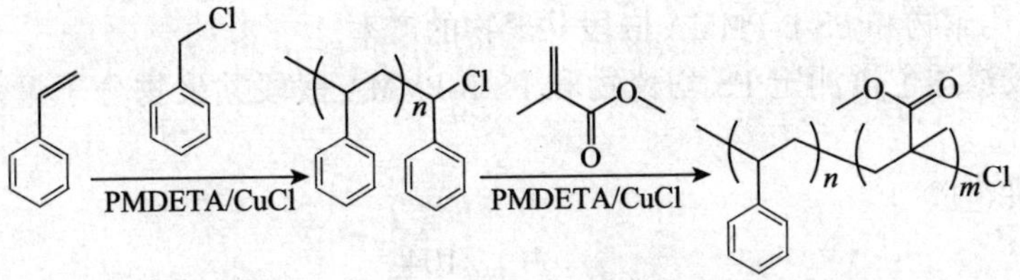

图 5‑2‑2　PS-b-PMMA 嵌段共聚物的合成示意图

3. 仪器和药品

（1）仪器

需要的仪器有 schlenk 管（20mL）、冰箱、水泵、集热式恒温磁力搅拌器、真空烘箱、凝胶渗透色谱。

（2）药品

需要的药品有苯乙烯、甲基丙烯酸甲酯、氯化苄、氯化亚铜、五甲基二乙烯三胺（PMDETA）、四氢呋喃、氮气。

4. 实验步骤

(1) 试剂预处理

苯乙烯和甲基丙烯酸甲酯单体的纯化：取上述单体 200mL，过碱性三氧化二铝短柱除去阻聚剂，将滤液转移至 500mL 的单口烧瓶内，加入一定量的无水硫酸镁，磁力搅拌 30min，过滤除去固体，滤液减压蒸馏，所得馏分置于冰箱内避光保存。

催化剂氯化亚铜的纯化：取催化剂 4g，放于 50mL 的单口烧瓶内，加入 20mL 冰醋酸，充分搅拌，过滤。滤饼在氮气保护下，依次用脱氧的乙醚、无水乙醇冲洗，最后将滤饼迅速放于真空烘箱内干燥，最终药品在氮气保护下储存。

(2) PS-b-PMMA 嵌段共聚物的合成

称取 10.4g（0.1mol）苯乙烯、0.20g（1.8mmol）氯化苄、0.28g（1.6mmol）PMDETA，加入到 20mL 的 schlenk 管中，采用冷冻—抽真空的方式，用氮气置换体系内的气体三次，最后迅速加入氯化亚铜 0.16g（1.6mmol），再次采用冷冻—抽真空的方式用氮气置换体系内的气体三次，将上述装置放于 110℃ 的油浴中，反应 4h，停止反应。加入 10mL 四氢呋喃，将溶液在 100mL 的乙醇中沉淀，得到白色聚苯乙烯聚合物粉末。在真空烘箱中干燥 24h，待用。

称取上述所得聚合物 5g、5g 甲基丙烯酸甲酯、0.21g（1.2mmol）PMDETA，加入到 20mL 的 schlenk 管中加热溶解，采用冷冻—抽真空的方式，用氮气置换体系内的气体三次，最后迅速加入氯化亚铜 0.12g（1.2mmol），再次采用冷冻—抽真空的方式用氮气置换体系内的气体三次，将上述装置放于 100℃ 的油浴中，反应 5h，停止反应。加入 10mL 四氢呋喃，将溶液在 100mL 的乙醇中沉淀，得到白色的 PS-b-PMMA 嵌段共聚物粉末。在真空烘箱中干燥 24h。

5. 数据记录及结果分析

1）计算 PS 均聚物和 PS-b-PMMA 嵌段共聚物的产率。

2）采用凝胶渗透色谱测定 PS 均聚物和 PS-b-PMMA 嵌段共聚物分子量及其分布，记录 $\overline{M_n}$、$\overline{M_w}$ 和分布 D。

3）确定嵌段组成

$$\frac{n}{m} = \frac{M_{nPS}/104}{(M_{nPS-co-PMMA} - M_{nPS})\ /100}$$

其中，n/m 是指共聚物中苯乙烯单元和甲基丙烯酸甲酯单元的比例，M_{nPS} 和 $M_{nPS-co-PMMA}$ 分别指 PS 均聚物和 PS-b-PMMA 的数均分子量。

6. 思考题

1）如何除去反应体系中残留的催化剂？

2）原子转移自由基聚合的原理是什么？此聚合反应过程的特征是什么？

7. 注意事项

实验过程中需严格除氧，微量氧气的存在会导致催化剂失活。

实验 5.3　温度敏感荧光共聚物的制备与性能研究

1. 实验目的

1）了解荧光聚合物的合成原理及应用。
2）掌握溶液自由基聚合制备共聚物的方法。
3）了解智能高分子的特点。

2. 实验原理

　　荧光检测技术具有高度的灵敏性和极宽的动态响应范围，已广泛应用于分析化学、生物化学和细胞生物学等各个方面。在实际应用中，小分子荧光化合物有其使用的局限性：第一，当小分子荧光化合物溶解到待测溶液中形成均相体系时，可能对待测体系产生污染，不能再作它用；第二，小分子荧光化合物溶解于考察体系后，难以提取分离，不具有重复多次的使用性；第三，一些小分子荧光化合物的非水溶性及毒副作用，使其在生命科学、医学等领域中的应用受到了限制；第四，小分子荧光化合物难以制作光学器械，难以使其与光学仪器结合，实现自动化检测受到限制。荧光高分子是在光照射作用下能发出荧光的高分子聚合物，可通过把小分子荧光化合物引入聚合物侧链、链端或通过荧光功能单体的聚合制备得到，其在荧光化学传感器、荧光探针、荧光分子温度计、光电材料、生物技术和微电子等方面有着广泛应用前景。特别是一些具有良好的机械性能、易成膜和加工方便的荧光聚合物在材料科学研究领域受到关注；而一些具有良好水溶性的荧光聚合物在生命科学和医学等研究领域受到更多的关注。荧光聚合物在使用过程中，不仅可以克服小分子荧光化合物在使用上的局限性，而且还具有一些自身的优势。

　　智能高分子又称环境响应型高分子，具有温度、pH、溶剂组成、电场等各种智能特性，近年来备受研究者重视，成为高分子研究的热点之一。将一些环境敏感的荧光分子（如丹磺酰基、苯并呋咱等荧光单元）引入到智能高分子中，可获得具有智能荧光特性的功能高分子材料。通过调节智能聚合物结构和不同环境敏感的荧光分子，可使得智能荧光聚合物的智能响应范围（如温度敏感性的范围等）和荧光波长具有可调性。其中，二甲氨基查尔酮分子具有大共轭体系和分子内电荷转移特性，具有极性敏感的发光特性。将二甲氨基查尔酮这种新型的荧光分子与智能高分子相结合，利用智能高分子相转变前后极性的变化，可获得智能荧光高分子。

　　本实验采用自由基溶液聚合，将 4 - 二甲氨基查尔酮极性敏感分子引入到温敏性的聚N - 异丙基丙烯酰胺中，制备具有温度敏感荧光特性的侧链查尔酮共聚物。合成反应方程式如下：

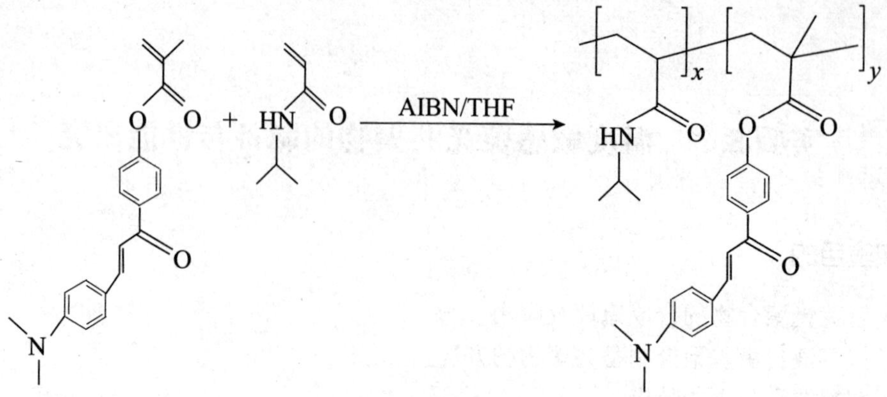

3. 仪器和药品

（1）仪器

需要的仪器有 F－4600 荧光光度计、250mL 单口瓶、100mL 三口烧瓶、集热式恒温磁力搅拌器、冷凝管、温度计、抽滤瓶、循环水真空泵、真空干燥箱。

（2）药品

需要的药品有 4－羟基苯乙酮、4－二甲氨基苯甲醛、甲基丙烯酰氯、N－异丙基丙烯酰胺（NIPAM）、偶氮二异丁腈（AIBN）、氢氧化钠、三乙胺、冰醋酸、四氢呋喃（THF）、乙醇、乙醚、蒸馏水、氮气。

4. 实验步骤

（1）4－甲基丙烯酸酯基－4'－二甲氨基查尔酮单体（DMAC）的合成

在 250mL 单口瓶中加入 13.6g（0.1mol）4－羟基苯乙酮，加入 60mL 无水乙醇，待溶解后，置于冰水浴中，依次加入含 10g 氢氧化钠的 10mL 水溶液，含 15.3g（0.103mol）4－二甲氨基苯甲醛的 50mL 乙醇溶液，室温搅拌反应 24h。反应混合物溶液倒入含 20g 冰醋酸的 30mL 水溶液中沉淀，过滤，用蒸馏水洗涤至中性，初产物采用乙醇重结晶，50℃真空干燥 24h，获得 4－羟基－4'－二甲氨基查尔酮，橘黄色细针状晶体，计算产率，测定熔点。

在 100mL 单口瓶中加入 2.67g（10mmol）4－羟基－4'－二甲氨基查尔酮、30mL 四氢呋喃和 1.52g（15mmol）三乙胺，待全部溶解后，置于冰水浴中搅拌下滴加 1.57g（15mmol）甲基丙烯酰氯，滴加完后，室温搅拌反应 24h。反应停止后过滤，滤液通过旋转蒸发除去溶剂，初产物采用乙醇重结晶，室温真空干燥 24h，获得 4－甲基丙烯酸酯基－4'－二甲氨基查尔酮单体（DMAC），橘黄色固体，计算产率，测定熔点。

（2）侧链查尔酮共聚物的合成

称取 300mg 的 DMAC、150mg 的 AIBN 和 10g 的 NIPAM 单体加入到 100mL 的三口烧瓶中，加入 50mL 四氢呋喃，搅拌溶解，装上冷凝管和温度计，通氮气鼓泡 30min，升温至 66℃聚合反应 8h。反应结束后，将聚合物在乙醚中沉淀三次，抽滤，50℃真空干燥 24h，得到黄色粉末。

（3）温度敏感荧光测定

配置 0.5wt% 的聚合物水溶液，通过荧光分光光度计测定在不同温度下的荧光，激发波长为 430nm。

5. 数据记录及结果分析

1）如图 5-3-1 所示，分析荧光共聚物水溶液在 20℃ 和 40℃ 时荧光最大强度和特征波长，分析原因。

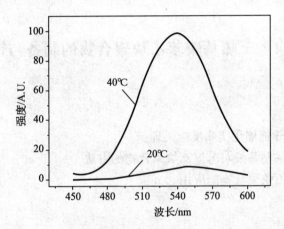

图 5-3-1　荧光共聚物水溶液在 20℃ 和 40℃ 时荧光光谱

2）如图 5-3-2 所示，解释荧光循环变化的特性来源。

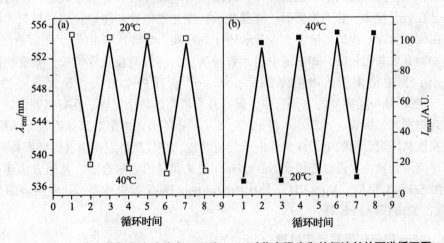

图 5-3-2　荧光共聚物水溶液在 20℃ 和 40℃ 时荧光强度和特征波长的可逆循环图

6. 思考题

1）简述聚合物产生温敏荧光的原因。

2）制备荧光聚合物的方法有哪些？

7．注意事项

1）在 4 – 羟基苯乙酮溶解于无水乙醇中后，必须缓慢滴加氢氧化钠乙醇溶液，控制温度不能超过 30℃。

2）甲基丙烯酰氯刺鼻刺眼，在通风橱用移液管移取。

3）共聚物合成过程中，通氮气鼓泡 30min，反应过程中保持氮气氛围。

实验 5.4　三嗪基聚苯乙炔聚合物的制备与性能研究

1．实验目的

1）了解 Sonogashira 钯催化偶联反应机理。

2）了解钯催化偶联制备聚对苯撑乙炔聚合物的方法。

3）了解聚对苯撑乙炔聚合物的应用。

2．实验原理

聚对苯撑乙炔（PPE，poly（phenylene ethynylene））是主链由苯环与乙炔基交替相联的线形共轭聚合物，其主链的电子流动性好，在溶液中有较高的荧光量子效率，具有独特的光电性能，已在分子导线、分子传感器、液晶显示、发光二极管和能量传输材料等光电领域得到应用。在聚对苯撑乙炔的主链中引入芳杂环（如吡啶、吡咯、噻吩等），可以改变这类 π–共轭聚合物的有效共轭长度，如主链中引入噻吩基后，有效共轭长度增长，聚合物的最大发光波长红移；当主链中引入吡啶基团后，π – π* 跃迁势垒增大，最大发光波长蓝移。1，3，5 – 三嗪环是一类典型的电子受体，同时具有较高的热稳定性。在有机光电器件的研究中，如聚合物发光二极管（PLED），将 1，3，5 – 三嗪环引入到聚对苯撑乙炔分子的主链中，有助于提高该共轭聚合物的电子注入和电子传输性能，并且热稳定性也会得到提高。

目前这类聚合物主要通过钯催化 Sonogashira 交叉偶联的方法合成，其他方法还有钨催化炔基交换的 Schrock 反应、Mo（CO）$_6$ 催化的 Mortreux-Bunz 催化体系、炔铜自身氧化偶联和卤化 PPVs 的脱卤获得 PPE 等。

Sonogashira 钯催化偶联反应机理：

在胺溶液中，末端炔和溴代芳烃或者碘代芳烃的钯催化 Sonogashira 偶联反应，是连接 sp 杂化碳和 sp^2 杂化碳来形成碳碳单键的一个很有效的方法。反应如下：

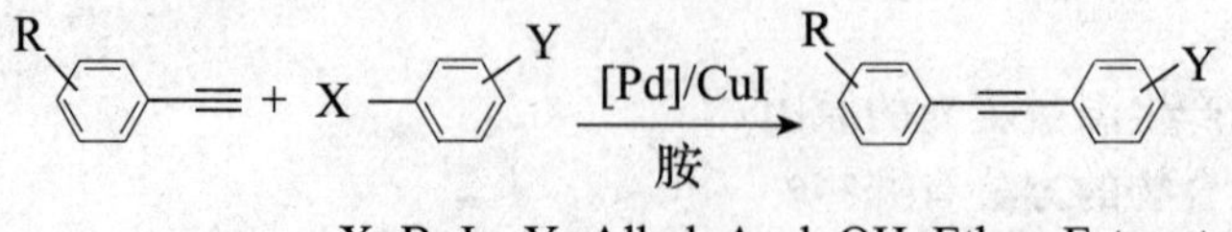

$$X = Br, I \quad Y = Alkyl, Aryl, OH, Ether, Ester\ etc.$$
$$R = Alkyl, Aryl, OH, Ether, Ester\ etc.$$

反应初始阶段是炔铜（**A**）对三苯基膦络合物 Pd（PPh₃）₂Cl₂ 的活化期，原位生成催化活性物种 Pd(0)（**C**）。

催化剂活化

$$R-\text{Ar}-C\equiv C- \xrightarrow[\text{碘化铵}]{\text{胺/CuI}} R-\text{Ar}-C\equiv C-Cu(NR_3)x \xrightarrow[-Cu_2Cl_2]{L_2PdCl_2}$$

A

B

C 活性催化剂

$$\begin{array}{c}L\\L\end{array}Pd(0)$$

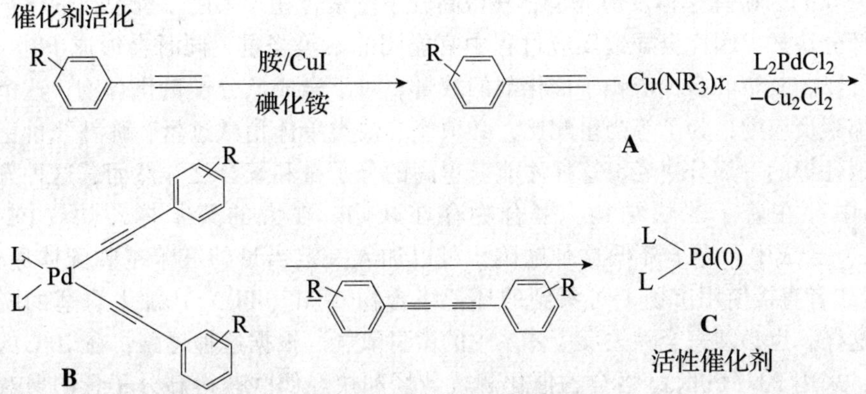

催化循环过程主要包括：①末端炔与亚铜盐生成炔化亚铜中间体（**A**）；②卤代芳烃与 Pd（0）（**C**）氧化加成生成中间物种（**D**）；③炔化亚铜中间体（**A**）向中间物种（**D**）的金属中心迁移，生成有机钯物种 **E**；④有机钯物种 **E** 经还原消除生成末端炔与芳基的偶联产物 **F**，催化活性物种 Pd（0）（**C**）得到再生，进入下一循环：

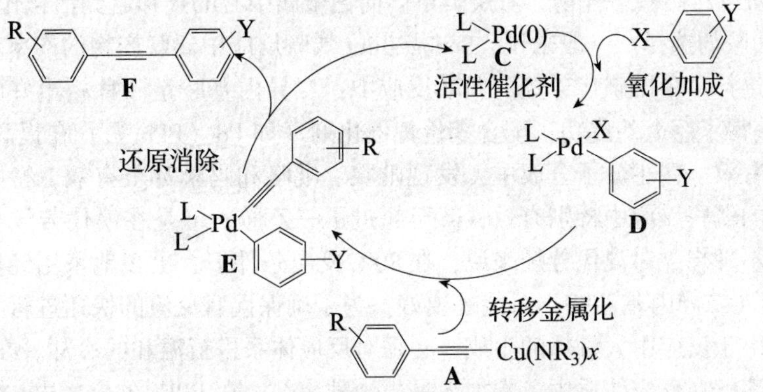

F

$$\begin{array}{c}L\\L\end{array}Pd(0)$$ **C**
活性催化剂 氧化加成

还原消除

E

D

转移金属化

A Cu(NR₃)x

1）卤代芳烃的选择。溴代和碘代芳烃都可用在此反应中。以前所有文献中溴代芳烃的偶联反应必须在提高温度的条件下进行，大约在80℃，然而，其相应的碘代芳烃在室温下就能迅速地进行，而且产率相当高。为了减少交叉偶联反应中的副反应和使得聚合物缺陷最小化，宜采用碘代芳烃在温和条件下合成聚合物。碘代芳烃在氧化加成这一步（形成 **D**）要比溴代芳烃更容易。所以，碘代芳烃在钯催化偶联中是最佳选择。活性催化剂 **C** 是富电子物种，在氧化加成过程中取代基 **Y** 的性质对其有显著影响。取代基 **Y** 吸电子性越强，对Pd(0)的氧化加成就越快。因此，卤代芳烃上吸电子取代基 **Y** 的存在提高了偶联反应的速度和产率，而且邻对位吸电子取代基比间位取代基更有效。

2）催化剂数量的选择和助催化剂碘化亚铜的作用。在有机合成反应和聚合物合成中，催化剂 Pd（PPh₃）₂Cl₂ 用量在 0.1 ~ 5mol%，碘化亚铜随 Pd（PPh₃）₂Cl₂ 用量的不同而不同，一般为 Pd（PPh₃）₂Cl₂ 用量的两倍。对于高活性的卤代芳烃（如碘代芳烃），很少量的催化剂已经足够（0.1% ~ 0.3%）。反应液开始不断变浑浊，说明偶联反应已经成功开始，生成不溶性的卤化铵盐。偶联反应存在诱导作用，可以多加催化剂引发反应的开始，或者提高温度到 40 ~50℃帮助引发偶联反应。对于小分子偶联反应（碘代芳烃），1 ~2h 就已经使反应很完全了。但是对聚合反应来说，并不是这样的。为了使聚合反应充分完全，有必要延长反应时间（24 ~48h），确保单体反应完全，获得高分子量聚合物。采用二价钯在催化剂活化阶段要消耗一部分炔烃，因此会导致反应过程中官能团的不等当量，同时会形成 1% ~10% 的丁二炔类化合物，其量的多少依赖于催化剂的数量。对于合成低分子量化合物，这个问题并不重要。在缩聚反应中，为了等当量配比，必须使二炔类单体稍微过量，弥补二价钯在催化剂活化阶段消耗掉的一部分炔烃，这样才能获得高的分子量和聚合度。然而，这种方法获得的 PAEs 结构中存在着丁二炔结构，聚合物存在缺陷。在大的聚苯撑乙炔（PE）树型物（dendrimer）合成中，为了降低这种缺陷，可以加入一定当量的三苯基膦配体原位生成 Pd (PPh$_3$)$_3$，或者直接使用市场上可买到的环钯络合物（Pd (dba)$_3$）加上合适的膦配体。然而，即使这样，也必须完全除去反应体系中的微量氧气。根据这种思路，在 70℃的二异丙基胺溶液中，采用 Pd (PPh$_3$)$_4$ 络合物催化碘代芳烃和炔烃偶联获得高分子量的聚对苯撑乙炔（PPEs）。即使采用 Pd (PPh$_3$)$_4$ 络合物催化聚合反应，二炔单体也必须稍微过量才能获得高分子量聚合物。在采用溴代芳烃作单体时，经常要加入助催化剂碘化亚铜。但是采用碘代芳烃作单体时，在合适的胺溶液中可以不加碘化亚铜。碘化亚铜看上去对偶联反应的进行并没有什么有害影响，所以偶联反应中都加入碘化亚铜。其作用可能是一价铜离子与炔类化合物形成 σ – 或者 π – 乙炔基络合物，对炔类单体向钯金属中心的迁移起到活化作用。

3）溶剂和胺的选择。一般来说，Sonogashira 偶联反应中偶联产物的产率和纯度高度依赖于胺和溶剂的选择。采用碘代芳烃的偶联反应中，二异丙基胺是一种相当好的胺和溶剂，在合成 PPEs 中获得了巨大的成功；配合零价钯催化剂（如 Pd (PPh$_3$)$_4$）在提高温度的条件下，偶联反应特别有效。在小分子合成中，发现吡啶、吡咯和吗啉都很有效，特别是吡啶，在碘代芳烃与端炔的偶联反应中特别有效，甚至超过了三乙胺。但是在溴代芳烃与端炔的偶联反应中，吡啶并不理想。对溴代芳烃来说，在 80℃反应条件下，更多地采用经典的三乙胺；另外，Hunig's 碱（二异丙基乙胺）可能还要好。为了确保偶联反应的快速进行，可以采用高溶度溶液；同时由于反应中大量热的生成，必须对反应体系进行温和的冷却。在聚合物合成中，为了使聚合物溶解在反应体系中，常加入另外一种溶剂。在 PPEs 的合成中，吡啶和三乙胺不是主要溶剂，常常加入四氢呋喃、乙酸乙酯和甲苯等溶剂。

本实验采用二元芳炔与二元碘代芳烃通过经典的 Sonogashira 偶联反应，获得线形共轭聚合物。二元碘代芳烃采用不对称均三嗪，其中三嗪环一端用非卤代芳烃封端。合成反应方程式如下：

3. 仪器和药品

(1) 仪器

需要的仪器有荧光分光光度计、凝胶渗透色谱仪、核磁共振谱仪、单口瓶、集热式恒温磁力搅拌器、冷凝管、温度计、抽滤瓶、循环水真空泵、真空干燥箱等。

(2) 药品

需要的药品有三聚氯氰、甲基丁炔醇、碘化亚铜、苯乙炔、三苯基膦、溴代壬烷、对苯二酚、溴素、双三苯基膦二氯化钯 (Pd(Ph$_3$P)Cl$_2$)。

4. 实验步骤

(1) 二元碘代芳烃的制备

将三聚氯氰 10mmol 溶于 30mL 丙酮的 100mL 单口瓶中,室温滴加对碘苯酚 20mmol 和氢氧化钾 22mmol 的 20mL 丙酮水溶液 (丙酮 10mL、水 10mL),20min 滴完。室温反应 12h 后,将反应混合物倾入 100mL 水中,过滤,水洗至中性,干燥,在二氯甲烷和石油醚的混合溶剂中结晶得 2-氯-4、6-二对碘苯氧基-1、3,5-三嗪,略带粉色固体。

将 5mmol 2-氯-4、6-二对碘苯氧基-1、3,5-三嗪和 5.25mmol 的对叔丁基苯酚溶解于 20mL 四氢呋喃和 30mL 丙酮的溶液中,70℃ 回流条件下滴加 5.25mmol 氢氧化钾的 10mL 水溶液,20min 滴完。75℃ 回流 16h 后,蒸出部分溶剂,在 100mL 水中沉淀,过滤水洗至中性,干燥。在二氯甲烷和乙醇的混合溶剂中结晶得 2-对叔丁基苯氧基-4、6-二对碘苯氧基-1、3,5-三嗪,白色针状晶体。

(2) 二元芳炔的制备

将 4.4g (40mmol) 对苯二酚、3.36g (84mmol) 氢氧化钠和 664mg (84mmol) 碘化钾溶解在 85mL 的乙醇中,加入 17.4g (84mmol) 的溴代壬烷,升温至 90℃ 回流 24h。稍加冷却后将反应混合物倾入 300mL 的盐水中,过滤,干燥,过柱子 (二氯甲烷为淋洗剂),在乙醇中结晶得 1,4-二壬氧基苯,白色鳞片状晶体。

将 2.17g (6mmol) 1,4-二壬氧基苯溶解在 30mL 四氯化碳中,室温滴加 3.84g (24mmol) 的溴素,在 80℃ 回流反应 10h。反应物冷却后,加入含 6.7g 亚硫酸氢钠的 30mL 水溶液洗涤分层,再用稀氢氧化钠水溶液洗涤,再水洗一次,干燥,过滤,溶液旋蒸后用乙醇结晶得 2,5-二壬氧基-1,4-二溴苯,白色晶体。

(3) 三嗪基聚苯乙炔聚合物的制备

将 0.5mmol 二元碘代芳烃、35mg (0.05mmol) Pd (Ph$_3$P) Cl$_2$、19mg (0.1mmol) CuI 和 26mg (0.1mmol) PPh$_3$ 加入到 100mL 两口圆底烧瓶中,通氮气,加入 5mL 三乙胺和 15mL THF,磁力搅拌,氮气鼓泡 30min 后,加入 0.5mmol 的二元芳炔,在 60℃ 反应 24h。停止聚合反应,将反应物过滤除去形成的白色沉淀三乙基碘化铵,滤液减压除去溶剂。将聚合物溶于少量四氢呋喃,在甲醇中沉淀三次,聚合物 50℃ 真空干燥 24h,获得黄色粉末。

(4) 聚合物结构与性质测定

对聚合物进行核磁共振氢谱、碳谱、荧光光谱及分子量测定。

5．数据记录及结果分析

1）核磁共振氢谱图和碳谱图如图 5－4－1、图 5－4－2 所示，分析谱图中各峰的归属。

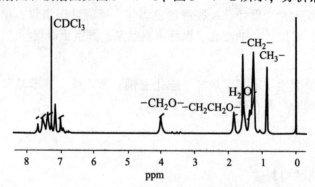

图 5－4－1 聚合物的核磁共振氢谱图

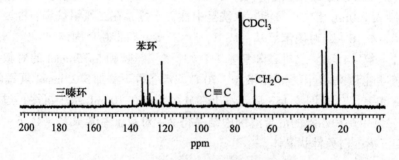

图 5－4－2 聚合物的核磁共振碳谱图

2）聚合物的分子量分布图如图 5－4－3 所示。

$M_n =$ ＿＿＿＿＿＿＿＿＿＿＿＿；$M_w =$ ＿＿＿＿＿＿＿＿＿＿＿＿；$D =$ ＿＿＿＿＿＿＿＿＿＿＿＿。

M_n 为数均分子量；M_w 为重均分子量；D 为多分散性；

3）分析荧光光谱如图 5－4－4 所示。

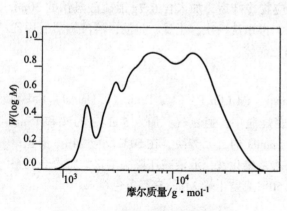

图 5－4－3 聚合物的分子量分布图

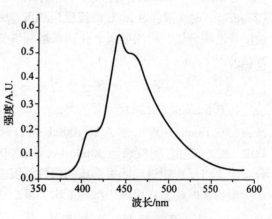

图 5－4－4 聚合物的荧光光谱

6. 思考题

1）如何获得高分子量的聚合物？
2）在 Sonogashira 偶联聚合中，为什么二元碘代芳烃要过量？

7. 注意事项

偶联反应中一定要在无氧条件下进行，通过氮气鼓泡可实现。

实验5.5　贵金属复合纳米粒子自组装电极在神经递质测定中的应用

1. 实验目的

1）掌握贵金属纳米粒子修饰金电极的原理和制备方法。
2）掌握循环伏安法和差分脉冲伏安法测定神经递质多巴胺。
3）了解化学修饰电极的应用。

2. 实验原理

贵金属纳米材料由于比表面积大、表面活性高且活性中心多等特性致使其存在较强的吸附能力和较高的催化效率，并且相比于一般的无机材料，金、银、铂等贵金属纳米粒子更具良好的生物相容性，所以在电化学中被广泛作为电极修饰材料。金、银纳米材料的研究日趋成熟，各类应用报道屡见不鲜，铂纳米粒子（PtNPs）作为新兴贵金属纳米材料，由于其优越的性能，近年来也被广泛关注。但是，贵金属纳米粒子因其较高的比表面能而易于团聚，导致贵金属纳米粒子分散系很不稳定，因此，用聚合物（如聚乙烯吡咯烷酮）作为保护剂制备贵金属复合纳米材料并用于化学修饰电极的制备是一个非常好的思路。

多巴胺、肾上腺素和去甲肾上腺素在人体中参与许多生化反应，是人体生命过程中重要且不可或缺的神经递质，其浓度异常会引起诸多疾病。随着现代科技的不断发展，人们逐渐开始研究神经递质作用机理、体内含量等方面在医学药理等领域的应用。因此，建立灵敏、可靠、快速的分析检测方法对于研究神经递质有着十分重要的意义。在诸多检测方法中电化学分析法操作简便并且成本较低，因而成为广大研究人员理想的测定方式。由于尿酸和抗坏血酸的电化学性质与神经递质十分相似，故对其的测定会造成一定程度的干扰作用。化学修饰电极（Chemical Modified Electrode, CME）反应速度快、选择性强、灵敏度高，为解决此类问题提供了一条新思路，也为电化学及其相关边缘学科开拓了一个更加广阔而崭新的研究领域。

本实验以铂-聚乙烯吡咯烷酮复合纳米材料为电极修饰材料制备化学修饰电极，并用于多巴胺的测定，此实验也可推广到其他贵金属复合纳米材料的应用和其他神经递质的测定。

3. 仪器和材料

（1）仪器

需要的仪器有 CHI600D 电化学工作站一台，JK-100DB 型数控超声波清洗器一台，数显搅拌电热套一个，金电极一个，万分之一天平一台，胶头滴管三支，100mL 容量瓶三个，250mL 三口烧瓶一个，150mL 恒压滴液漏斗三个，500mL 烧杯两个，100mL 量筒两个。

（2）材料

需要的材料有多巴胺（DA）、抗坏血酸（AA），DA 和 AA 均用磷酸缓冲溶液配制，磷酸缓冲溶液使用前用氮气除氧；1，2-乙二硫醇；氯铂酸（$H_2PtCl_6 \cdot 6H_2O$）；聚乙烯吡咯烷酮（PVP）；金相砂纸（4000#）；Al_2O_3（0.05μm）粉末；无水乙醇；丙酮；二次蒸馏水。

4. 实验步骤

（1）铂纳米粒子的制备

取 25.0mL、1.5×10^{-4} mol/L 的氯铂酸溶液和 50mL、3.0×10^{-5} mol/L 的保护剂聚乙烯吡咯烷酮溶液加入到 250mL 三口烧瓶中并混合均匀，随后将反应液搅拌升温至 80℃，恒温搅拌下缓慢滴加 30mL、0.02 mol/L 的还原剂抗坏血酸，继续加热搅拌 3h 后停止反应，冷却至室温后放入 4℃ 冰箱备用。

（2）修饰电极的制备

金电极的表面容易吸附杂质，导致其表面状态发生变化，影响电极检测的重现性及灵敏度。故在修饰金电极之前，必须对其进行预处理，具体为：将金电极依次在湿润的金相砂纸（4000#）、加有 Al_2O_3（0.05μm）粉末的麂皮上打磨至表面光滑成镜，清洗后在 $[Fe(CN)_6]^{-3/-4}$ 溶液中进行循环伏安扫描至峰形稳定，再依次在无水乙醇、二次蒸馏水、丙酮中各超声 5min，然后用二次蒸馏水洗净。将处理过的金电极在避光、低温下浸泡于 1，2 - 乙二硫醇中 10h，冲洗后再于铂纳米粒子溶胶中避光、低温浸泡 10h。得到铂纳米粒子/乙二硫醇修饰的金电极，记作 PtNPs/EDT/Au。

（3）修饰电极和多巴胺溶液的制备

配制 1.5×10^{-3} mol/L 的多巴胺（DA）和 1.5×10^{-3} mol/L 的抗坏血酸（AA）混合溶液，溶液用 pH = 7.0 的磷酸盐缓冲溶液（PBS）配制。

电化学实验采用三电极体系：金电极或 PtNPs/EDT/Au 电极为工作电极（$\varPhi = 3.0$ mm），Ag/AgCl 电极（3 mol/L KCl）和铂丝电极分别为参比电极和对电极。循环伏安实验（CV）和差分脉冲伏安实验（DPV）均在 pH = 7.0 的 PBS 中进行，实验前用高纯氮除氧 15min，电位范围为 -0.2 ~ 0.6 V，扫描速率为 0.1 V/s。

（4）多巴胺浓度工作曲线的绘制

配制一系列浓度的多巴胺溶液，用 PtNPs/EDT/Au 电极测定其 DPV 电流，用电流值对浓度作图，得一直线。

5. 数据记录及结果分析

绘制曲线如图 5 − 5 − 1 ～ 图 5 − 5 − 3 所示。

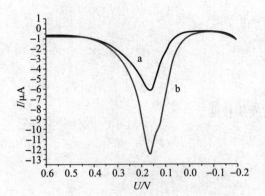

图 5 − 5 − 1　在混合溶液中的示差脉冲伏安
扫描曲线（DPV）

a—金电极　b—PtNPs/EDT/Au 电极

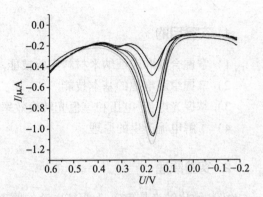

图 5 − 5 − 2　PtNPs/EDT/Au 电极在不同浓度 DA
溶液中的曲线

注：$10\mu mol/L$、$20\mu mol/L$、$30\mu mol/L$、$40\mu mol/L$、
$50\mu mol/L$、$60\mu mol/L$、$70\mu mol/L$ 的 DPV 曲线。

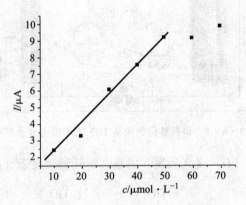

图 5 − 5 − 3　多巴胺浓度工作曲线

6. 思考题

1）差分脉冲伏安扫描（DPV）中，溶液为什么要进行无氧处理？

2）贵金属纳米粒子对电极修饰起什么作用？

3）怎样用 DPV 法检测多巴胺的灵敏度？

7. 注意事项

1）在制备铂纳米粒子时，所用的玻璃仪器必须用王水浸泡。

2）此实验也可采用金纳米粒子来制备修饰电极。

3）此类修饰电极也可用来检测肾上腺素。

实验5.6　染料敏化纳米晶 TiO₂太阳能电池的组装和光电性质测试

1. 实验目的

1）掌握合成和表征纳米材料实验技能。
2）掌握组装电池的基本技能。
3）掌握光电流-电压和单色光转换效率仪器的使用技能。
4）了解电流产生的原理。

2. 实验原理

染料敏化纳米晶 TiO₂太阳能电池的原理图如图5-6-1所示。

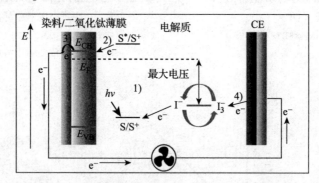

图5-6-1　染料敏化纳米晶 TiO₂太阳能电池原理图

1）基态的染料光敏剂（D）受光激发，由基态跃迁到激发态（D^*）：

$$D^0(\text{TiO}_2) \xrightarrow{hv} D^*(\text{TiO}_2) \tag{1}$$

2）激发态染料分子将电子注入半导体氧化物（TiO_2）的导带中：

$$D^*(\text{TiO}_2) \xrightarrow{hv} D^+(\text{TiO}_2) + e^- \tag{2}$$

3）氧化态的染料（D^+）被电解质溶液中的电子给体 I^- 还原，使基态的染料再生：

$$D^+(\text{TiO}_2) + \frac{3}{2}\text{I}^- \longrightarrow D(\text{TiO}_2) + \frac{1}{2}\text{I}_3^- \tag{3}$$

4）注入半导体导带中的电子，在 TiO_2 纳米晶网络中传输到导电玻璃的后接触面，经外电路运输到对电极，在对电极上，I^- 可以由 I_3^- 还原再生，完成整个电路循环：

$$\text{I}_3^- + 2e^- \longrightarrow 3\text{I}^- \tag{4}$$

在入射光的照射下，染料分子从基态跃迁到激发态1）；光生电子可以从激发态的染料分子注入半导体的导带中2），激发态的寿命越长越利于电子的注入，反之，激发态的寿命越短，激发态的分子有可能来不及将电子注入半导体的导带中，就会通过非辐射衰减而跃迁到基态；溶液中的 I^- 可以还原氧化态的染料从而使染料再生，这样就可以使电子不断地注入半导体的导带中3）；反应3）生成的 I_3^- 离子扩散到对电极上得到电子，使 I^- 再生，这样就完成了电流的循环过程。

3. 仪器和药品

（1）仪器

需要的仪器有三口烧瓶、烘箱、水热釜、马弗炉、磁力搅拌器、旋转蒸发仪、DSC 热封仪、电热板、超声波焊接机、丝网印刷机（手动）、小型台钻（打孔机）、J-V 测试仪器、IPCE 测试仪器、Keithley2400 多功能电源电表等。

（2）药品

需要的药品有碘化锂、碘、高碘酸锂、四丁基吡啶、乙腈、偏氟乙烯-全氟丙烯共聚物、1-甲基-3-丙基咪唑碘、四氯化钛、钛酸四正丁酯、无水乙醇、二氧化钛浆料、导电玻璃（FTO）、N719 钌染料、surly 胶、氯铂酸、铟粒。

4. 实验步骤

（1）TiO_2 膜电极的制备

纳米晶多孔 TiO_2 膜采用典型的"刮涂法"制备，有以下两种制备方法。

方法一：把清洗干净的导电玻璃 FTO（14 Ω/aq，Nippon Sheet Glass，日本，厚度2.2 mm）置于 40 mmol/L 的 $TiCl_4$ 水溶液中于70℃加热30min，以增加 TiO_2 和导电玻璃之间的黏附性。再将导电面向上（万用表可以测定导电面），用胶带固定两边使中间形成一个槽。滴两滴合成的 TiO_2 溶胶，然后用干净的玻璃棒迅速沿胶带平行滑动，把多余的 TiO_2 溶胶刮去，使 TiO_2 溶胶在导电玻璃上均匀地展开。TiO_2 膜自然晾干或用红外灯烤干，变为透明的凝胶。干后，撤去胶带，导电玻璃背面沾有的 TiO_2 凝胶用乙醇洗去。电极先在100℃烘箱中干燥30min，然后再于500℃的马弗炉中烧结30min，自然冷却。这种烧结可以除去合成胶体时加入的硝酸和有机物，也可以使纳米粒子之间较好地缩在一起，从而有利于电子在纳米晶膜中的传输。

方法二：利用丝网印刷机刷出 TiO_2 膜，然后在 500℃ 的马弗炉中烧结1h，保温30min。烧结有一层 TiO_2 凝胶的导电玻璃，再置于 40mmol/L 的 $TiCl_4$ 的水溶液中于70℃加热30min，分别用水和无水乙醇冲洗干净，再于450℃的马弗炉中烧结30min，这种处理可以使纳米粒子之间更好地劲缩在一起，有利于电子在粒子之间的传输，从而改善电池的短路光电流。

（2）TiO_2 膜电极的着色

经过上述方法处理后的电极，在着色前，先在100℃的烘箱中加热30min，然后趁热浸入到浓度为 $(2\sim3)\times10^{-4}$ mol/L 钌染料的乙醇溶液中（溶解样品时，加入 1mL DMF 溶剂，以增加溶解性），放置 16~18h 后，可以明显地看到膜电极上染料的颜色（钌染料通常为紫红色）。敏化结束后，取出膜电极用无水乙醇冲洗 5~6 次，洗去表面物理吸附的染料，吹干后，于80℃真空干燥3h，置于保干器中待用。

（3）对电极的制备

将 10mmol/L 氯铂酸的乙醇溶液滴加在已清洗干净的 FTO 导电玻璃上，用玻璃板刮涂至均匀，自然晾干。然后于400℃的马弗炉中烧结1h，保温30min。

（4）电池的组装

染料敏化太阳能电池的光电性能测试采用的是两电极法，即工作电极为着色后 TiO_2 膜电极，对电极为镀有若干分子层的 Pt 镜。在染料敏化的 TiO_2 膜电极上滴加一滴氧化还原电解质（0.5mol/L 的 LiI、0.05mol/L 的 I_2 和 0.5mol/L 的 4-叔丁基吡啶溶解在 50% 的乙腈和 50% 的 PC 中），然后将对电极放在敏化的 TiO_2 膜电极上，用夹子夹紧，即构成三明治式的 "Grätzel 电池"。

（5）光电流工作谱和电流-电压特性曲线的测定

光电流工作谱图利用两电极法在 Keithley 2400 多功能电源电表上测定，如图 5 - 6 - 2 所示。

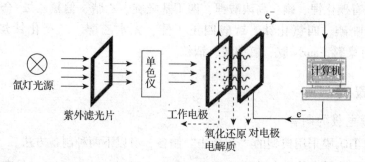

图 5 - 6 - 2　光电性能测试示意图

500 W 氙灯光源产生的光通过紫外滤光片和单色仪后获得可见区的单色光，测定不同单色光照射在工作电极（有效面积为 0.04cm²）上的短路光电流，然后根据公式算出各个波长下的入射单色光转换效率（IPCE），可得到 IPCE 与波长的关系曲线。

将图 5 - 6 - 2 中的单色仪移去，用紫外滤光片滤掉小于 300nm 的紫外光，测定光强度为 100mW/cm²（模拟 AM 1.5 的太阳光）白光照射下电池的 $I - U$ 曲线。

5. 数据记录及结果分析

结合图 5 - 6 - 3 分析染料敏化太阳能电池的光电性能。

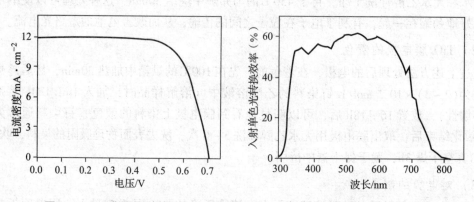

图 5 - 6 - 3　典型的光电流密度-电压曲线和入射单色光转换效率（IPCE）图

6．思考题

1）烧结后的 TiO_2 膜，为何要用 2mmol/L 的 $TiCl_4$ 溶液再处理和烧结？

2）在对电极上烧结铂的目的是什么？

3）光电测试中太阳光为何要照在工作电极上？如果照在对电极上结果如何？

7．注意事项

1）TiO_2 膜的制备中应该注意 TiO_2 在 FTO 上丝网印刷时不易过厚，否则烧结后易脱落，膜在着色时，控制温度在 100～140℃ 即可。

2）电池的封装中应注意 surly 胶中不能有气泡，否则会造成电解质泄漏。

实验 5.7　氧缺陷纳米金属氧化物（Fe_2O_{3-x}）的合成及其应用

1．实验目的

1）掌握无机纳米材料的合成方法。

2）掌握无机纳米材料常用的表征手段。

3）掌握无机纳米材料的用途——作为对电极材料。

2．实验原理

作为染料敏化太阳能电池的对电极材料应具有良好的催化活性、电活性，如果能找到价格低廉的材料取代常用的金属铂且能收到较高的效率是人们长期研究的热点。金属氧化物氧化铁的制备工艺简单，且在光解水中表现出较好的催化活性。

本实验采用操作简易、方法简单、收率高的水热法制备氧化铁，并研究作为染料敏化太阳能电池对电极材料的光电性能。氧化铁的合成反应式如下：

$$FeCl_3 + 6H_2O \longrightarrow Fe(H_2O)_6^{3+} + 3Cl^-$$

$$Fe(H_2O)_6^{3+} \longrightarrow FeOOH + 3H^+ + 4H_2O$$

$$2FeOOH \longrightarrow \alpha - Fe_2O_3 + H_2O$$

3．仪器和药品

（1）仪器

需要的仪器有移液枪、微波炉、导电玻璃（FTO）、水热反应釜、管式炉、电子寿命测试仪器、阻抗测试仪器、加热板、恒温无菌干燥箱、高温烘箱（300℃）、pH 计、热封仪、微型打孔机。

（2）药品

需要的药品有六水合氯化铁（$FeCl_3 \cdot 6H_2O$）、九水合硝酸铁 [$Fe(NO_3)_3 \cdot 9H_2O$]、硝酸钠（$NaNO_3$）、盐酸、氯铂酸、surly 胶、铟粒。

4. 实验步骤

（1）导电玻璃（FTO）的清洗

将切割为 3cm×6cm 的导电玻璃依次用一次蒸馏水、氢氧化钾的异丙醇溶液、去离子水、乙醇超声 30min，再清洗干净，吹干待用。

（2）$\alpha\text{-}Fe_2O_3$ 的合成

配置 40mL 含 0.15 mol/L 的 $FeCl_3 \cdot 6H_2O$ 和 1mol/L 的 $NaNO_3$ 水溶液，借助于 pH 计将溶液的 pH 值调至 1.5。将溶液转移至 50mL 的聚四氟乙烯反应釜中，将清洗干净的导电玻璃置于反应釜内，放在烘箱中于 95 ℃反应 4h。冷却至室温后，用去离子水冲洗干净并吹干。再将有黄色物的导电玻璃置于管式炉中，于 550℃反应 2h 后，冷却至室温。

（3）$\alpha\text{-}Fe_2O_{3-x}$ 的合成

配置 40mL 含 0.15 mol/L 的 $FeCl_3 \cdot 6H_2O$ 和 1mol/L 的 $NaNO_3$ 水溶液，利用盐酸将溶液的 pH 值调至 1.5。将溶液转移至 50mL 的聚四氟乙烯反应釜中，将清洗干净的导电玻璃置于反应釜内，放在烘箱中于 95 ℃反应 4h。冷却至室温后，用去离子水冲洗干净并吹干。再将有黄色物的导电玻璃置于管式炉中，氮气气氛下于 550℃反应 2h 或 10% 氢气/氮气气氛下于 250℃反应 1h 后，冷却至室温。

（4）$\alpha\text{-}Fe_2O_3$ 和 $\alpha\text{-}Fe_2O_{3-x}$ 的表征

用红外光谱仪、X-射线衍射仪（XRD）、扫描电镜（SEM）拉曼光谱仪分析表征生成物。

（5）$\alpha\text{-}Fe_2O_3$ 和 $\alpha\text{-}Fe_2O_{3-x}$ 的性能研究——作为催化材料在对电极中的应用

将上述烧结有 $\alpha\text{-}Fe_2O_3$ 和 $\alpha\text{-}Fe_2O_{3-x}$ 的导电玻璃作为对电极，封装为准固态电池。利用光学阻抗法评价其作为对电极材料的催化性能。

5. 数据记录及结果分析

得到的 X-射线衍射图如图 5-7-1 所示，电流-电压曲线如图 5-7-2 所示。

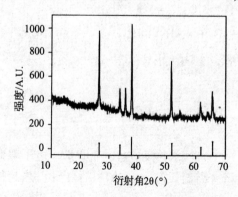

图 5-7-1　$\alpha\text{-}Fe_2O_3$ 的 X-射线衍射图

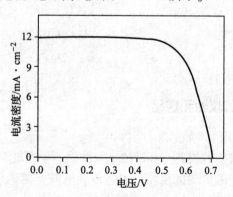

图 5-7-2　电流密度-电压曲线

6. 思考题

1）反应为何要在酸性条件下进行？

2）$\alpha\text{-}Fe_2O_{3-x}$ 的合成为何要通氢气/氮气混合气？

7. 注意事项

1）水热合成注意反应的温度和时间对制备 $\alpha\text{-}Fe_2O_3$ 形态的影响。

2）反应条件的控制及对水解机理的影响。

3）利用滴涂法制备电极时，滴涂液的浓度不易过高。

实验 5.8　Ni-SiC 复合镀层的电沉积制备及摩擦学性能研究

1. 实验目的

1）掌握 Ni 金属复合镀层电沉积的基本原理和基本研究方法。

2）学习使用摩擦试验机测试样品摩擦系数。

3）了解 SiC 颗粒在摩擦过程中的作用机制。

2. 实验原理

电沉积是指金属或合金从其化合物水溶液、非水溶液或熔盐中电化学沉积的过程。电沉积常用的溶剂为水，可分为酸性电解液和碱性电解液两种。对于纯金属电沉积（以镍为例），当电解液中有电流通过时，在阴极上发生金属离子的还原反应，同时在阳极上发生金属的氧化（可溶性阳极）或溶液中某些化学物种的氧化（不溶性阳极）。其反应可一般地表示为：

阴极反应：$Ni^{2+} + 2e^- = Ni$

副反应：$2H^+ + 2e^- = H_2$（酸性电解液）

$\qquad\quad 2H_2O + 2e^- = H_2 + 2OH^-$（碱性电解液）

注意：当镀液中有添加剂时，添加剂也可能在阴极上反应。

阳极反应：$Ni - 2e^- = Ni^{2+}$（可溶性阳极）

或　　　　$2H_2O - 4e^- = O_2 + 4H^+$（不溶性阳极，酸性）

而复合电沉积是在电解质溶液中加入一种或数种不溶性固体微粒或晶须，并进行充分分散使之均匀稳定的悬浮于电解液中，在金属离子还原的同时，不溶性固体微粒与金属离子在导电基体表面发生共沉积而得到的金属基复合镀层。

复合电沉积机理有很多，其中被大家广泛认可的是两步吸附理论：首先，溶液中的固体微粒弱吸附在电极紧密层的外侧，此时微粒带电且被溶剂包围，该吸附属于可逆的物理吸附，在搅拌作用下，部分吸附在电极紧密层外侧的微粒很容易脱吸附并再次进入电解液中；然后，在电场作用下带电微粒的表面溶剂膜破裂，微粒进入紧密层并吸附在电极表面，形成依赖电场的强吸附，为不可逆过程，被还原的金属原子逐渐包覆并形成复合镀层。

与纯金属镀层相比，金属基复合镀层表现出更加优异的理化性能，如耐高温、耐磨损和耐腐蚀等。复合镀层的性能与增强相颗粒的类型、含量及在镀层中复合均匀性密切相关。因此，沉积电流密度、沉积温度、搅拌速率、表面活性以及颗粒类型、浓度等因素，都会影响复合镀层中增强相微粒的含量，进而影响复合镀层的性能。

摩擦是指摩擦副相对运动时，表面物质不断损失或产生残余变形的现象。磨损是引起材料和设备破坏失效的三种主要方式之一，其具有一系列的危害：如影响机器的质量，降低设备的使用寿命；降低机器效率，能耗增加；降低器件的可靠性和安全性等。材料的耐磨性能可用其摩擦系数和磨损率来评估。本实验利用摩擦试验机来测量所制备复合镀层的摩擦系数。

3. 仪器和材料

（1）仪器

需要的仪器有多功能脉冲电镀电源、UMT-3 摩擦试验机、油浴锅、烧杯。

（2）材料

需要的材料有氯化镍、硼酸、糖精、十二烷基苯磺酸钠、SiC 颗粒（20μm）、镍片、铜片。

4. 实验步骤

1）电解液的配制

用烧杯按下列配方配制 200mL 电解液。

$NiCl \cdot 6H_2O$：	100g/L
NaCl：	5g/L
H_3BO_3：	10g/L
糖精	1.0g/L
十二烷基苯磺酸钠	0.1g/L

2）将装有上述电解液的电解池置于油浴锅中，油浴锅温度调至 60℃，向电解液中加入 10 g/L 的 SiC 微粒（或不加），电镀前持续搅拌 12h，以获得 SiC 微粒均匀稳定分散的电解液。

3）将基底铜片用砂纸打磨除去表面氧化层，用浓度为 30% 的 NaOH 溶液除油，用浓度为 30% HCl 溶液活化，最后用蒸馏水清洗并用吹风机冷风吹干。

4）连接电路，以镍片为阳极，经过处理的铜片作为阴极进行电镀实验。

5）在 $50mA/cm^2$ 的恒流下电镀 30min 后，关闭电源，取出铜片用清水清洗后吹干。

6）将所制备的纯 Ni 和 Ni-SiC 复合镀层进行往复式摩擦实验。试验参数设置如下：载荷 5N，频率 2Hz，钢球直径 6mm，行程 10mm，时间为直至磨穿为止。

7）为保证结果的可靠性，每个样品重复 3 次。保存数据。

5. 数据记录及结果分析

1）将得到的摩擦数据利用 origin 软件作图，并将纯 Ni 镀层和 Ni-SiC 复合镀层摩擦系数做在同一坐标系内。

2）分析并总结纯 Ni 镀层和 Ni-SiC 复合镀层摩擦系数的变化规律。

6. 思考题

1）电镀过程中糖精、硼酸、十二烷基苯磺酸钠的作用分别是什么？

2）提高增强相颗粒在电解液中分散均匀的手段有哪些？

3）阐述 SiC 微粒在提高 Ni-SiC 复合镀层摩擦性能中起到的作用。

7. 注意事项

1）电镀前一定要保证 SiC 微粒在电解液中均匀稳定分散。

2）摩擦实验时，被测样品及钢球摩擦副都要固定好，防治摩擦过程中发生松动。

3）进行摩擦实验时要按照老师要求小心操作，防治损坏摩擦试验机传感器。

实验 5.9　共沉淀法制备钼酸铋复合氧化物催化剂

1. 实验目的

1）理解共沉淀法制备催化剂的原理。

2）学会用共沉淀法制备催化剂。

3）巩固材料的 XRD、IR、UV-VIS 等表征方法。

2. 实验原理

钼酸铋复合氧化物的化学通式为 $Bi_2O_3 \cdot nMoO_3$，其中 $n = 3$，2，1，分别对应于 $\alpha - Bi_2Mo_3O_{12}$、$\beta - Bi_2Mo_2O_9$ 和 $\gamma - Bi_2MoO_6$，其中 $\beta - Bi_2Mo_2O_9$ 为热力学不稳定相，在 400 ~ 500℃ 时易分解成 $\alpha - Bi_2Mo_3O_{12}$ 和 $\gamma - Bi_2MoO_6$；$\alpha - Bi_2Mo_3O_{12}$ 是一种具有缺陷的白钨矿结构，每一个 Mo 离子与邻近的 4 个氧以四面体配位，分子中包含 3 种不同的 MoO_4 结构单元；$\gamma - Bi_2MoO_6$ 是 Aurivillius 结构中结构最简单的一种，拥有特殊的层状结构，其共角、畸变的 MoO_6 八面体钙钛矿片层镶嵌在 $(Bi_2O_2)^{2+}$ 片层中。

近年来，钼酸铋复合氧化物作为优良的催化剂，广泛用于烯烃选择性氧化制备不饱和醛，如今在工业上已经用它们做催化剂，催化丙烯的选择性氧化脱氢制备丙烯醛、氨氧化制备丙烯腈。除此之外，这类化合物由于其独特的物理性能还可作为离子导体、声光材料、光导体及气体传感器。

在实验中，钼酸铵和硝酸铋的浓度都是一定的，且 $n_{Bi}/n_{Mo}=1:2$。溶液中的铋可以形成两种离子 Bi^{3+} 和 BiO^+，其中铋氧离子 BiO^+ 微溶于水，因此铋以铋氧盐的形式沉淀。由于 $MoO_4{}^{2-}$ 容易发生多聚，因此溶液中 Mo^{VI} 的行为决定于 Mo^{VI} 的聚合度。根据溶液中钼的浓度、溶液的 pH 值、溶液的老化程度和温度等，钼阴离子可以聚合成一系列同多酸根离子 $(MoO_4)^{2-}$、$(Mo_2O_7)^{2-}$、$(Mo_3O_{10})^{2-}$ 等重钼酸根离子。

$$2MoO_4{}^{2-}+2H^+ \rightleftharpoons Mo_2O_7{}^{2-}+H_2O$$

$$MoO_4{}^{2-}+4H^+ \rightleftharpoons Mo_3O_{10}{}^{2-}+2H_2O$$

在实验中，溶液 pH 值较低时（pH=3 和 5），$MoO_4{}^{2-}$ 发生多聚，主要形成 $Mo_3O_{10}{}^{2-}$ 离子，当铋溶液加入时，产物主要为 2:3 的化合物 $\alpha-Bi_2Mo_3O_{12}$。

$$2BiO^+ + Mo_3O_{10}{}^{2-} \rightarrow Bi_2(MoO_4)_3 \downarrow$$

当溶液 pH=7 时，部分 H^+ 被 OH^- 中和，钼酸根离子的聚合和脱聚可能同时发生，钼一部分形成 $(Mo_2O_7)^{2-}$，另一部分形成 $(MoO_4)^{2-}$，产物为 $\beta-Bi_2Mo_2O_9$ 和 $\gamma-Bi_2MoO_6$ 两相的混合物。而 pH=9 时，由于 H^+ 被 OH^- 进一步中和，脱聚反应得到加强，钼阴离子主要以 $(MoO_4)^{2-}$ 存在，这种条件下，主要形成 2:1 的化合物 $\gamma-Bi_2MoO_6$。

因此，为了得到不同的钼酸铋化合物，需调节制备条件。在本实验中钼的浓度较高 $n_{Bi}/n_{Mo}=1:2$，低 pH 值条件下得到 $\alpha-Bi_2Mo_3O_{12}$；高 pH 值条件下得到 $\gamma-Bi_2MoO_6$。

3. 仪器和药品

（1）仪器

需要的仪器有烧杯、量筒、磁力搅拌器、离心机、真空循环水泵、布氏漏斗、马弗炉、抽滤瓶、pH 试纸、滴管、滤纸、玻璃棒；XRD 衍射仪、IR 光谱仪、UV-VIS 分光光度计。

（2）药品

需要的药品有硝酸铋、钼酸铵、稀硝酸（1:3）、稀氨水（1:1）。

4. 实验步骤

（1）催化剂前驱体的制备

称取 1mmol Bi (NO$_3$)$_3$·5H$_2$O（0.485g）和 0.3mmol (NH$_4$)$_6$Mo$_7$O$_{24}$·4H$_2$O（0.371g），分别溶于 10mL 稀硝酸（A）和 10mL 稀氨水（B）中。在强烈搅拌下将 B 溶液缓慢滴入 A 溶液中，随后继续调节溶液的 pH 值到 9 左右，继续搅拌 30min。离心过滤，将产物分别用蒸馏水洗涤数次，60~80℃ 干燥 6h，得到黄色粉末。

（2）催化剂的制备

将上述制备好的前驱体粉末在 400℃ 下煅烧 3h，制得 $\gamma-Bi_2MoO_6$ 催化剂。

（3）计算产率

产率=试验重量/理论重量×100%。

（4）结构表征

将制备的催化剂用 XRD、IR 及 UV-VIS 进行结构表征（操作过程略）。

5. 思考题

1）什么是共沉淀法？
2）用共沉淀法制备的催化剂可能有哪些优缺点？怎么改进？

6. 注意事项

1）反应过程中需强烈搅拌，可用机械搅拌器代替磁力搅拌器。
2）产物需充分用蒸馏水洗涤。
2）煅烧过程不少于 3h。

实验 5.10 氧化石墨烯的制备

1. 实验目的

1）掌握 Hummers 法制备氧化石墨烯。
2）了解氧化石墨烯结构与性能表征。

2. 实验原理

氧化石墨烯是石墨烯的氧化物，其颜色为棕黄色，市面上常见的产品有粉末状、片状以及溶液状的。氧化石墨烯薄片是石墨粉末经化学氧化及剥离的产物，氧化石墨烯是单一的原子层，可以随时在横向尺寸上扩展到数十微米，因此，其结构跨越了一般化学和材料科学的典型尺度。氧化石墨烯可视为一种非传统形态的软性材料，具有聚合物、胶体、薄膜，以及两性分子的特性。氧化石墨烯长久以来被视为亲水性物质，因为其在水中具有优越的分散性，但是，相关实验结果显示，氧化石墨烯实际上具有两亲性，从石墨烯薄片边缘到中央呈现亲水至疏水的性质分布。氧化石墨烯的结构如图 5-10-1 所示。

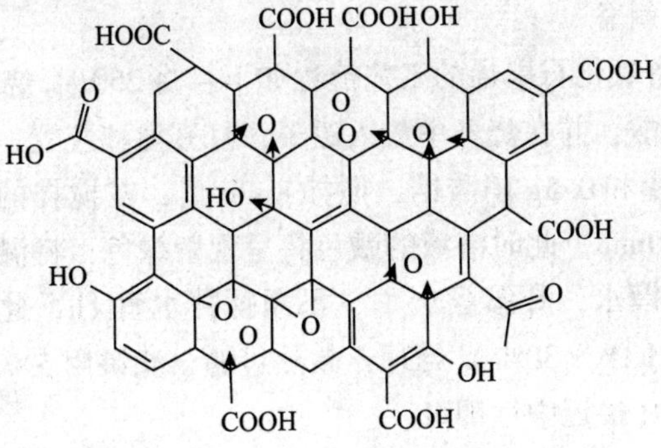

图 5-10-1 氧化石墨烯的结构

经过氧化处理后，氧化石墨仍保持石墨的层状结构，但在每一层的石墨烯单片上引入了许多氧基功能团，这些氧基功能团的引入使得单一的石墨烯结构变得非常复杂。鉴于氧化石墨烯在石墨烯材料领域中的地位，许多科学家试图对氧化石墨烯的结构进行详细和准确的描述，以便有利于石墨烯材料的进一步研究，虽然已经利用了计算机模拟、拉曼光谱，核磁共振等手段对其结构进行分析，但由于种种原因（不同的制备方法、实验条件的差异以及不同的石墨来源对氧化石墨烯的结构都有一定的影响），氧化石墨烯的精确结构还是无法得到确定。大家普遍接受的结构模型是在氧化石墨烯单片上随机分布着羟基和环氧基，而在单片的边缘则引入了羧基和羰基。

氧化石墨烯的制备一般有三种方法：Brodie 法、Staudenmaier 法、Hummers 法。这三种方法的共同点都是利用石墨在酸性质子和氧化剂的作用下氧化而成的，但是不同的方法各有优点。Brodie 等人于 1859 年首次用高氯酸和发烟硝酸作为氧化剂插层制备出了氧化石墨烯，Staudenmaier 在 1898 年用浓硫酸、发烟硝酸和高氯酸的混合酸为插层合成了氧化石墨烯，Hummers 制备氧化石墨烯的方法最具温和性，利用高锰酸钾、98% 的硫酸、硝酸钠等为插层成功地合成出了氧化石墨烯。后续研究者一般采用改进的 Hummers 法来制备氧化石墨烯，即通过改变低温、中温、高温的条件，调节高锰酸钾、硝酸钠的用量来合成。

3. 仪器和药品

（1）仪器

需要的仪器有烧杯、量筒、玻璃棒、HJ-3 恒温磁力搅拌器、DF-Ⅱ 集热式磁力加热搅拌器、9003B-2 鼓风干燥箱、H-1650 台式高速离心机、FA1104N 分析天平、KQ-400KDE 型高功率数控超声波清洗器、WS70-1 型红外线快速干燥器、1901 型紫外—可见分光光度仪。

（2）药品

需要的药品有膨胀石墨（化学纯）、浓硫酸（98%）、高锰酸钾（分析纯）、硝酸钠（分析纯）、过氧化氢（30%）、盐酸（36%~38%）。

4. 实验步骤

（1）氧化石墨烯的制备

采用 Hummers 法制备氧化石墨烯的工艺流程如下：将 250mL 烧杯放入冰水混合液中，向烧杯中加入 22mL 的浓硫酸，并在烧杯中放入磁子，打开搅拌装置，控制烧杯中的温度为 0℃左右，加入 0.5g 膨胀石墨和 0.5g 硝酸钠，搅拌 8min 后，在搅拌的同时缓慢加入 3g 的高锰酸钾，继续搅拌，反应 30min。此时溶液的颜色将呈现紫绿色，将温度升到 45℃，反应 60min 后，慢慢加入 45mL 的蒸馏水，升温至 95℃，不断搅拌水解 1h，此时反应的颜色呈亮黄色，搅拌中缓慢加入 8mL 的 H_2O_2（30%）处理，趁热过滤，滤饼用 5% 的盐酸洗涤 3 次，再用蒸馏水洗涤若干次，直至 pH 接近中性即可。

将产品分散到水中，充分超声 30min，得到氧化石墨烯均匀分散液。

将产品 60℃ 真空干燥 48h，即可得到干燥的氧化石墨烯。

（2）氧化石墨烯的表征

取上述氧化石墨烯均匀分散液，做紫外光谱实验，观察氧化石墨烯的紫外光谱图。

5. 数据记录及结果分析

记录不同氧化石墨烯浓度与吸收强度的关系。

6. 思考题

1）氧化石墨烯其他制备方法中使用的氧化剂有哪些？

2）实验中加入过氧化氢有什么作用？

7. 注意事项

1）在制备氧化石墨烯过程加入高锰酸钾时，一定要慢慢加入。

2）做氧化石墨烯的紫外光谱实验时，氧化石墨烯的浓度要低，最大吸收峰的位置约在230nm 处。

3）实验过程中的"亮黄色"影响因素有许多，有时颜色可能有些出入。

参考文献

[1] 张兴英，李齐芳. 高分子科学实验 [M]. 2 版. 北京：化学工业出版社，2007.

[2] 李青山. 微型高分子化学实验 [M]. 2 版. 北京：化学工业出版社，2009.

[3] 孙汉文，王丽梅，董建. 高分子化学实验 [M]. 北京：化学工业出版社，2012.

[4] 王国建，肖丽. 高分子基础实验 [M]. 上海：同济大学出版社，1999.

[5] 罗春华，董秋静，张宏. 材料化学专业综合实验 [M]. 北京：机械工业出版社，2015.

[6] 徐群杰，葛红花，李巧霞. 材料学专业实验教程 [M]. 北京：化学工业出版社，2012.

[7] 张春庆，李战胜，唐平. 高分子化学与物理实验 [M]. 大连：大连理工大学出版社，2014.

[8] 胡金生. 乳液聚合 [M]. 北京：化学工业出版社，1987.

[9] 殷勤俭，周歌，江波. 现代高分子科学实验 [M]. 北京：化学工业出版社，2012.

[10] 曹同玉，刘庆普，胡金生. 聚合物乳液合成原理性能及应用 [M]. 2 版. 北京：化学工业出版社，2007.

[11] 潘祖仁. 悬浮聚合 [M]. 北京：化学工业出版社，2001.

[12] 曲荣君. 材料化学实验 [M]. 北京：化学工业出版社，2008.

[13] 韩哲文. 高分子科学实验 [M]. 上海：华东理工大学出版社，2005.

[14] 卿大咏，何毅，冯茹森. 高分子实验教程 [M]. 北京：化学工业出版社，2011.

[15] 潘祖仁. 高分子化学 [M]. 3 版. 北京：化学工业出版社，2003.

[16] 麦卡弗里 E L. 高分子化学实验室制备 [M]. 蒋硕健，等译. 北京：科学出版社，1981.

[17] 王澜，王佩璋，陆晓中. 高分子材料 [M]. 北京：中国轻工业出版社，2009.

[18] 李善忠. 材料化学实验 [M]. 北京：化学工业出版社，2011.

[19] 何卫东. 高分子化学实验 [M]. 合肥：中国科学技术大学出版社，2003.

[20] Roffey C G. 功能性丙烯酸酯 [M]. 黄毓礼，译. 北京：化学工业出版社，1987.

[21] 何曼君. 高分子物理 [M]. 上海：复旦大学出版社，2000.

[22] 复旦大学高分子科学系. 高分子实验技术(修订版)[M]. 上海：复旦大学出版社，1996.

[23] 陈厚. 高分子材料加工与成型实验 [M]. 北京：化学工业出版社，2012.

[24] 李允明. 高分子物理实验 [M]. 杭州：浙江大学出版社，1996.

[25] 李树新，王佩璋. 高分子科学实验 [M]. 北京：中国石化出版社，2008.

[26] 闫红强，程捷，金玉顺. 高分子物理实验 [M]. 北京：化学工业出版社，2012.

[27] 郑昌仁. 高聚物分子量及其分布 [M]. 北京：科学出版社，1986.

[28] 童林荟. 环糊精化学——基础与应用 [M]. 北京：科学出版社，2001.

[29] 徐筱杰，陈丽蓉. 化学及生物体系中的分子识别 [J]. 化学进展，1996，8 (3)：188 - 201.

[30] 伍洪标. 无机非金属材料实验 [M]. 2 版. 北京：化学工业出版社，2011.

[31] 黄新友. 无机非金属材料专业综合实验与课程实验 [M]. 北京：化学工业出版社，2008.

[32] 王涛. 无机非金属材料实验 [M]. 北京：化学工业出版社，2011.

[33] 徐伏秋，杨刚宾. 硅酸盐工业分析 [M]. 北京：化学工业出版社，2009.

[34] 张燮，罗明标. 工业分析化学实验 [M]. 北京：化学工业出版社，2007.

[35] 王瑞生. 无机非金属实验教程 [M]. 北京：冶金工业出版社，2004.

[36] 刘瑾. 基础化学实验 [M]. 2 版. 合肥：安徽科学技术出版社，2010.

[37] 张立德，牟季美. 纳米材料和纳米结构 [M]. 北京：科学出版社，2001.

[38] 顾盾寅，黄美荣，李新贵. 二维多环全苯芳烃的合成、性能及应用 [J]. 化学进展，2010，22（12）：2309 – 2315.

[39] 沈新元. 高分子材料与工程专业实验教程 [M]. 北京：中国纺织出版社，2010.

[40] 陈平，廖明义. 高分子合成材料学 [M]. 2 版. 北京：化学工业出版社，2010.

[41] 欧国荣，张德震. 高分子科学与工程实验 [M]. 上海：华东理工大学出版社，1997.

[42] 王新龙，徐勇. 高分子科学与工程实验 [M]. 南京：东南大学出版社，2012.

[43] 倪礼忠，陈麒. 聚合物基复合材料 [M]. 上海：华东理工大学出版社，2007.

[44] 魏杰，金养智. 光固化涂料 [M]. 北京：化学工业出版社，2013.

[45] 黄发荣，万里强. 酚醛树脂及其应用 [M]. 北京：化学工业出版社，2011.

[46] 刘益军. 聚氨酯树脂及其应用 [M]. 北京：化学工业出版社，2011.

[47] 陈平，刘胜平，王德中. 环氧树脂及其应用 [M]. 北京：化学工业出版社，2011.

[48] 李玲. 不饱和聚酯树脂及其应用 [M]. 北京：化学工业出版社，2012.

[49] 赵临五，王春鹏. 脲醛树脂胶黏剂——制备、配方、分析与应用 [M]. 北京：化学工业出版社，2009.

[50] 欧阳国恩. 复合材料实验指导书 [M]. 武汉：武汉理工大学出版社，1997.